应用型本科机电类专业"十三五"规划精品教材

机械制造工艺学

（第二版）

JIXIE ZHIZAO GONGYIXUE

主　编　朱凤霞

副主编　吴修玉

参　编　汪　芳　齐洪方

　　　　李喜梅　张玉平

主　审　容一鸣

U0303304

华中科技大学出版社

http://www.hustp.com

中国·武汉

图书在版编目(CIP)数据

机械制造工艺学/朱凤霞主编.—2版.—武汉：华中科技大学出版社,2019.1(2024.7重印)
应用型本科机机电类专业"十三五"规划精品教材
ISBN 978-7-5680-4962-7

Ⅰ.①机…　Ⅱ.①朱…　Ⅲ.①机械制造工艺-高等学校-教材　Ⅳ.①TH16

中国版本图书馆 CIP 数据核字(2019)第 016058 号

机械制造工艺学(第二版)　　　　　　　　　　　　　　　　朱凤霞　主编
Jixie Zhizao Gongyixue(Di-er Ban)

策划编辑：袁　冲
责任编辑：史永霞
封面设计：饱　子
责任监印：朱　玢
出版发行：华中科技大学出版社(中国·武汉)　　　电话：(027)81321913
　　　　　武汉市东湖新技术开发区华工科技园　　　邮编：430223
录　　排：华中科技大学惠友文印中心
印　　刷：武汉邮科印务有限公司
开　　本：787mm×1092mm　1/16
印　　张：18.25
字　　数：454 千字
版　　次：2024 年 7 月第 2 版第 3 次印刷
定　　价：39.00 元

第 二 版 前 言

《机械制造工艺学》自 2014 年出版以来得到了广大师生的认可。

近几年制造技术飞速发展,随着我国制造业发展战略的调整,以发展机械制造技术为核心内容的战略目标更加明确。为了培养更多素质高、应用与实践能力强的综合应用型人才,华中科技大学出版社提出了编写《机械制造工艺学(第二版)》的要求,为此编者进行了广泛的调研,整理出读者对第一版的意见,于 2017 年 10 月开始对《机械制造工艺学》进行修订工作。

本书在编写过程中,注重所选内容的系统性,取材新颖,结构严谨。在突出专业技术应用方面,本书具有较强的针对性和实用性,尽可能以实际系统为例,知识的综合应用与分析同我国目前的生产实际状况紧密结合,文字叙述上力求通俗易懂。

这次修订保留了第一版的基本内容和风格,以机械加工工艺和夹具为主线,在以下几个方面进行了修订。

1. 对全书进行了精心的校订,针对第一版文字、图表中的错误进行了认真的修改,提高了教材的质量。

2. 补充了实践内容,促进理论联系实际。在“第 4 章 机械加工工艺规程的制定”中增加了典型零件加工工艺规程的制定,以供学生参考。考虑到学生在学习“第 6 章 夹具设计”时,要看懂一些复杂的二维图比较困难,因此将一些复杂的二维夹具图换为三维图,这样更清楚、形象,更能帮助学生理解夹具的具体结构。

3. 增加了“第 7 章 现代制造技术”,讲解了先进制造技术的内容、方法,有利于开拓学生的视野,了解机械加工前沿技术。

本次修订由武汉华夏理工学院的朱凤霞担任主编,武昌首义学院的吴修玉担任副主编,武汉华夏理工学院的汪芳、齐洪方、谈剑、李喜梅、张玉平担任参编。全书由朱凤霞统稿。武汉理工大学容一鸣教授担任主审,武汉华夏理工学院周星元提出了修订建议,特此致谢。

本书适用于普通应用型工科院校机械类各专业的学生使用,也适用于高职高专、各类成人高校、自学考试等机械类各专业的学生使用,还可供从事机械制造的工程技术人员参考。

鉴于编者水平和经验所限,书中难免存在错误和疏漏之处,敬请广大读者批评指正。

编 者

2018 年 12 月于武汉东湖新技术开发区

目录

第 *1* 章 机械制造工艺的基本概念

机械制造工艺是将各种原材料、半成品加工成机械产品的方法和过程,是机械工业的基础技术之一。本章主要阐述机械制造工艺的基本概念和基本知识。

1.1 生产过程、工艺过程与工艺系统

1.1.1 机械产品的生产过程

机械产品的生产过程是指把原材料转变为成品的各互相关联劳动过程的总和。它包括以下内容。

(1)生产技术准备过程包括产品投产前的市场调查、预测、新产品开发鉴定、产品设计、标准化审查等。

(2)生产工艺过程是指直接制造产品毛坯和零件的机械加工、热处理、检验、装配、调试、喷涂油漆等生产活动。

(3)辅助生产过程是指为了保证基本生产过程的正常进行所必需的辅助生产活动,如工艺装备的制造、能源供应、设备维修等。

(4)生产服务过程是指原材料的组织、运输、保管、储存、供应及产品包装、销售等过程。为了便于组织生产和提高劳动生产率,取得更好的经济效益,现代工业趋向于专业化协作,即将一种产品的若干个零部件分散到若干专业化厂家进行生产,总装厂只负责主要零部件的生产及总装调试。如汽车、摩托车行业大都采用这种模式进行生产。图 1-1 所示为机械产品制造工艺流程。

1.1.2 机械加工工艺过程的概念

机械制造加工工艺的内涵十分广泛和丰富,可以按多种特征进行分类。机器的生产过程中,改变生产对象的形状、尺寸、相对位置和性质等使其成为成品或半成品的过程称为工艺过程。以工艺文件的形式确定下来的工艺过程称为工艺规程。

由原材料经铸造、锻造、冲压或焊接等材料成型方法而成为铸件、锻件、冲压件或焊接件的过程,分别称为铸造、锻造、冲压或焊接工艺过程。将铸件、锻件毛坯或钢材经过机械加工方法,改变它们的形状、尺寸、表面质量,使其成为合格零件的过程,称为机械加工工艺过程。

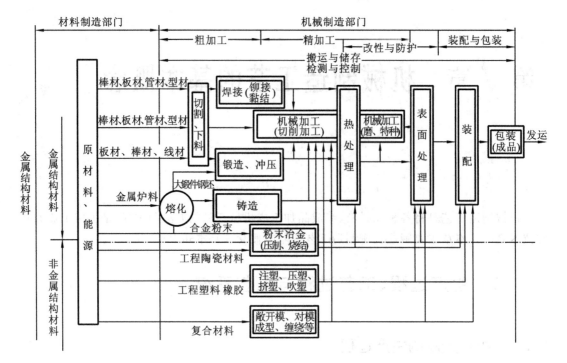

图 1-1　机械产品制造工艺流程

在热处理车间,对机器零件的半成品通过各种热处理方法,直接改变它们的材料性质的过程,称为热处理工艺过程。最后,将合格的机器零件和外购件、标准件装配成组件、部件和机器的过程,则称为装配工艺过程。

机械加工工艺过程可概括为:机械加工工艺过程是机械产品生产过程的主要部分,是对机械产品中的零件采用各种加工方法,如切削加工、磨削加工、电加工、超声加工、电子束加工及离子束加工等,直接用于改变毛坯的形状、尺寸、表面粗糙度以及力学性能,使之成为合格零件的全部劳动过程。

1.1.3　机械加工工艺过程的组成

为了便于组织生产,合理使用设备和劳动力,以确保产品质量和提高生产效率,机械加工工艺过程是由一个或若干个顺序排列的工序组成,而工序又可分为安装、工步、走刀和工位。

1. 工序

工序是组成工艺过程的基本单元。一个或一组工人,在一个工作地点或一台机床上,对同一个或同时对几个工件所连续完成的那一部分工艺过程称为工序。划分工序的依据是工作地是否变动和工作是否连续。以图 1-2 所示的阶梯轴的加工为例,若阶梯轴的精度和表面粗糙度要求不高,则在车床上加工这根阶梯轴的工艺过程将包含下列加工内容:①切一端面;②打中心孔;③切另一端面;④打中心孔;⑤车大外圆;⑥大外圆倒角;⑦车小外圆;⑧小外圆倒角;⑨铣键槽;⑩去毛刺。当加工批量较少时,其工序划分如表 1-1 所示;当加工批量较大时,其工序划分如表 1-2 所示。

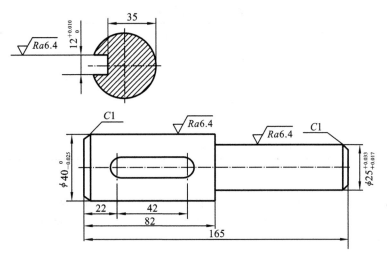

图 1-2 阶梯轴零件

表 1-1 阶梯轴第一种工序安排方案

工 序 号	工 序 内 容	设 备
1	加工小端面,对小端面钻中心孔,粗车小端外圆,对小端倒角;加工大端面,对大端面钻中心孔,粗车大端外圆,对大端倒角;精车外圆	车床
2	铣键槽,手工去毛刺	铣床

表 1-2 阶梯轴第二种工序安排方案

工 序 号	工 序 内 容	设 备
1	加工小端面,对小端钻中心孔;粗车小端外圆,对小端倒角	车床
2	加工大端面,对大端钻中心孔;粗车大端外圆,对大端倒角	车床
3	精车外圆	车床
4	铣键槽,手工去毛刺	铣床

在表 1-1 的工序 1 中,先车一个工件的一端,然后调头装夹,再车另一端。在表 1-2 中,先加工好一批工件的一端,然后调头再加工这批工件的另一端,这时对于每个工件来说,两端的加工已不连续,所以即使在同一台车床上加工也应算作两道工序。

2. 安装

工件在加工前,先要保证工件与刀具有准确的位置关系。确定工件在机床上或夹具中占有正确位置的过程称为定位。工件定位后将其固定,使其在加工过程中保持定位位置不变的操作称为夹紧。将工件在机床上或夹具中定位、夹紧的过程称为装夹。

如果在一个工序中需要对工件进行几次装夹,则每次装夹下完成的那部分工序的内容称为一个安装。如表 1-3 所示,工序 1 在一次装夹后尚需要有 3 次调头装夹才能完成全部工序内容,因此工序 1 共有 4 个安装;工序 2 是在一次装夹下完成全部工序内容,故只有 1 个安装。

表 1-3　工序和安装

工 序 号	安 装 号	安 装 内 容	设　备
1	1	车小端面,钻小端中心孔;粗车小端外圆,倒角	车床
	2	车大端面,钻大端中心孔;粗车大端外圆,倒角	
	3	精车大端外圆	
	4	精车小端外圆	
2	1	铣键槽,手工去毛刺	铣床

3. 工步

工步是在加工表面不变、加工工具不变和切削用量都不变的条件下,所连续完成的那一部分工序。例如,在一个工件上,用一个钻头顺序加工几个直径相同的孔,可算作一个工步。

为了提高生产率,用几把刀具同时加工几个表面,这也可以算作一个工步,称为复合工步。

4. 走刀

有些工步由于加工余量较大或其他原因,需要同一把刀具及同一切削用量对同一表面进行多次切削。这样,刀具对工件该表面的每一次切削就称为一次走刀。走刀是刀具在加工表面上切削一次所完成的工步部分。

整个工艺过程由若干个工序组成。每个工序可包括一个工步或几个工步。每一个工步通常包括一个走刀,也可以包括几个走刀。当需要切除的金属层很厚,不能在一次走刀下切完时,则需分几次走刀。走刀次数又称为行程次数。

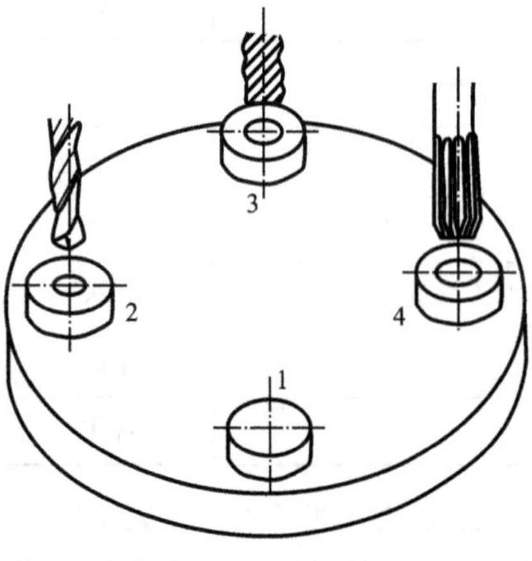

5. 工位

为了减少工件的装夹次数,常采用回转工作台、转鼓、回转夹具或移动夹具,使工件在一次装夹中,先后处于几个不同的位置进行加工。

为了完成一定的工序部分,一次装夹工件后,工件与夹具或设备的可动部分一起相对刀具或设备的固定部分所占据的每一个位置,称为工位。如图 1-3 所示,通过回转工作台使工件变换加工位置。在此例中,共有 4 个工位,依次为装卸工件、钻孔、扩孔和铰孔,实现了在一次装夹中同时进行装卸、钻孔、扩孔和铰孔加工。

图 1-3　多工位加工
1—装卸工位;2—钻孔工位;
3—扩孔工位;4—铰孔工位

1.1.4　机械加工工艺系统

对零件进行机械加工时,必须具备一定的条件,即要有一个系统来支持,称之为机械制造工艺系统。通常,一个系统是由物质分系统、能量分系统和信息分系统所组成。

机械制造工艺系统的物质分系统是由工件、机床、工具和夹具所组成。工件是被加工对象;机床是加工设备,如车床、铣床、磨床等,也包括钳工台等钳工设备;工具是各种刀具、磨具、检具,如车刀、铣刀、砂轮等;夹具是指机床夹具,如果加工时是将工件直接装夹在机床工作台上,也可以不要夹具。因此,一般情况下,工件、机床和工具是必不可少的,而夹具是可有可无的。由工件、机床、工具和夹具所组成的工艺物质分系统是保证零件加工精度和表面质量的基础。

在用一般的通用机床加工时,多为手工操作,未涉及信息技术,而现代的数控机床、加工中心、柔性制造系统和自动生产线,则和信息技术关系密切,因此有了信息分系统。信息分系统是为实现生产自动化、提高生产率服务的,同时也能提高零件的加工精度和表面质量。

能量分系统是指动力供应系统。

机械制造工艺系统可以是单台机床,如自动机床、数控机床和加工中心等,也可以是多台机床组成的生产线。

1.2　生产纲领、生产类型与工艺特点

1.2.1　生产纲领和生产批量

机械产品在计划期内应当生产的产品产量和进度计划称为该产品的生产纲领。机械产品中某零件的生产纲领除了该产品在计划期内的产量以外,还包括一定的备品率和平均废品率。机械零件的生产纲领可按下式计算,即

$$N = Qn(1 + \alpha\% + \beta\%) \tag{1-1}$$

式中:N 为零件的生产纲领,单位为件/年;Q 为机械产品在计划期内的产量,单位为台/年;n 为每台机械产品中该零件的数量,单位为件/台;$\alpha\%$ 为备品率;$\beta\%$ 为平均废品率。

生产纲领是设计或修改工艺规程的重要依据,是车间、工段设计的基本文件。

生产纲领确定后,还需根据生产车间的具体情况将零件在计划期间分批投入生产。生产批量是指一次投入或产出的同一产品或零件的数量。零件生产批量可按下式计算,即

$$n' = \frac{NA}{F} \tag{1-2}$$

式中:n' 为每批产品中生产的零件数量;N 为零件的生产纲领规定的零件数量;A 为零件应该储备的天数;F 为一年中工作日天数。

确定生产批量的大小是一个相当复杂的问题,主要考虑以下几个方面的因素。

(1)市场需求及趋势分析。保证市场的供销量,还应保证装配和销售有必要的库存。

(2)便于生产的组织与安排。保证多品种产品的均衡生产。

(3)产品的制造工作量。对于大型产品,其制造工作量较大,批量应小些,而对中小型产品的批量则可大些。

(4)生产资金的投入。批量小,批数多,投入的资金就少,有利于资金的周转。

(5)生产率和制造成本。批量大,可采用一些先进的专用高效设备和工具,有利于提高生产率和降低成本。

1.2.2　生产类型及其工艺特点

按生产专业化程度的不同,可将生产过程分为单件生产、成批生产和大量生产三种生产类型。其中,成批生产又可分为小批生产、中批生产和大批生产三种。表 1-4 所示为各种生产类型划分的依据。

表 1-4　生产类型划分的依据

生产类型	生产纲领(台数或件数)			每月工作地担负的工序数
	小型机械或轻型零件	中型机械或零件	重型机械或零件	
单件	≤100	≤10	≤5	—
小批	>100~500	>10~150	>5~100	>20~40
中批	>500~5 000	>150~500	>100~300	>10~20
大批	>5 000~50 000	>500~5 000	>300~1 000	>1~10
大量	>50 000	>5 000	>1 000	1

生产类型不同,则无论是在生产组织、生产管理、车间机床布置还是在选用毛坯制造方法、机床种类、工具、加工或装配方法及工人技术要求等方面均有所不同。为此,制定机器零件的机械加工工艺过程和机器产品的装配工艺过程时,都必须考虑不同生产类型的特点,以取得最大的经济效益。表 1-5 所示为各种生产类型的特点和要求。显然,生产类型不同,其工艺特点将有很大差异。

表 1-5　各种生产类型的特点和要求

生产类型	单件、小批生产	中批生产	大批、大量生产
产品数量	少	中等	大量
加工对象	经常变换	周期性变换	固定不变
机床设备和布置	采用万能设备,按机群布置	采用万能和专用设备,按工艺路线布置成流水生产线	广泛采用专用设备和自动生产线
工夹具	非必要时不采用专用夹具和特种工具	广泛使用专用夹具和特种工具	广泛使用高效专用夹具和特种工具
刀具和量具	一般刀具和量具	专用刀具和量具	高效专用刀具和量具
装夹方法	找正装夹	找正装夹或夹具装夹	夹具装夹
加工方法	用试切法加工	用调整法加工,有时还可组织成组加工	使用调整法自动化加工
装配方法	钳工试配	普遍应用互换装配,同时保留某些钳工试配	全部互换装配,某些精度较高的配合件用配磨、配研、选择装配,不需钳工试配

生 产 类 型	单件、小批生产	中 批 生 产	大批、大量生产
毛坯制造	木模造型和自由锻造	金属模造型和模锻	采用金属模机器造型、模锻、压力铸造等
工人技术要求	高	中等	一般
工艺过程的要求	只编制简单的工艺过程	除有较详细的工艺过程外,对重要零件的关键工序需有详细说明的工序操作	详细编制工艺过程和各种工艺文件
生产率	低	中	高
成本	高	中	低

1.3　基准

基准是用来确定生产对象上几何要素之间几何关系所依据的那些点、线、面。在机器零件的设计和加工过程中,按不同要求选择哪些点、线、面作为基准,直接影响零件加工工艺性和各表面间尺寸、位置精度。

根据不同的作用,基准可分为设计基准和工艺基准两大类。

1.3.1　设计基准

零件设计图样上所采用的基准,称为设计基准。这是设计人员根据零件的工作条件、性能要求,适当考虑加工工艺性而选定的。一个机器零件,在零件图上可以有一个也可以有多个设计基准。如图 1-4(a)所示,齿轮的齿顶圆和分度圆的设计基准是齿轮内孔的中心线,而表面 A、B 的设计基准是表面 C;如图 1-4(b)所示,车床主轴箱体中,主轴孔的设计基准是箱体的底面 M 及小侧面 N。

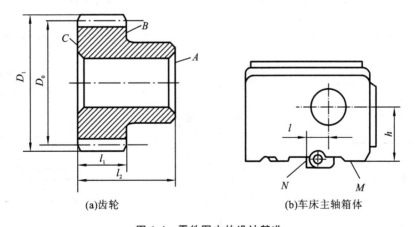

(a)齿轮　　　　　　　　　　　(b)车床主轴箱体

图 1-4　零件图中的设计基准

1.3.2　工艺基准

零件在工艺过程中所采用的基准,称为工艺基准。工艺基准包括工序基准、定位基准、测量基准和装配基准,现分述如下。

1. 工序基准

在工序图上,用来确定本工序所加工表面加工后的尺寸、位置的基准,称为工序基准。

如图 1-5 所示,工件的加工表面有 ϕD 孔,要求其中心线垂直于底面 A,并与两侧 C 面和 B 面保持距离尺寸为 L_1 和 L_2,因此表面 A、B、C 均为本工序的工序基准。工序基准除采用工件上实际表面或表面上的线以外,还可以是工件表面的几何中心、对称面或对称线等。如图 1-6 所示,要求键槽两侧面对称,且底面平行于轴线,工序基准既有凸肩面 A 和外圆下母线 B,又有外圆表面的轴向对称面 D。

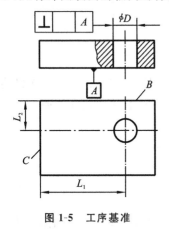

图 1-5　工序基准

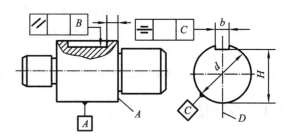

图 1-6　小轴键槽的工序基准

2. 定位基准

工件在机床上或夹具中进行加工时,用做定位的基准称为定位基准。用夹具装夹时,定位基准就是工件上直接与夹具的定位元件相接触的点、线、面。

图 1-7(a)所示的车床刀架座零件,在平面磨床上磨顶面,则与平面磨床磁力工作台相接触的表面为该道工序的定位基准;图 1-7(b)所示的齿坯拉孔加工工序,被加工内孔在拉削时的位置是由齿坯拉孔前的内孔中心线确定的,故拉孔前的内孔中心线为拉孔加工工序的

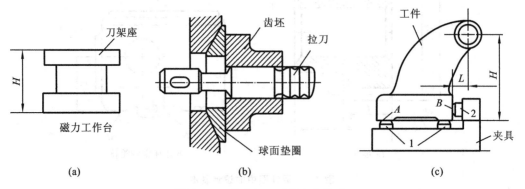

(a)　　　　　　　　　　(b)　　　　　　　　　　(c)

图 1-7　工件在加工时的定位基准

定位基准。图 1-7(c) 所示的零件在加工内孔时，其位置是由与夹具上定位元件 1、2 相接触的底面 A 和侧面 B 确定的，故 A、B 面为该工序的定位基准。

3. 测量基准

在测量时所采用的基准，称为测量基准。

图 1-8(a) 所示为根据不同工序要求测量已加工平面位置时所使用的两个不同的测量基准，一个测量基准为小圆柱的上母线，另一个测量基准为大圆柱的下母线。图 1-8(b) 所示为车床主轴箱体零件，为测量加工后主轴孔的轴线 O—O 对底面 M 的平行度，以 M 面为测量基准。通过标准垫铁、标准平台、心棒和百分表对平行度进行间接测量。

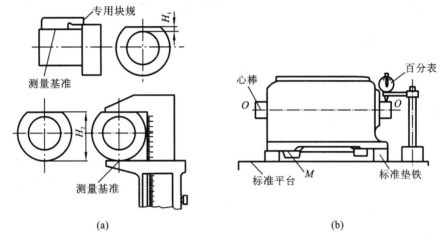

图 1-8　工件上已加工表面的测量基准

4. 装配基准

在机器装配时，用来确定零件或部件在产品中的相对位置所采用的基准，称为装配基准。

如图 1-9(a) 所示，齿轮是以其内孔及一端面装配到与其配合的轴上，故齿轮内孔 A 及端面 B 即为装配基准。如图 1-9(b) 所示的主轴箱部件，装配时是以其底面 M 及小侧面 N 与床身的相应面接触，从而确定主轴箱部件在车床上的相对位置，故底面 M 及小侧面 N 为主轴箱部件的装配基准。

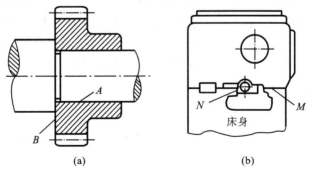

图 1-9　机器零部件装配时的装配基准

作为基准的点、线、面，有时在工件上并不一定真实存在（如孔和轴的轴心线、两平面之间的对称中心面等），故基准往往是由某些具体表面来体现的，这些表面被称为定位基面。工件以回转表面（如孔、外圆等）定位时，回转表面的轴心线是工件的定位基准，而回转表面就是工件的定位基面。工件以平面定位时，其定位基准与定位基面一致。图 1-10 所示为各基准之间的关系。

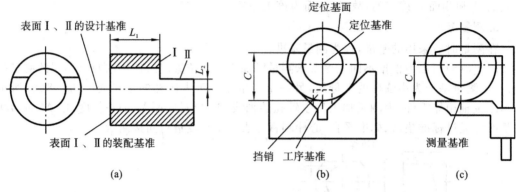

图 1-10　各基准之间的关系

1.4　工件的装夹

人们在长期的生产实践中,创造出许多机械加工方法,如试切法、调整法、定尺寸刀具法和自动控制加工法等。这些方法的目的是使工件获得一定的尺寸精度、形状精度、位置精度和表面质量。为此,首先必须把工件装夹到机床上。

1.4.1　装夹的概念

为了保证一个工件加工表面的精度,以及使一批工件的加工表面的精度一致,那么,一个工件放到机床上或夹具中,首先必须占有某一相对刀具及切削成型运动(通常由机床所提供)的正确位置,且逐次加工的一批工件都应占有相同的正确位置,这称之为定位。为了在加工中使工件在切削力、重力、离心力和惯性力等力的作用下,能保持定位时已获得的正确位置不变,必须把零件压紧、夹牢,这称之为夹紧。

将工件在机床上或夹具中定位、夹紧的过程称为装夹。

工件的装夹,可根据工件加工的不同技术要求,采取先定位后夹紧或在夹紧过程中同时实现定位这两种方式,其目的都是为了保证工件在加工时相对刀具及成型运动具有正确的位置。

必须指出,定位和夹紧是两个完全不同的概念,不能混淆。

1.4.2　装夹的方法

工件的位置要求取决于工件的装夹(定位和夹紧)方式及其精度要求。工件的装夹方式有如下几种。

1. 直接装夹

直接装夹是利用机床上的装夹面来对工件直接定位的,工件的定位基准面只要靠紧在机床的装夹面上并密切贴合,不需找正即可完成定位。然后,夹紧工件,使其在整个加工过程中不脱离这一位置,就能得到工件相对刀具及成型运动的正确位置。如图 1-11 所示,图 1-11(a)中工件的加工面 A 要求与工件的底面 B 平行,装夹时将工件的定位基准面 B 靠紧并吸牢在磁力工作台上即可;图 1-11(b)中工件为一夹具底座,加工面 A 要求与底面 B 垂直并与底部已装好的导向键的侧面平行,装夹时除将底面靠紧在工作台面上之外,还需使导向键侧面与工作台上的 T 形槽侧面靠紧;图 1-11(c)中工件上的孔 A 只要求与工件定位基准面 B 垂直,装夹时将工件的定位基准面紧靠在钻床工作台面上即可。

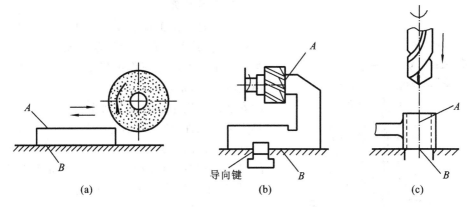

图 1-11 直接装夹

2. 找正装夹

由操作工人在机床上利用百分表、千分表、划线盘等工具进行工件的定位,俗称找正,然后夹紧工件。图 1-12(a)所示为在内圆磨床上用四爪单动卡盘装夹套筒磨内孔,先用百分表找正工件外圆再夹紧,以保证磨削后套筒的内孔与外圆柱面的同轴度精度。图 1-12(b)所示为在车床上加工一个与外圆表面具有偏心量为 e 的内孔,采用四爪单动卡盘和百分表调整工件的位置,使其外圆表面轴线与主轴回转轴线恰好相距一个偏心量 e,然后再夹紧工件加工即可。

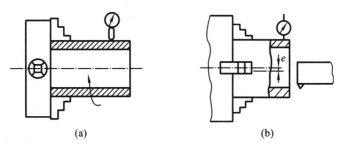

图 1-12 直接找正装夹

直接找正装夹方法由于其装夹效率较低,大多用于单件、小批生产中。当加工精度要求非常高,用夹具也很难保证其定位精度时,直接找正装夹是唯一的可行方案,这取决于操作工人的技术水平。

对于形状复杂,尺寸、质量均较大的铸锻件毛坯,若其精度较低不能按其表面找正,则可预先在毛坯上将待加工面的轮廓线划出,然后再按所划的线找正其位置,称为划线找正装夹。事先在工件上划出位置线、找正线和加工线,找正线和加工线通常相距 5 mm,装夹时按找正线进行找正,即为定位,然后再进行夹紧。图 1-13 所示为一个工件在四

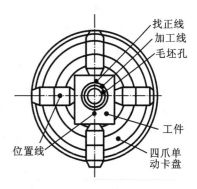

图 1-13 划线找正装夹

爪单动卡盘上,在工件缓慢旋转过程中划针头与工件的找正线不重合说明未安装好,需调整卡爪位置,直至划针头与找正线重合为止。

划线找正装夹所需设备比较简单,适应性强,但精度和生产效率均较低,通常划线精度为0.1 mm左右,多适用于单件、小批生产中的辅助铸件或铸件精度要求较低的粗加工工序。

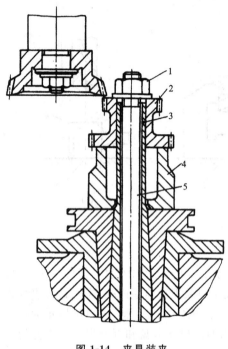

图 1-14 夹具装夹
1—夹紧螺母;2—工件;
3—定位心轴;4—基座;5—螺杆

3. 夹具装夹

夹具是根据工件加工某一工序的具体加工要求设计的,其上备有专用的定位元件和夹紧装置,被加工工件可以迅速而准确地装夹在夹具中。采用夹具装夹,是在机床上先安装好夹具,使夹具上的安装面与机床上的装夹面靠紧并固定,然后在夹具中装夹工件,使工件的定位基准面与夹具上定位元件的定位面靠紧并固定。由于夹具上定位元件的定位面相对夹具的安装面有一定的位置精度要求,故利用夹具装夹就能保证工件相对刀具及成型运动的正确位置关系。

图 1-14 所示的是双联齿轮工件装夹在插齿机夹具上加工齿形的情况,定位心轴和基座是该夹具的定位元件,夹紧螺母及螺杆是其夹紧元件,它们都装在插齿机的工作台上。工件以其内孔套在心轴上,其间有一定的配合要求,以保证其齿形加工面与内孔的同轴度要求,同时又以其大齿轮端面靠紧在基座上,以保证齿形加工面与大齿轮端面的垂直度,从而完成了定位;再用夹紧螺母将工件压紧在基座上,从而保证了夹紧。到此双联齿轮的装夹就完成了。

采用夹具装夹工件,易于保证加工精度,操作简单方便,效率高,可减轻劳动强度。因此,特别适用于成批、大批和大量生产中。

1.4.3 工件的定位

1.6 点定位原理

工件在空间直角坐标系中有 6 个自由度(独立的运动)。如图 1-15 所示,以长方体工件为例,它在直角坐标系中可以分别沿着 x、y、z 轴方向做平移运动,分别用符号 $\vec{x}$、$\vec{y}$、$\vec{z}$ 表示,还可以分别绕 x、y、z 轴做旋转运动,分别用符号 $\hat{x}$、$\hat{y}$、$\hat{z}$ 表示。

工件的定位就是根据加工要求限制工件的全部或部分自由度,通常使用约束点和约束点群来描述,而且 1 个自由度只需要 1 个约束点来限制。必须指出,所谓约束是指工件定位面不能离开约束点,如果定位面离开了约束点就不起约束作用了。在实际定位中,通常用接触面积很小的支承钉作为约束点。

如图 1-16 所示,长方体工件底面布置 3 个不共线的约束点 1、2、3,可以限制平移自由度 $\vec{z}$、转动自由度 $\hat{x}$ 和 $\hat{y}$,工件底面起主要定位作用,称为主要定位基准(第一定位基准);在侧面布置两个约束点 4、5,可以限制平移自由度 $\vec{x}$ 和转动自由度 $\hat{z}$,称为导向定位基准(第二定位基准);端面布置的约束点 6 限制平移自由度 $\vec{y}$,称为止推定位基准(第三定位基准)。这样,工件的 6 个自由度都受到限制,工件在夹具中实现了完全定位。

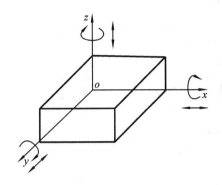

图 1-15　自由度示意图

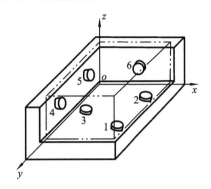

图 1-16　工件的 6 点定位原理

采用 6 个按一定规则布置的约束点来限制工件的 6 个自由度,实现完全定位,称为 6 点定位原理。

根据工件形状的不同,以及定位基准的不同,支承点的分布会有各种形式。

2. 工件的实际定位

工件的形状是多种多样的,都用支承钉来定位显然不合适,因此,更可行的方法是用支承板、圆柱销、心轴、V 形块等作为约束点群来限制工件的自由度。表 1-6 归纳了常用定位元件:支承钉、支承板、圆柱销、圆锥销、心轴、V 形块、定位套、锥顶尖和锥度心轴等所限制的自由度以及多个定位元件的组合所限制的自由度。

表 1-6　典型定位元件的定位分析

工件的定位面		夹具的定位元件			
平面	支承钉	定位情况	1 个支承钉	2 个支承钉	3 个支承钉
		图示			
		限制的自由度	$\vec{x}$	$\vec{y}$、$\vec{z}$	$\vec{z}$、$\hat{x}$、$\hat{y}$
	支承板	定位情况	一块条形支承板	两块条形支承板	块矩形支承板
		图示			
		限制的自由度	$\vec{y}$、$\vec{z}$	$\vec{z}$、$\hat{x}$、$\hat{y}$	$\vec{z}$、$\hat{x}$、$\hat{y}$

续表

工件的定位面			夹具的定位元件		
圆孔	圆柱销	定位情况	短圆柱销	长圆柱销	两段短圆柱销
		图示	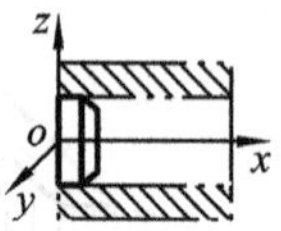	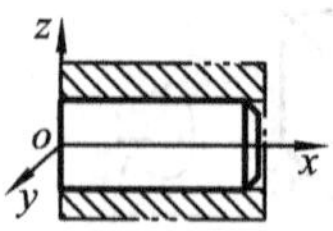	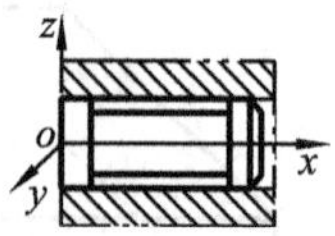
		限制的自由度	$\vec{y}$、$\vec{z}$	$\vec{y}$、$\vec{z}$、$\hat{y}$、$\hat{z}$	$\vec{y}$、$\vec{z}$、$\hat{y}$、$\hat{z}$
		定位情况	菱形销	长销小平面组合	短销大平面组合
		图示	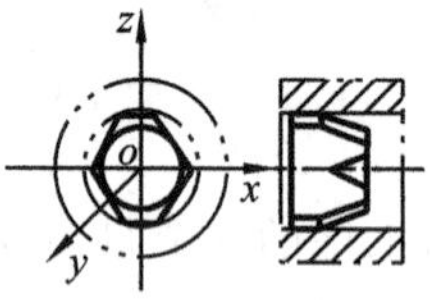	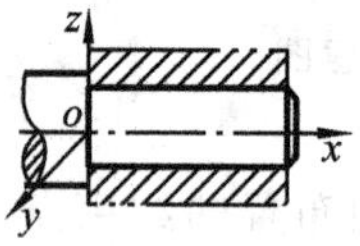	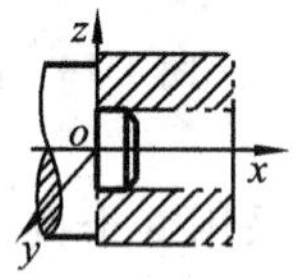
		限制的自由度	$\vec{z}$	$\vec{x}$、$\vec{y}$、$\vec{z}$、$\hat{y}$、$\hat{z}$	$\vec{x}$、$\vec{y}$、$\vec{z}$、$\hat{y}$、$\hat{z}$
	圆锥销	定位情况	固定锥销	浮动锥销	固定锥销与浮动锥销组合
		图示	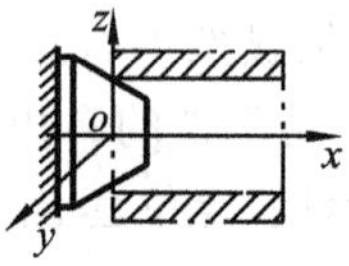	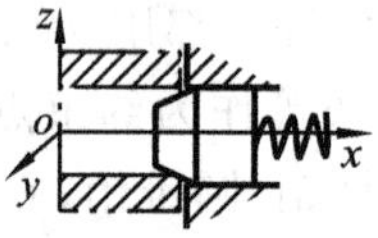	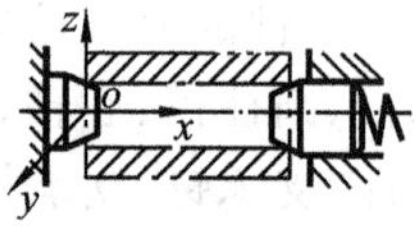
		限制的自由度	$\vec{x}$、$\vec{y}$、$\vec{z}$	$\vec{y}$、$\vec{z}$	$\vec{x}$、$\vec{y}$、$\vec{z}$、$\hat{y}$、$\hat{z}$
	心轴	定位情况	长圆柱心轴	短圆柱心轴	小锥度心轴
		图示	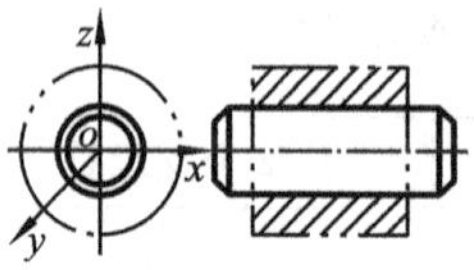	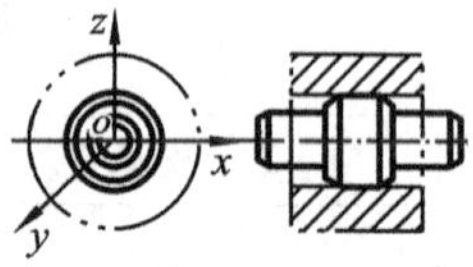	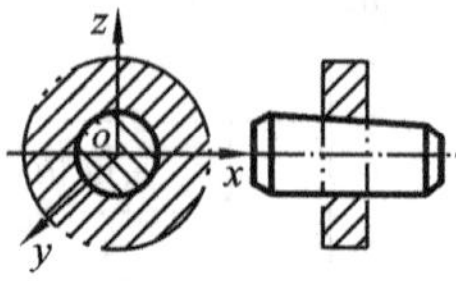
		限制的自由度	$\vec{x}$、$\vec{z}$、$\hat{x}$、$\hat{z}$	$\vec{x}$、$\vec{z}$	$\vec{x}$、$\vec{y}$、$\vec{z}$
外圆柱面	V形块	定位情况	一块短V形块	两块短V形块	一块长V形块
		图示	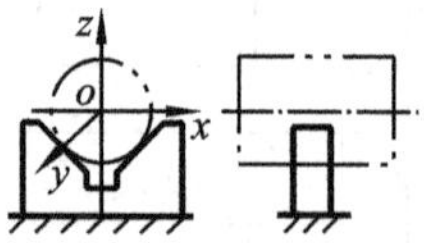	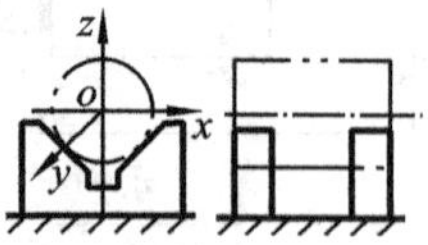	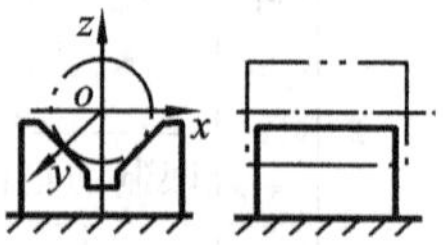
		限制的自由度	$\vec{x}$、$\vec{z}$	$\vec{x}$、$\vec{z}$、$\hat{x}$、$\hat{z}$	$\vec{x}$、$\vec{z}$、$\hat{x}$、$\hat{z}$
	定位套	定位情况	一个短定位套	两个短定位套	一个长定位套
		图示	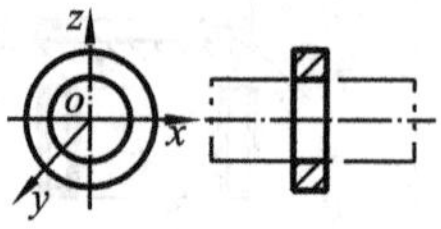	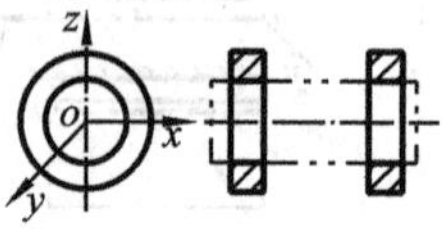	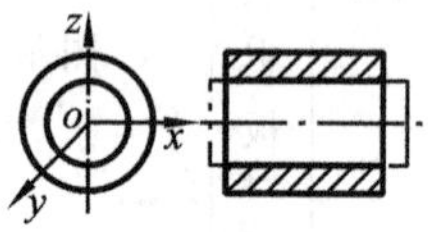
		限制的自由度	$\vec{x}$、$\vec{z}$	$\vec{x}$、$\vec{z}$、$\hat{x}$、$\hat{z}$	$\vec{x}$、$\vec{z}$、$\hat{x}$、$\hat{z}$

续表

工件的定位面		夹具的定位元件			
		定位情况	固定顶尖	浮动顶尖	锥度心轴
圆锥孔	锥顶尖和锥度心轴	图示			
		限制的自由度	$\vec{x}$、$\vec{y}$、$\vec{z}$	$\vec{y}$、$\vec{z}$、$\hat{y}$、$\hat{z}$	$\vec{x}$、$\vec{y}$、$\vec{z}$、$\hat{y}$、$\hat{z}$

必须指出,定位元件所限制的自由度与定位元件的大小、长度及其组合有关。

(1)长短关系。如短圆柱销限制 2 个自由度,长圆柱销限制 4 个自由度;短 V 形块限制 2 个自由度,长 V 形块(常用 2 个短 V 形块)限制 4 个自由度等。

(2)大小关系。1 个矩形支承板限制 3 个自由度,1 个条形支承板限制 2 个自由度,1 个支承钉限制 1 个自由度等。

(3)组合关系。1 个短 V 形块限制 2 个自由度,2 个短 V 形块的组合限制 4 个自由度;1 个条形支承板限制 2 个自由度;2 个条形支承板的组合相当于 1 个矩形支承板,因此限制 3 个自由度。有些定位元件,如表 1-6 中用顶尖孔定位时,从固定(前)顶尖的定位来分析,限制了 $\vec{x}$、$\vec{y}$、$\vec{z}$ 3 个自由度;但从浮动顶尖来分析,通常是限制了 $\vec{y}$、$\vec{z}$ 2 个自由度,但如果作为前固定顶尖和后浮动顶尖组合起来一起分析,如图 1-17 所示,则可认为后浮动顶尖是限制了 $\hat{y}$、$\hat{z}$ 2 个自由度,因此,浮动顶尖所限制的自由度与定位元件的组合有关,具体定位情况要具体分析。在用两个圆锥销的定位中也有类似情况。

图 1-17　组合关系对限制自由度的影响

3. 完全定位和不完全定位

(1)完全定位。工件在机床或夹具中定位,若 6 个自由度都被限制时,称为完全定位。

如图 1-18(a)所示,在长方体工件上加工一个距底面 h 的 ϕD 的盲孔(不通孔),要求孔中心线对底面 G 垂直和对两侧面保持尺寸 L_1 及 L_2。在进行钻孔加工前,工件上各个平面均已加工。ϕD 孔有位置要求,故要限制 $\vec{x}$、$\vec{y}$、$\vec{z}$ 3 个自由度;孔有深度要求,故要限制 $\vec{z}$ 1 个自由度;孔要垂直底面 G,故要限制 $\hat{x}$、$\hat{y}$ 2 个自由度。

钻孔时,工件在夹具中的定位如图 1-18(b)所示,长方形工件的底面及两个相邻侧面分别选用 2 个支承板和 3 个支承钉定位。为了对工件的定位进行分析,可抽象转化成如图 1-18(c)所示的 6 个支承点的定位形式。与工件底面接触的 3 个支承点,相当于 2 个支承板所确定的平面。

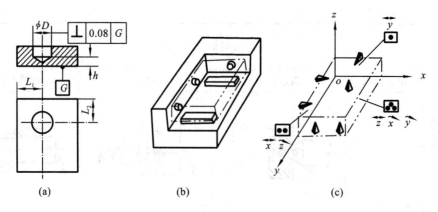

图 1-18　长方形工件钻孔工序及工件定位分析

(2)不完全定位。工件在机床上或夹具中定位,若 6 个自由度没有被全部限制则称为不完全定位。按工件加工前的结构特点和工序加工精度要求,又可分成如下两种情况。一种是由于工件的结构特点,无法限制、也没有必要限制某些方面的自由度。如图 1-19 所示,在球面上钻孔、在光轴上车一段轴颈、在套筒上铣一平面及在圆盘周边铣一个槽等,都没有必要、也不可能限制绕它们自身回转轴线或球心的自由度。这方面的自由度未被限制,并不影响一批工件在加工中位置的一致性。

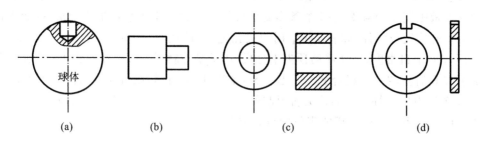

图 1-19　不必限制绕自身回转轴线或球心自由度的几个实例

另一种情况是由于工序的加工精度要求,工件在定位时允许保留某些方面的自由度。如图 1-20(a)所示的工件,仅要求保证被加工时上平面与工件底面的高度尺寸及平行度精度,因而在刨床工作台上定位时只需限制 $\vec{z}$、$\widehat{x}$、$\widehat{y}$ 3 个自由度;如图 1-20(b)所示的工件,在立式铣床上用角度铣刀加工燕尾槽时,只需限制 $\vec{y}$、$\vec{z}$、$\widehat{x}$、$\widehat{y}$、$\widehat{z}$ 5 个自由度;$\vec{x}$ 自由度可以不

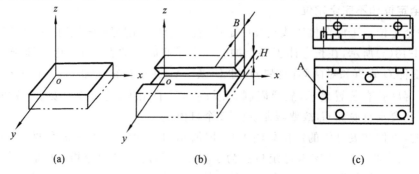

图 1-20　不完全定位实例

被限制。但在夹具设计和使用时,往往为了承受切削力和便于控制刀具行程,仍在夹具体上设置一个如图 1-20(c) 中所示的挡销 A,此时该挡销主要作用并不是定位。

4. 欠定位和过定位

(1) 欠定位。工件在机床上或夹具中定位时,根据被加工面的尺寸、形状和位置要求,应限制的自由度未被限制,即约束点不足,这样的情况称为欠定位。在欠定位的情况下是不能保证加工要求的,因此是绝对不能允许的。

如图 1-21 所示,在一个长方体工件上加工一个台阶面,该面宽度为 B,距底面高度为 h,且应与侧面和底面平行。图 1-21(a) 中的定位只限制了 $\vec{z}$、$\hat{x}$、$\hat{y}$ 3 个自由度,不能保证尺寸 B 及其侧面与工件右侧面的平行度,为欠定位。如图 1-21(b) 所示,必须增加一个条形支承板来限制 $\vec{x}$、$\hat{z}$ 2 个自由度,一共限制 5 个自由度才行。

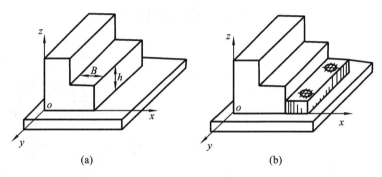

图 1-21　工件的欠定位

注意　不完全定位与欠定位是不同的两个概念,所限制的自由度少于 6 个时不一定会产生欠定位,只是不完全定位时应注意可能会有欠定位,要判别应限制的自由度是否已被限制。

(2) 过定位。工件定位时,1 个自由度同时被两个或两个以上的约束点(夹具定位元件)所限制,称为过定位,或称为重复定位,也称为定位干涉。

由于过定位可能会破坏定位,因此一般也是不允许的。但如果工件定位面的尺寸、形状和位置精度高,表面质量好,而夹具的定位元件制造精度又高,则这时不但不会影响定位,而且还会提高加工时工件的刚度,在这种情况下过定位是允许的。下面分析几个过定位实例及其解决方法。

如图 1-22(a) 所示,工件的一个定位平面只需要限制 3 个自由度,如果用 4 个支承钉来支撑,则由于工件平面或夹具定位元件的制造精度问题,实际上只能有其中的 3 个支承钉与工件定位平面接触,从而产生定位不准和定位不稳的情况。在工件的重力、夹紧力或切削力的作用下强行使 4 个支承钉与工件定位平面都接触,则会使工件或夹具变形,或者两者均变形。如图 1-22(b) 所示,解决这一过定位的常用方法是:将定位元件改为 2 个支承板,并在夹具装配后,一次磨平。

图 1-23(a) 所示为一面两孔组合定位的例子,工件的定位面为其底平面和两个孔,夹具的定位元件为 1 个支承平板和 2 个短圆柱销,考虑到定位组合关系,其中支承板限制 $\vec{z}$、$\hat{x}$、$\hat{y}$ 3 个自由度,短圆柱销 1 限制 $\vec{x}$、$\vec{y}$ 2 个自由度,短圆柱销 2 限制 $\vec{x}$、$\hat{z}$ 2 个自由度,因此在 $\vec{x}$ 自由度上同时有两个定位元件的限制,产生了过定位。在装夹时,如果一批工件上的两孔

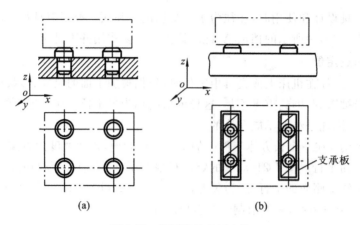

图 1-22　平面定位的过定位

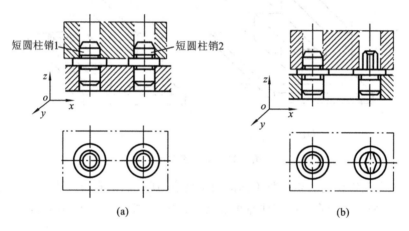

图 1-23　一面两孔组合定位的过定位

在直径或距离尺寸上有加工误差,则会产生工件不能定位(装不上),如果要装上,则只能是短圆柱销或工件产生变形。解决的方法是将短圆柱销 2 改为菱形销,如图 1-23(b)所示,且其削边方向应在 x 方向,即可补偿一批工件上两孔距离尺寸上的偏差,消除在 x 自由度上的干涉。

必须指出,活动钻模板与夹具体的定位,则必须采用一面两圆柱销的过定位方式。

图 1-24 所示为孔与端面组合定位的情况,其中图 1-24(a)为长销大端面,长销可限制

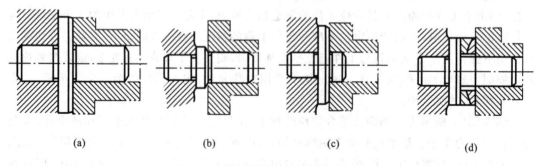

图 1-24　孔与端面组合定位的过定位

$\vec{y}$、$\vec{z}$、$\hat{y}$、$\hat{z}$ 4 个自由度,大端面限制 $\vec{x}$、$\hat{y}$、$\hat{z}$ 3 个自由度,显然,$\hat{y}$、$\hat{z}$ 2 个自由度被重复限制,产生过定位。解决的方法如下:①如图 1-24(b)所示,采用小端面和长销组合定位;②如图 1-24(c)所示,采用大端面和短销组合定位;③如图 1-24(d)所示,仍采用大端面和长销组合定位,但在大端面上装一对球面垫圈来实现定位,以减少 2 个自由度的重复约束。

必须指出,在不完全定位和欠定位的情况下,不一定就没有过定位,因为过定位的判别要看是否存在重复定位,不是看所限制自由度的多少。

5. 定位分析方法

工件加工时的定位分析有一定难度,需要掌握一些方法,更需要借助实践经验。

从分析思路上来看,既可以从限制了那些自由度的角度来分析,也可以从那些自由度未被限制的角度来分析,前者可谓正向分析法,后者可谓逆向分析法。在分析欠定位时,用逆向分析法较好。

从分析步骤上来看,有总体分析法和分件分析法。

(1)总体分析法。总体分析法是从工件定位的总体来分析限制了哪些自由度。如图 1-25 所示,在立方体工件上加工一个不通槽,分析其定位情况就可发现其只限制了 $\vec{x}$、$\vec{z}$、$\hat{x}$、$\hat{y}$、$\hat{z}$ 5 个自由度,但从加工面的尺寸、形状和位置要求来看,应限制 6 个自由度,因此可肯定为不完全定位。不通槽在 y 方向的位置尚需限制其自由度,因此为欠定位。所以,总体分析法易于判别是否存在欠定位。

(2)分件分析法。分件分析法是分别从各个定位面所受的约束来分析所限制的自由度。分析图 1-25 所示的定位情况,可知矩形支承板 1 限制 $\vec{x}$、$\hat{y}$、$\vec{z}$ 3 个自由度,左边的条形支承板 2 的右侧面限制 $\vec{x}$、$\hat{z}$ 2 个自由度,右边的条形支承板 3 的左侧面限制了 $\vec{x}$、$\hat{z}$ 2 个自由度,因此在 2 个自由度上有重复定位,为过定位。所以分件分析法易于判别是否有过定位。

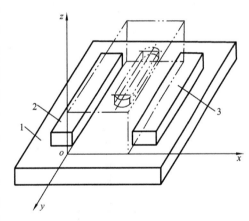

图 1-25　定位分析方法
1—矩形支承板;2—条形支承板;3—条形支承板

必须指出,图 1-25 所示的定位是不合理的,$\vec{x}$、$\hat{z}$ 只需 1 个条形支承板就能约束,因为有了条形支承板 2,工件在 $\vec{x}$、$\hat{z}$ 上的位置就已被定位,看起来工件向左移动被限制,但向右尚可移动,这已不是定位问题,应由夹紧来保证工件定位面与夹具定位元件的接触。

在进行分件分析时,先分析限制自由度比较多的主定位元件,再逐步分析限制自由度比较少的定位元件,这样有利于分析定位中组合关系对自由度限制的影响。

从上述分析可知,图 1-25 所示的定位情况是不完全定位、欠定位和过定位,可见欠定位和过定位可能会同时存在。

综上所述,在设计定位方案时可从以下几个方面考虑。

(1)根据加工面的尺寸、形状和位置要求确定需要限制的自由度。

(2)在定位方案中,利用总体分析法和分件分析法来分析是否有欠定位和过定位,分析中应注意定位的组合关系,若有过定位,应分析其是否被允许。

（3）从承受切削力、夹紧力、重力以及为装夹方便、易于加工、调整等角度考虑，在不完全定位中，可以采用挡块定位、过定位等。

思考复习题 1

1-1　什么是生产过程和工艺过程？试举例说明机械加工工艺过程。

1-2　何谓生产纲领？它对机械加工工艺过程有哪些影响？

1-3　生产类型有哪几种？划分生产类型的主要依据是什么？

1-4　什么是机械加工工艺系统？

1-5　什么是工序、安装、工位、工步和走刀？

1-6　何谓基准？设计基准和工艺基准有哪些区别？设计基准和工艺基准不重合会带来什么问题？

1-7　何谓 6 点定位原理？何谓完全定位和不完全定位？何谓欠定位和过定位？试举例说明。

1-8　试述工件装夹的含义。在机械加工中有哪几种装夹工件的方法？简述每种装夹方法的特点及其应用场合。

1-9　某机床厂年产 CA6140 车床 2 000 台，已知每台车床只有 1 根主轴，主轴零件的备品率为 14%，机械加工废品率为 4%，试计算机床主轴零件的年生产纲领。从生产纲领来分析，试说明主轴零件属于何种生产类型？其工艺过程有何特点？若 1 年按 282 个工作日、一个月按 26 个工作日来计算，试计算主轴零件月平均生产批量。

1-10　如图 1-26 所示的齿轮零件，其内孔键槽是在插床上采用自定心三爪卡盘装夹外圆 d 进行插削加工的，试分别确定此链槽的设计基准、定位基准和测量基准。

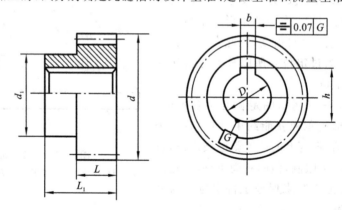

图 1-26　齿轮零件

1-11　如图 1-27 所示，注有"$\sqrt{}$"的表面为待加工面，为保证加工要求，试分别确定其应限制的自由度。

1-12　如图 1-28 所示的铣键槽工序，工件在夹具中定位时，加工键槽的宽度 b 由键槽铣刀的直径尺寸保证，其他尺寸及位置精度，则由夹具上定位支承点的合理布置保证。为满足上述工序加工要求，工件在夹具中必须实现图 1-28(b) 所示的限制 6 个自由度的完全定位。

在设计夹具时，若没有设置图 1-28(b) 中的端面支承点 1，则无法保证键槽的什么尺寸？为什么？若在工件侧面只设置了一个支承点 2，则铣出的键槽无法保证键槽的什么位置精

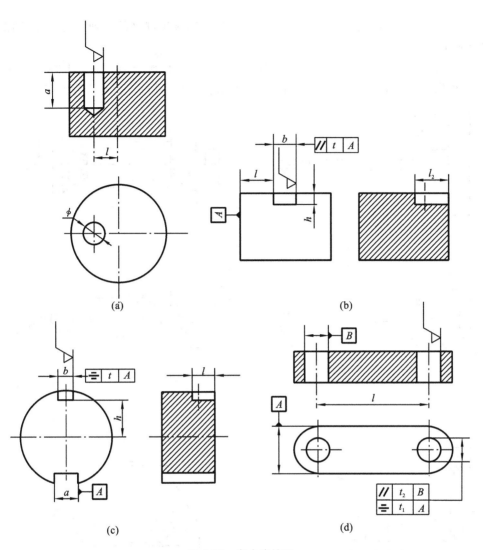

图 1-27　自由度练习

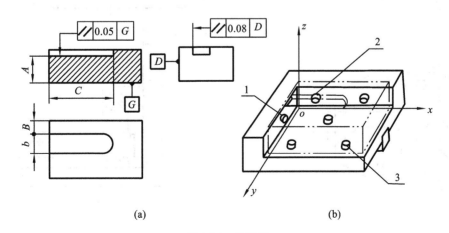

图 1-28　铣键槽

度？为什么？若在工件底面上仅设置 2 个支承点 3，则铣出键槽的底面为什么不能保证对工件底面的平行度？

1-13　根据 6 点定位原理，试用总体分析法和分件分析法分别分析图 1-29 中 6 种加工定位方案所限制的自由度，并分析是否有欠定位和过定位，其过定位是否允许存在？

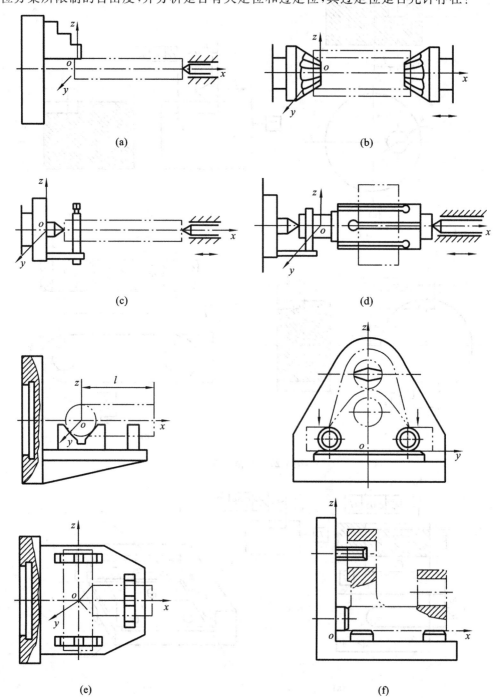

图 1-29　过定位判别

第2章 机械加工精度

机械产品的质量与其组成的零件质量及装配质量密切相关。零件质量由机械加工质量和零件材料的性质等因素所决定,而机械加工质量包括机械加工精度和加工表面质量。实际加工时不可能也没有必要把零件做得与理想零件完全一致,总会有一定的偏差,即所谓加工误差。如图 1-2 所示的阶梯轴零件,在一批工件中随意挑选几个,经实测,其右端外圆直径分别为 $\phi25.020$、$\phi25.018$、$\phi25.028$、$\phi25.030$、$\phi25.026$、$\phi25.031$ 等,分析数据可以看出在实际加工过程中存在加工误差,那么,这批零件是否合格? 如何减少加工误差,以保证零件的加工精度? 这些都是与零件加工质量相关的问题。本章研究零件的机械加工精度问题,将各种误差控制在允许范围内,分析各种因素对加工精度的影响规律,从而找出减少加工误差、提高加工精度的途径。

2.1 机械加工精度概述

2.1.1 加工精度与加工误差

加工精度是指零件在加工后的实际几何参数与理想几何参数符合的程度。符合程度越高,加工精度也就越高。加工精度是评定零件质量的一项重要指标。

加工误差是指在加工后零件的实际几何参数对理想几何参数的偏离程度。加工误差是表示加工精度高低的数量指标,一个零件的加工误差越小,加工精度就越高。

加工精度和加工误差是从两个不同的角度来评定加工零件的几何参数的,加工精度的低和高就是通过加工误差的大和小来表示的。研究加工精度的目的,就是要弄清楚各种原始误差对加工精度的影响规律,掌握控制加工误差的方法,从而找出减少加工误差、提高加工精度的途径。

生产实践证明,任何一种加工方法不管多么精密,都不可能把零件加工得绝对准确,与理想的完全相符。即使加工条件完全相同,加工出来的一批零件的几何参数也不可能完全一样。另外,从机器的使用要求来看,也没有必要把零件的几何参数加工得绝对准确,只要其误差值不影响机器的使用性能,就允许一定的加工误差存在。

零件的加工精度包括有关表面的尺寸精度,几何形状精度和相互位置精度,这三者之间有密切联系。一般情况下,形状误差应限制在位置公差内,位置公差应限制在尺寸公差内。尺寸精度越高,相应的形状、位置精度要求也就越高。但有些特殊功用的零件,其形状精度很高,而其位置精度、尺寸精度要求却不一定高,这要根据零件的功能要求来确定。例如,测量用的检验平板,其工作平面的平面度要求很高,但该平面与底面的平行度要求却很低。

2.1.2　获得机械加工精度的方法

1. 获得尺寸精度的方法

(1)试切法。试切法是通过试切→测量→调整→再试切,反复进行,直至加工至符合规定的尺寸,然后以此尺寸切出要加工的表面。试切法适用于单件小批生产。

(2)定尺寸刀具法。使用具有一定形状和尺寸精度的刀具对工件进行加工,并以刀具尺寸来得到规定尺寸精度的加工方法。例如,用钻头、铰刀、拉刀和丝锥等刀具加工。定尺寸刀具法的生产效率较高,加工精度与刀具的制造精度关系很大,且只能在部分加工中使用。

(3)调整法。按零件图或工序图规定的尺寸和形状,预先调整好机床、夹具、刀具与工件的相对位置,经试加工测量合格后,再连续成批加工工件。其加工精度在很大程度上取决于工艺系统的调整精度。此法广泛应用于半自动机床、自动机床和自动生产线上。

(4)主动测量法。这是一种在加工过程中采用专门的测量装置主动测量工件的尺寸并控制工件尺寸精度的方法。例如,在外圆磨床和珩磨机上,采用主动测量装置以控制加工的尺寸精度。主动测量法能获得较高的加工精度,加工质量主要靠加工设备来保证。

2. 获得几何形状精度的方法

(1)轨迹法。这种方法依靠刀具与工件的相对运动的轨迹来获得工件形状。如图 2-1 所示,图 2-1(a)是利用工件的旋转和刀具在 x、y 两个方向的合成直线运动来车削成型表面;而图 2-1(b)是利用刨刀的纵向直线运动和工件的横向进给运动来获得平面。用轨迹法加工所获得的形状精度主要取决于刀具与工件相对(成型)运动的精度。

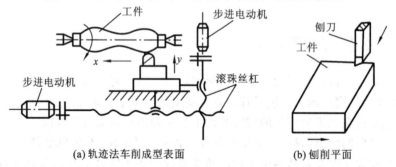

(a) 轨迹法车削成型表面　　　　(b) 刨削平面

图 2-1　用轨迹法获得工件形状

(2)成型法。采用成型刀具加工工件的成型表面以得到所要求的形状精度的方法称为成型法。成型法加工可以简化机床结构,提高生产效率。例如,用模数铣刀铣削齿轮,用花键拉刀拉削花键孔等。成型法加工所获得的形状精度主要取决于刀刃的形状精度和成型运动精度。图 2-1(a)所示的 x、y 两个方向的成型运动可以由成型刀具的刀刃几何形状来代替。

(3)展成法。利用工件和刀具作展成切削运动来获得加工表面形状的加工方法。各种齿轮的齿形加工,如滚齿、插齿等方法都属于这种方法。

3. 获得相互位置精度的方法

工件各加工表面相互位置的精度,主要和机床、夹具及工件的定位精度有关,如车削端面与轴线的垂直度和车床中滑板的精度有关;钻孔与底面的垂直度和机床主轴与工作台的垂直度有关;一次安装同时加工几个表面的相互位置精度与工件的定位精度有关。因此,要获得各表面间的相互位置精度就必须保证机床、夹具及工件的定位精度。

2.1.3 影响机械加工精度的因素

在机械加工中,零件的尺寸、几何形状和表面间相对位置的形成,取决于工件和刀具在切削过程中相互位置的关系,而工件和刀具又安装在夹具和机床上,并受到夹具和机床的约束。因此,加工精度问题也就涉及整个工艺系统的精度问题。工艺系统中的种种误差,在不同的具体条件下,将不同程度地反映为加工误差。工艺系统的误差是原因,是根源;加工误差是结果,是表现。因此,把工艺系统的误差称之为原始误差。

如图 2-2 所示,以精镗活塞销孔工序的加工过程为例,分析影响工件和刀具间相互位置的各种因素,以便对工艺系统的各种原始误差有一个初步的了解。

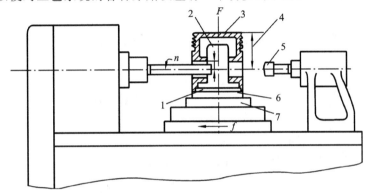

图 2-2 精镗活塞销孔加工示意图

1—定位止口;2—对刀尺寸;3—设计基准;4—设计尺寸;5—定位菱形销;6—定位基准;7—夹具

1. 装夹

活塞以止口及其端面为定位基准在夹具中定位,并用活动菱形销插入经半精镗加工的销孔中作周向定位,在活塞顶部施力夹紧。这种装夹方式产生了设计基准(顶面)与定位基准(止口端面)不重合,以及定位止口与夹具上凸台、菱形销与销孔的配合间隙而引起的定位误差,还存在由于夹紧力过大使工件变形而引起的夹紧误差。这两项原始误差统称为工件装夹误差。

2. 调整

装夹工件前后,必须对机床、刀具和夹具进行调整,然后试加工几个工件后再进行微调,才能使工件和刀具之间保持正确的相对位置。显然,必须对夹具在工作台上的位置、菱形销与主轴的同轴度,以及对刀(调整镗刀的伸出长度,以保证镗孔直径精度)进行调整。调整不可能绝对精确,因而会产生调整误差。另外,机床、刀具、夹具本身也存在制造误差。这些原始误差称为工艺系统的静误差(几何误差)。

3. 加工

在加工过程中必然产生切削力、切削热、摩擦等,它们将引起工艺系统的受力变形、热变形、磨损,这些都会影响在调整时所获得的工件、刀具间的相对位置精度,造成种种加工误差。这类在加工过程中产生的原始误差称为工艺系统的动误差。

4. 测量

销孔中心线到顶面的距离是通过测量得到的。因此,测量方法和量具本身的误差自然就加入到测量的读数中,这称为测量误差。在零件加工过程中,必须对工件进行测量,才能确定加工是否合格、工艺系统是否需要重新调整。测量误差也是一种不容忽视的原始误差。

此外,工件在毛坯制造、切削加工和热处理时,在力和热的作用下,会产生内应力。内应力将会引起工件变形而产生加工误差。还有由于采用近似的成型方法进行加工,也会造成加工原理误差。工件内应力引起的变形和加工原理误差也是原始误差。

一般情况下,人们把工艺系统的原始误差分为两大类:一类是与工艺系统初始状态有关的原始误差,简称为几何误差或静误差;另一类是与工艺过程有关的原始误差,简称为动误差。

按照误差的性质,可将引起误差的原因归纳为以下四个方面:

(1)工艺系统的几何误差:包括加工方法的原理误差、机床的几何误差、夹具的制造误差、工件的装夹误差及工艺系统磨损所引起的误差。

(2)工艺系统受力变形所引起的误差。

(3)工艺系统热变形所引起的误差。

(4)工件的内应力引起的误差。

为清晰起见,可将工件加工过程中可能出现的各种原始误差归纳如下:

原始误差
├─ 与工艺系统初始状态有关的原始误差(几何误差)
│   ├─ 原理误差 ┐
│   ├─ 定位误差 │
│   ├─ 调整误差 ├─ 工件相对于刀具在静止状态下已存在的误差
│   ├─ 刀具误差 │
│   ├─ 夹具误差 ┘
│   ├─ 机床主轴回转误差 ┐
│   ├─ 机床导轨导向误差 ├─ 工件相对于刀具在运动状态下已存在的误差
│   └─ 机床传动误差 ┘
└─ 与工艺过程有关的原始误差(动误差)
    ├─ 工艺系统受力变形(包括夹紧变形)
    ├─ 工艺系统受热变形
    ├─ 刀具磨损
    ├─ 测量误差
    └─ 工件残余应力引起的变形

在机械加工过程中,上述各种误差因素并不是在任何情况下都会同时出现,不同情况下其影响的程度也有所不同,必须根据具体情况进行具体分析。

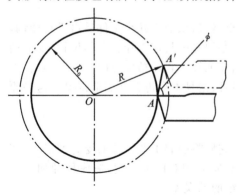

图 2-3 误差的敏感方向

2.1.4 误差的敏感方向

通常,各种原始误差的大小和作用方向各不相同,而加工误差则必须在工序尺寸方向度量。因此,不同的原始误差对加工精度有不同的影响。可以证明,原始误差的方向与工序尺寸方向一致时,对加工精度的影响最大。

以外圆车削为例。如图 2-3 所示,车削时工件的回转轴心是 O,刀尖的正确位置在 A,设某一瞬时,由于各种原始误差的影响,使刀尖移动到 A'。

$\overline{AA'}$即为原始误差δ，它与$\overline{OA}$之间的夹角为ϕ，由此引起工件加工后的半径由$R_0 = \overline{OA}$变为$R = \overline{OA'}$，故在半径上，即工序尺寸方向上的加工误差ΔR为

$$\Delta R = \overline{OA'} - \overline{OA} = \sqrt{R_0^2 + \delta^2 + 2R_0\delta\cos\phi} - R_0$$

$$\approx \delta\cos\phi + \frac{\delta^2}{2R_0} \approx \delta\cos\phi \tag{2-1}$$

显然，当原始误差的方向恰好为加工表面法线方向（$\phi = 0°$）时，引起的加工误差最大，即$\Delta R|_{\phi=0°} \approx \delta$。而当原始误差的方向恰好为加工表面切线方向（$\phi = 90°$）时，引起的加工误差最小，即$\Delta R|_{\phi=90°} \approx 0$。

为便于分析原始误差对加工精度的影响，把加工精度影响最大的那个方向称为误差的敏感方向。车削外圆时，通过切削刃的加工表面的法线方向就是误差的敏感方向。

2.1.5　研究加工精度的目的和方法

研究加工精度的目的，就是要弄清各种原始误差的物理、力学本质，掌握其基本规律，分析原始误差和加工误差之间的定性与定量关系，掌握控制加工误差的方法，以期获得预期的加工精度，必要时能找出提高加工精度的工艺途径。

研究机械加工精度的方法主要有分析计算法和统计分析法。分析计算法是在掌握各原始误差对加工精度影响规律的基础上，分析工件加工中所出现的误差可能是哪一个或哪几个主要原始误差所引起的，并找出原始误差与加工误差之间的影响关系，进而通过估算来确定工件的加工误差的大小，再通过试验来加以验证。统计分析法是对具体加工条件下加工得到的几何参数进行实际测量，然后运用数理统计学方法对这些测试数据进行分析处理，找出工件加工误差的规律和性质，进而控制加工质量。分析计算法主要是在对单项原始误差进行分析计算的基础上进行的，统计分析法则是在对有关的原始误差进行综合分析的基础上进行的。

上述两种方法常常结合起来使用，可先用统计分析法寻找加工误差产生的规律，初步判断产生加工误差的可能原因，然后运用计算分析法进行分析、试验，找出影响工件加工精度的主要原因。

2.2　工艺系统的几何精度对加工精度的影响

2.2.1　加工原理误差

为了获得规定的零件表面，必须在工件和刀具的运动之间建立一定的联系。例如，车削螺纹时，必须使工件和车刀之间有准确的螺旋运动联系；滚切齿轮时，必须使工件和滚刀之间有准确的展成运动。机械加工中的这种运动联系称为加工原理。

加工原理误差是指采用近似的成型运动或近似的刀具轮廓进行加工而产生的误差。例如，用大齿轮滚刀加工滚齿，就会产生两种误差：一是刀刃轮廓近似造型误差，由于制造上的困难，通常用阿基米德基本蜗杆或法向直廓基本蜗杆来代替渐开线基本蜗杆；二是由于滚刀齿数有限，实际上加工出的齿形是一条折线，和理论的光滑渐开线有差异，这些都会产生原理误差。又如，数控铣床一般只具有空间直线插补功能，在加工曲线或曲面时，刀具相对于

工件的成型运动,实际上是用许多很短的折线段去逼近理想曲线或曲面,逼近的精度可以用每根线段的长度来控制。

采用近似的成型运动或近似的刀刃轮廓,虽然会带来加工原理误差,但往往可以简化机床或刀具的结构,有时反而可以得到高的加工精度,并且能提高生产率和经济性。因此,只要其误差不超过规定的精度要求,在生产中仍能得到广泛的应用。

2.2.2　调整误差

在机械加工的每一个工序中,通常要对工艺系统进行调整。调整不可能绝对准确,因而会产生调整误差。工艺系统的调整有两种基本方式,不同的调整方式有不同的误差来源。

1.试切法调整

单件、小批生产中普遍采用试切法加工。加工时先在工件上试切,根据测得的尺寸与要求尺寸的差值,用进给机构调整刀具与工件的相对位置,然后再进行试切、测量、调整,直至符合规定的尺寸要求时,再正式切削出整个待加工表面。显然,这时引起调整误差的因素有以下三方面。

(1)测量误差。测量误差指量具本身的精度、测量方法或使用条件下的误差,如温度影响、操作者的细心程度等,它们都影响调整精度,因而产生加工误差。

(2)机床进给机构的位移误差。当试切最后一刀时,往往要按刻度盘的显示值来微量调整刀架的进给量,这时常会出现进给机构的"爬行"现象,结果使刀具的实际位移与刻度盘显示值不一致,造成加工误差。

(3)试切时与正式切削时切削层厚度不同的影响。不同材料的刀具,其刃口半径不同,切削加工中切削刃所能切除的最小切削层厚度就有一定限度。切削层厚度过小时,切削刃就会在切削表面上打滑,切不下金属。精加工时,试切的最后一刀往往很薄,而正式切削时的背吃刀量一般要大于试切部分,所以与试切时的最后一刀相比,切削刃不容易打滑,实际切深就大一些,因此工件尺寸就与试切部分不同;粗加工时,试切的最后一刀切削层厚度还较大,切削刃不会打滑,但正式切削时背吃刀量更大,受力变形也大得多,因此,正式切削时切除的金属层厚度就会比试切时小一些,同样会引起工件的尺寸误差。

2.调整法

在成批、大量生产中,广泛采用试切法或样件、样板,预先调整好刀具与工件的相对位置,并在一批零件的加工过程中保持这种相对位置不变来获得所要求的零件尺寸。与采用样件或样板调整相比,采用试切调整比较符合实际加工情况,故可得到较高的加工精度,但调整费时。因此,实际使用时可先根据样件或样板进行初调,然后试切若干工件,再据之进行精确微调。这样,既缩短了调整时间,又得到较高的加工精度。由于采用调整法对工艺系统进行调整时,也要以试切为依据,因此上述影响试切法调整精度的因素,同样也对调整法有影响。此外,影响调整精度的因素还包括以下内容。

(1)定程机构误差。在大批大量生产中广泛采用行程挡块、靠模、凸轮等机构保证加工尺寸,这些定程机构的制造精度和调整,以及与它们配合使用的离合器、电气开关、控制阀等的灵敏度就成为调整误差的主要来源。

(2)样件或样板的误差。样件或样板的误差包括制造误差、安装误差和对刀误差,也是影响调整精度的重要因素。

（3）测量有限试件造成的误差。工艺系统初调好以后，一般都要试切几个工件，并以其平均尺寸作为判断调整是否准确的依据。由于试切加工的工件不可能太多，因此不能把整批工件切削过程中各种随机误差完全反映出来。故试切加工几个工件的平均尺寸与总体尺寸不可能完全符合，因而造成误差。

2.2.3　机床的几何误差

机床的几何误差主要包括主轴回转运动误差、导轨导向误差和传动链的传动误差。

1. 主轴回转运动误差

1）主轴回转运动误差的概念

机床的主轴是安装工件或刀具的基准，并把动力和运动传给刀具或工件。因此，主轴的回转精度是机床的重要精度指标之一，它是决定加工表面几何形状精度、位置精度和表面质量的主要因素。

主轴回转时，由于主轴及其轴承在制造及安装中存在误差，因而主轴的回转轴线在空间的位置不是稳定不变的。主轴回转误差是指主轴实际回转轴线相对理想回转轴线的"漂移"。理想回转轴线虽然客观存在，但却无法确定其位置，通常是以平均回转轴线，即主轴各瞬时回转轴线的平均位置来代替。

主轴回转误差可分解为轴向圆跳动（又称轴向窜动）、径向圆跳动和角度摆动三种基本形式。

（1）轴向圆跳动——瞬时回转轴线沿平均回转轴线方向的轴向运动，如图 2-4(a)所示。

（2）径向圆跳动——瞬时回转轴线始终平行于平均回转轴线方向的径向运动，如图 2-4(b)所示。

（3）角度摆动——瞬时回转轴线与平均回转轴线成一倾斜角度，但其交点位置固定不动的摆动，在不同横截面内，轴心运动误差轨迹相似，如图 2-4(c)所示。实际上，主轴回转运动误差的三种基本形式是同时存在的。

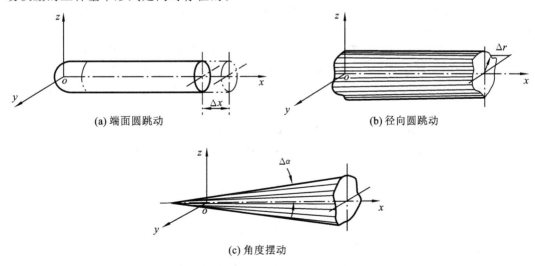

(a) 端面圆跳动　　　　　　　　　　　　　(b) 径向圆跳动

(c) 角度摆动

图 2-4　主轴回转误差的基本形式

2)主轴回转误差对加工精度的影响

对于不同的加工方法,不同形式的主轴回转误差所造成的加工误差是不同的。

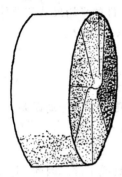

主轴的轴向圆跳动对工件的内、外圆加工没有影响,但会影响加工端面与内、外圆的垂直度误差。如果主轴每旋转一周,就要沿轴向来回窜动一次,则加工出的端面近似为螺旋面:向前窜动的半周形成右螺旋面,向后窜动的半周形成左螺旋面,最后切出如端面凸轮一样的形状,并在端面中心附近出现一个凸台,而且端面对轴心线的垂直度误差随切削半径的减小而增大,如图2-5所示。

当加工螺纹时,主轴的轴向圆跳动会使加工的螺纹产生螺距的小周期误差。通常,对机床主轴轴向圆跳动的幅值都有严格的要求,如精密车床的主轴端面圆跳动规定为$2\sim3\ \mu m$,甚至更严。

图 2-5 主轴轴向跳动对端面加工的影响

主轴的径向圆跳动会使工件产生圆度误差,但加工方法不同,如车削和镗削,其影响程度是不同的。

图 2-6 所示为镗削时的情况。镗轴旋转,工件不转。假设主轴的径向圆跳动误差使其几何轴线在 y 坐标方向上作简谐直线运动,其频率与主轴每秒钟的转数相同,振幅为 A;再设主轴中心偏移最大即等于 A 时,镗刀尖正好通过水平位置1,则当镗刀再转过一个角度 φ 到达位置 $1'$ 时,刀尖轨迹的水平分量和垂直分量分别为

$$y = A\cos\varphi + R\cos\varphi = (A+R)\cos\varphi, \quad z = R\sin\varphi \tag{2-2}$$

则有

$$\frac{y^2}{(R+A)^2} + \frac{z^2}{R^2} = 1 \tag{2-3}$$

显然,式(2-3)是椭圆方程式,其长半轴为 $A+R$,短半轴为 R,即镗出的孔呈椭圆形,其圆度误差为 A,如图 2-6 中所示的虚线。

图 2-7 所示为车削时的情况,此时车刀刀尖到平均回转轴线 O 的距离 R 为定值,实际回转轴线 O_1 相对于 O 的变动为 $h = \cos\varphi$。车刀切在工件表面 a_1 处时,$\varphi=0$,则切出的实际半径 $r_{\varphi=0} = R-A$,如图 2-7(a)所示;再过某一时刻,如图 2-7(b)所示,车刀切到工件表面 a'_1 处,$\varphi=\varphi$,切出的实际半径 $r_{\varphi=\varphi} = R-h = R-A\cos\varphi$。现将工件返回到图 2-7(a)所示位置,显然 a'_1 到 O_1 的距离仍为 $r_{\varphi=\varphi} = R-h = R-A\cos\varphi$。因此,工件表面 a'_1 点在车刀所在的坐标系中的坐标为

$$y = A + (R-h)\cos\varphi = A(1-\cos^2\varphi) + R\cos\varphi = A\sin^2\varphi + R\cos\varphi \tag{2-4}$$

$$z = (R-h)\sin\varphi = (R-A\cos\varphi)\sin\varphi = R\sin\varphi - A\cos\varphi\sin\varphi \tag{2-5}$$

由此,有

$$y^2 + z^2 = R^2 + A^2\sin^2\varphi \tag{2-6}$$

二次误差 $A^2\sin^2\varphi$ 很小,可略去不计,则有

$$y^2 + z^2 \approx R^2 \tag{2-7}$$

这表明,车削出的工件表面接近于真圆。

由上面的分析可知,若主轴几何轴线作偏心运动,在不考虑切削力变化而引起的轴系动态误差时,则无论是车削还是镗削表面都能加工成接近于一个半径为刀尖到平均轴线的圆。

一般精密车床的主轴径向圆跳动误差应控制在 $5\ \mu m$ 以内。

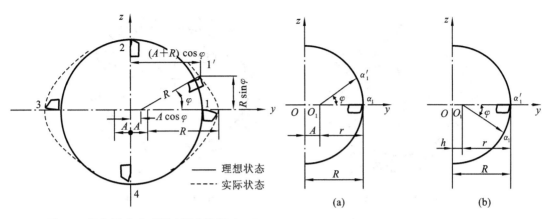

图 2-6　径向圆跳动对镗孔圆度的影响　　　图 2-7　径向圆跳动对车削圆度的影响

当主轴几何轴线具有倾角摆动时,可分为两种情况。一种是几何轴线相对于平均轴线在空间成一定锥角 α 的圆锥轨迹。若沿与平均轴线垂直的各个截面来看,相当于几何轴心绕平均轴心作偏心运动,只是各截面的偏心量有所不同而已。因此,无论是车削还是镗削,都能获得一个正圆锥。另一种是几何轴线在某一平面内作角摆动,若其频率与主轴回转频率相一致,沿着与平均轴线垂直的各个截面来看,车削表面是一个圆;以整体而论,车削出来的工件是一个圆柱,其半径等于刀尖到平均轴线的距离;镗削内孔时,在垂直于主轴平均轴线的各个截面内都形成椭圆,就工件内表面整体来说,镗削出来的是一个椭圆柱。

必须指出,实际上主轴工作时其回转轴线的漂移运动总是上述三种形式的误差运动的合成,而且也不只具有简谐性质,往往除基波以外,还有高次谐波,所以主轴回转误差往往表现出随机特性。总之,不同横截面内轴心的误差运动轨迹既不相同,又不相似,既影响所加工工件圆柱面的形状精度,又影响端面的形状精度。

3)影响主轴回转误差的主要因素

造成主轴回转轴线漂移的主要原因是:主轴的误差、轴承的误差、轴承间隙、与轴承配合零件的误差及主轴系统的径向不等刚度和热变形等。此外,主轴转速对主轴回转误差也有影响。对于不同类型的机床,其影响因素也各不相同。

例如,对工件回转类机床,如车床、外圆磨床,切削力的方向大体上是不变的,主轴在切削力的作用下,主轴颈以不同部位和轴承内孔的某一固定部位相接触。因此,影响主轴回转精度的,主要是主轴轴颈的圆度和表面波度,而轴承孔的形状误差影响较小。如果主轴颈是椭圆形的,那么,主轴每回转一周,主轴回转轴线就径向圆跳动两次,主轴轴颈如有表面波度,主轴回转时将产生高频的径向圆跳动,如图 2-8(a)所示。对于刀具回转类机床,如钻床、镗床等,由于切削力方向随主轴回转而转动,主轴颈在切削力作用下总是以其某一固定部位与轴承内表面的不同部位接触。因此,对主轴回转精度影响较大的是轴承孔的圆度和表面波度。如果轴承孔是椭圆形的,则主轴每回转一周,就径向圆跳动一次,如图 2-8(b)所示。若轴承内孔有表面波度,会使主轴产生高频径向圆跳动。

4)提高主轴回转精度的措施

(1)提高主轴部件的制造精度。首先应提高轴承的回转精度,如选用高精度的滚动轴承,或者采用高精度的多油楔动压轴承和静压轴承。其次是提高箱体支承孔、主轴轴颈和与轴承相配合零件的有关表面的加工精度。此外,还可在装配时先测出滚动轴承及主轴锥孔

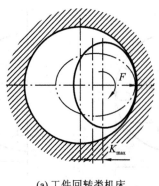

(a) 工件回转类机床   (b) 刀具回转类机床

图 2-8　两类主轴回转误差的影响

的径向圆跳动,然后调节径向圆跳动的方位,使误差相互补偿或抵消,以减少轴承误差对主轴回转精度的影响。

(2)对滚动轴承进行预紧。对滚动轴承适当预紧以消除间隙,其至产生微量过盈,由于轴承内外圈和滚动体弹性变形的相互制约,既增加了轴承刚度,又对轴承内外围滚道和滚动体的误差起均化作用,因而可提高主轴的回转精度。

(3)使主轴的回转误差不反映到工件上。直接保证工件在加工过程中的回转精度而不依赖于主轴,是保证工件形状精度的最简单而又有效的方法。例如,在外圆磨床上磨削外圆柱面时,为避免工件头架主轴回转误差的影响,工件采用两个固定顶尖支承,主轴只起传动作用,工件的回转精度完全取决于顶尖和中心孔的形状误差和同轴度误差,提高顶尖和中心孔的精度要比提高主轴部件的精度容易而且经济。又如,在镗床上加工箱体类零件上的孔时,可采用前、后导向套的镗模,刀杆与主轴浮动连接,刀杆的回转精度与机床主轴回转精度无关,仅由刀杆和导套的配合质量来决定。

2. 导轨导向误差

机床导轨副是实现直线运动的主要部件,导轨误差对零件的加工精度产生直接的影响。

(1)导轨在水平面内直线度误差的影响。如图 2-9 所示的磨床导轨,导轨在水平方向存在误差 Δ,引起工件在半径方向上的误差为 ΔR。磨削外圆柱表面会造成工件的圆柱度误差。

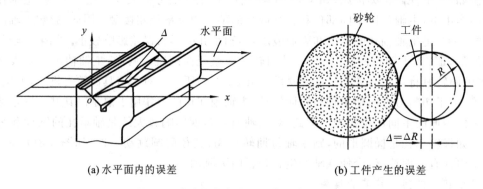

(a) 水平面内的误差   (b) 工件产生的误差

图 2-9　磨床导轨在水平面内的直线度误差

(2)导轨在垂直面内直线度误差的影响。如图 2-10 所示,磨床导轨在 y 方向存在误差 Δ,磨削外圆时,工件沿砂轮切线方向产生位移,此时,工件在半径方向上产生圆柱度误差

$\Delta R \approx \Delta^2/2R$,对零件的形状精度影响甚小(非误差敏感方向)。但导轨在垂直方向上的误差对平面磨床、龙门刨床、铣床等将引起法向位移,其误差直接反映到工件的加工表面(误差敏感方向),造成水平面上的形状误差。

(3)导轨面间平行度误差的影响。如图 2-11 所示,车床两导轨的平行度产生误差(扭曲),使大溜板产生横向倾斜,刀具产生位移,因而引起工件形状误差。

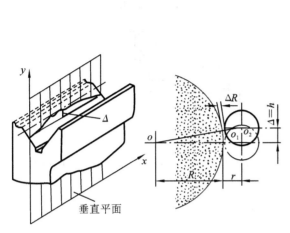

图 2-10　磨床导轨在垂直面内的直线度误差　　　　图 2-11　车床导轨面间的平行度误差

(4)导轨对主轴轴心线平行度误差的影响。当在车床类或磨床类机床上加工工件时,如果导轨与主轴轴心线不平行,则会引起工件的几何形状误差。例如,车床导轨与主轴轴心线在水平面内不平行,会使工件的外圆柱表面产生锥度;在垂直面内不平行时,会使工件表面形成单叶回转双曲面。

3. 传动链的传动误差

1)传动链误差的概念

在螺纹加工或用展成法加工齿轮等工件时,必须保证工件与刀具之间有严格的运动关系。例如,在滚齿机上用单头滚刀加工直齿轮时,要求滚刀每转一圈,工件必须转过一个齿。这种运动关系就由刀具与工件之间的传动链来保证。

对于图 2-12 所示的滚齿机传动系统,设齿轮滚刀转角为 φ_d,则工件转角 φ_n 可表示为

$$\varphi_n = \varphi_d \times \frac{64}{16} \times \frac{23}{23} \times \frac{23}{23} \times \frac{46}{46} \times i_c \times i_f \times \frac{1}{96} \qquad (2\text{-}8)$$

式中: i_c 为差动轮系的传动比,在滚切直齿时 $i_c = 1$; i_f 为分度挂轮传动比。

传动链中的各传动元件,如齿轮、蜗杆、蜗轮等,因有制造误差、装配误差和磨损而破坏正确的运动关系,使工件产生加工误差。所谓传动链的传动误差,是指存在内联系的传动链中首末两端传动元件之间相对运功的误差。它是按展成原理加工工件时,影响加工精度的主要因素。

2)传动链误差的传动系数

传动链误差一般可用传动链末端元件的转角误差来衡量。由于各传动元件在传动链中所处的位置不同,它们对末端元件的转角误差的影响程度是不同的。例如,传动链是升速传动,则传动元件的转角误差将被放大;反之,则转角误差将被缩小。

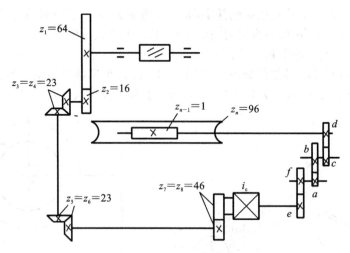

图 2-12　滚齿机传动链

假设滚刀轴均匀旋转,若齿轮 z_1 有转角误差 $\Delta\varphi_1$,而其他各传动元件无误差,则传到末端件,即第 n 个传动元件上所产生的转角误差 $\Delta\varphi_{1n}$ 为

$$\Delta\varphi_{1n} = \Delta\varphi_1 \times \frac{64}{16} \times \frac{23}{23} \times \frac{23}{23} \times \frac{46}{46} \times i_c \times i_f \times \frac{1}{96} = k_1 \Delta\varphi_1 \tag{2-9}$$

式中:k_1 为 z_1 到末端的传动比。

由于 k_1 反映了 z_1 的转角误差对末端元件传动精度的影响,所以又称为误差传动系数。

同样,对于 z_2 有

$$\Delta\varphi_{2n} = \Delta\varphi_2 \times \frac{64}{16} \times \frac{23}{23} \times \frac{23}{23} \times \frac{46}{46} \times i_c \times i_f \times \frac{1}{96} = k_2 \Delta\varphi_2 \tag{2-10}$$

对于分度蜗杆有

$$\Delta\varphi_{(n-1)n} = k_{n-1} \Delta\varphi_{n-1} \tag{2-11}$$

对于分度蜗轮有

$$\Delta\varphi_{nn} = \Delta\varphi_n \times 1 = k_n \Delta\varphi_n \tag{2-12}$$

式中:k_j 为第 j 个传动元件的误差传动系数,$j = 1, 2, \cdots, n$。

由于所有的传动元件都存在误差,因此,各传动元件对工件加工精度影响的总和为各传动元件所引起末端元件转角误差的叠加,即

$$\sum \Delta\varphi = \sum_{j=1}^{n} \Delta\varphi_{jn} = \sum_{j=1}^{n} k_j \Delta\varphi_j \tag{2-13}$$

考虑到传动链中所有的传动元件的转角误差都是独立的随机变量,则末端元件的总转角误差可用概率法进行估算,即

$$\sum \Delta\varphi = \sqrt{\sum_{j=1}^{n} k_j^2 \Delta\varphi_j^2} \tag{2-14}$$

齿轮、蜗杆、蜗轮等传动元件产生的转角误差,主要是由制造时的几何偏心、装配到轴上的安装偏心或运动偏心引起的,因此,随着轴的转动,各传动元件的转角误差可以认为是转角的正弦函数,即

$$\Delta\varphi_j = \Delta_j \sin(\omega_j t + \theta_j) \tag{2-15}$$

式中：Δ_j 为第 j 个传动元件转角误差的幅值；ω_j 为第 j 个传动元件的角速度；θ_j 为第 j 个传动元件转角误差的初相位。

这样，式（2-13）可以写成

$$\sum \Delta \varphi = \sum_{j=1}^{n} \Delta \varphi_{jn} = \sum_{j=1}^{n} k_j \Delta_j \sin \left(\omega_j t + \theta_j \right) \tag{2-16}$$

而

$$\omega_j t = \frac{\omega_j}{\omega_n} \omega_n t = \frac{1}{k_j} \omega_n t$$

所以

$$\sum \Delta \varphi = \sum_{j=1}^{n} \Delta \varphi_{jn} = \sum_{j=1}^{n} k_j \Delta_j \sin \left(\frac{1}{k_j} \omega_n t + \theta_j \right) \tag{2-17}$$

由此可知，传动链误差也是周期性变化的。如果以末端元件的圆频率为基准，各传动元件引起末端元件的转角误差 $k_j \Delta_j \sin \left(\dfrac{1}{k_j} \omega_n t + \theta_j \right)$ 就是总误差的各次谐波分量。也就是说，幅值为 Δ_j、圆频率为 ω_j 的第 j 个传动元件转角误差 $\Delta \varphi_j$ 将在工件上造成幅值为 $k_j \Delta_j$，圆频率为在工作台每转中出现 $\dfrac{1}{k_j}$ 次的转角误差 $\Delta \varphi_{jn}$。具体而言，对于末端的分度蜗轮，$k_j = k_n = 1$，即其偏心带来的误差是工作台每转出现 1 次，通常称为基波频率分量；对于分度蜗杆，$k_j = k_{n-1} = 1/96$，即其偏心带来的误差是工作台每转出现 96 次。其余类推，它们也是各次谐波分量。

2.2.4　工艺系统的其他几何误差

1. 刀具误差

机械加工中常用的刀具有一般刀具、定尺寸刀具和成型刀具三类。

一般刀具，如普通车刀、单刃镗刀、平面铣刀等的制造误差，对加工精度没有直接的影响，可以不予考虑。但当用这些刀具加工大直径的长工件、大平面，或者在一次装刀后要加工一批工件时，刀具磨损的影响应予以注意。

定尺寸刀具，如钻头、铰刀、拉刀、槽铣刀等的制造误差及磨损误差，均直接影响工件的加工尺寸精度。刀具在安装使用不当时也将影响加工误差。

成型刀具，如成型车刀、成型铣刀、齿轮刀具等的制造和磨损误差，主要影响被加工工件的形状精度。在使用成型刀具时必须特别注意刀具的正确装夹。如在车削螺纹时，由于螺纹车刀刀尖角的等分线与工件回转轴线不垂直，将使螺纹的断面角产生误差。

2. 夹具误差

夹具误差主要是指夹具的定位元件、导向元件及夹具体等的加工与装配误差，它对被加工工件的位置误差有较大的影响。夹具的磨损是逐渐而缓慢的过程，它对加工误差的影响不明显，对它们进行定期的检测和维修，便可提高其几何精度。如图 2-13 所示的钻孔夹具，钻套中心线至夹具体上定位平面的距离误差，直接影响工件孔至工件底平面的尺寸精度；钻套中心线与夹具体上定位平面的平行度误差，直接影响孔与工件底平面的平行度；钻套内径的尺寸误差也将影响工件孔至工件底平面的尺寸精度与平行度。

一般来说，夹具误差对加工表面的位置误差影响最大。因此，在夹具设计时，凡是影响工

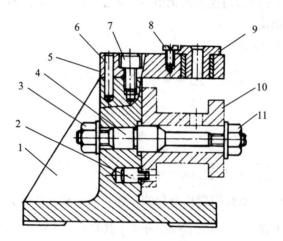

图 2-13 夹具误差对加工精度的影响

1—夹具体;2—菱形销;3—螺母;4—定位螺杆;5—钻套板;6—圆柱销;

7—螺钉;8—压套螺钉;9—可换钻套;10—工件;11—夹紧螺母

件精度的尺寸都要严格控制其制造误差。用于粗加工的夹具一般取工件上相应尺寸或位置公差的 $1/3\sim1/2$,用于精加工的夹具则应取 $1/10\sim1/5$。

2.3 工艺系统力效应对加工精度的影响

2.3.1 基本概念

加工过程中,工艺系统的各个组成环节,在切削力、传动力、惯性力、夹紧力及重力等的作用下,会产生相应的变形。这种变形将破坏刀刃和工件之间已调整好的正确位置关系,从而产生加工误差。例如车削细长轴时,工件在切削力作用下的弯曲变形,加工后会形成鼓形的圆柱度误差,如图 2-14(a)所示。

又如在内圆磨床上用横向切入磨孔时,由于磨头主轴弯曲变形,会使磨出的孔带有锥度的圆柱度误差,如图 2-14(b)所示。由此可见,工艺系统的受力变形是机械加工精度中一项很重要的原始误差。它不仅严重地影响工件的加工精度,而且还影响加工表面质量,限制加工生产率的提高。

工艺系统的受力变形通常是弹性变形。通常,工艺系统抵抗弹性变形的能力越强,则加工精度就越高。工艺系统抵抗弹性变形的能力,用刚度 k 来描述。所谓工艺系统刚度,是指工件加工表面在切削力法向分力 F_p 的作用下,刀具相对工件在该方向上位移 y 的比值,即

$$k = \frac{F_p}{y} \tag{2-18}$$

必须指出,法向位移 y 是在总切削力作用下工艺系统综合变形的结果。

由于切削过程中切削力是不断变化的,工艺系统在动态下产生的变形不同于静态下的变形,这样,就有静刚度和动刚度的区别。在一般情况下,工艺系统的动刚度与静刚度成正

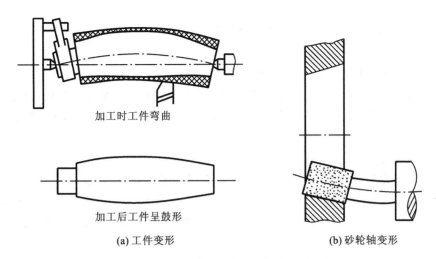

加工时工件弯曲

加工后工件呈鼓形

(a) 工件变形　　　　　　　　(b) 砂轮轴变形

图 2-14　工艺系统受力变形引起的加工误差

比关系,此外还与系统的阻尼、交变力频率与系统固有频率之比有关。为了理解工艺系统受力变形的基本概念,这里只讨论静刚度的问题。工艺系统动刚度问题属于系统振动问题,将在第 3 章中论述。

2.3.2　工艺系统刚度的计算

切削加工中,机床的有关部件、夹具、刀具和工件在各种外力作用下,将会产生相应变形,工艺系统在某一处的法向总变形 y,是各个组成环节在该处的法向变形的叠加,即

$$y = y_{jc} + y_{jj} + y_d + y_g \tag{2-19}$$

式中:y_{jc} 为机床的受力变形;y_{jj} 为夹具的受力变形;y_d 为刀具的受力变形;y_g 为工件的受力变形。

这些变形都是在法向分力 F_p 的作用下产生的变形。

于是,机床刚度 k_{jc}、夹具刚度 k_{jj}、刀具刚度 k_d 和工件刚度 k_g 分别为

$$k_{jc} = \frac{F_p}{y_{jc}}, \quad k_{jj} = \frac{F_p}{y_{jj}}, \quad k_d = \frac{F_p}{y_d}, \quad k_g = \frac{F_p}{y_g}$$

代入式(2-19),得

$$\frac{1}{k} = \frac{1}{k_{jc}} + \frac{1}{k_{jj}} + \frac{1}{k_d} + \frac{1}{k_g} \tag{2-20}$$

式(2-20)表明,已知工艺系统各个组成环节的刚度,即可求得工艺系统的刚度。

在用式(2-20)计算工艺系统刚度时,可以根据具体情况予以简化。例如在车削外圆时,车刀在切削力作用下的变形对加工误差的影响很小,可忽略不计。又如在镗削箱体上的孔时,镗杆的受力变形严重影响加工精度,而箱体工件的刚度一般较大,其受力变形很小,也可忽略不计。对于简单部件,其刚度一般可以用材料力学的公式作近似的计算,计算结果和实际结果的出入不大。但是一遇到由若干零件组成的部件时,刚度问题就比较复杂。目前还没有合适的计算方法,需要用实验的方法来加以测定。

2.3.3 工艺系统刚度对加工精度的影响

1. 切削力作用点位置变化引起的工件形状误差

在切削过程中,工艺系统的刚度会随着切削力作用点位置的变化而变化,因此工艺系统受力变化也随之变化,引起工件形状误差。下面以在车床顶尖间加工光轴为例来说明这个问题。

1)机床的变形

假定工件短而粗,车刀悬伸长度短,工件和刀具的刚度很高,其受力变形相对机床变形可以忽略不计。又假定工件的加工余量很均匀,并且由于机床变形而造成的背吃刀量变化对切削力的影响也很小,即假定切削力保持不变。也就是说,假定工艺系统的变形只考虑机床的变形。

如图 2-15(a)所示,当车刀以径向力进给到 x 位置时,车床主轴受到的作用力为 F_A,相应的变形为 $y_{tj}=AA'$;尾座受力为 F_B,相应的变形 $y_{wz}=BB'$;刀架受力为 F_p,相应的变形 $y_{dj}=CC'$。这时工件轴心线 AB 位移到 $A'B'$,因而刀具切削点处工件轴心的位移 y_x 为

$$y_x = y_{tj} + \Delta x = y_{tj} + (y_{wz} - y_{tj})\frac{x}{L} \tag{2-21}$$

式中:L 为工件长度;x 为车刀距主轴箱端面的距离。

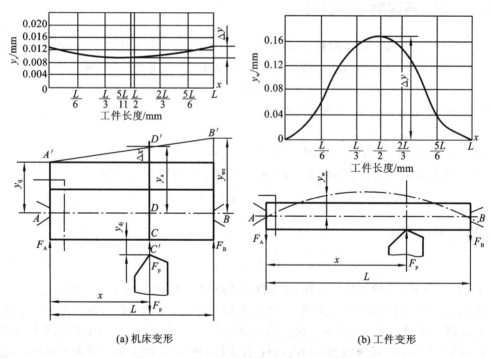

(a) 机床变形   (b) 工件变形

图 2-15 工艺系统变形随切削力位置而变化

考虑到刀架的变形 y_{dj} 与 y_x 的方向相反,所以机床的总变形为

$$y_{jc} = y_x + y_{dj} \tag{2-22}$$

由刚度定义,有

$$y_{tj} = \frac{F_A}{k_{tj}} = \frac{F_p}{k_{tj}}\left(\frac{L-x}{L}\right), \quad y_{wz} = \frac{F_B}{k_{wz}} = \frac{F_p}{k_{wz}}\frac{x}{L}, \quad y_{dj} = \frac{F_p}{k_{dj}} \tag{2-23}$$

式中：k_{tj}、k_{wz}、k_{dj} 分别为主轴箱、尾座、刀架的刚度。

将式(2-23)代入式(2-22)，可得机床总变形随 x 的变化规律，即

$$y_{jc}(x) = F_p\left[\frac{1}{k_{tj}}\left(\frac{L-x}{L}\right)^2 + \frac{1}{k_{wz}}\left(\frac{x}{L}\right)^2 + \frac{1}{k_{dj}}\right] \tag{2-24}$$

式(2-24)表明，随着切削力作用点位置的变化，工艺系统的变形是变化的。显然这是由于工艺系统的刚度随切削力作用点位置的变化而变化所致。

当 $x=0$ 时，

$$y_{jc}(0) = F_p\left(\frac{1}{k_{tj}} + \frac{1}{k_{dj}}\right) \tag{2-25}$$

当 $x=L$ 时，

$$y_{jc}(L) = F_p\left(\frac{1}{k_{wz}} + \frac{1}{k_{dj}}\right) = y_{max} \tag{2-26}$$

当 $x=L/2$ 时，

$$y_{jc}(L/2) = F_p\left(\frac{1}{4k_{tj}} + \frac{1}{4k_{wz}} + \frac{1}{k_{dj}}\right) \tag{2-27}$$

采用求极值方法，当 $x = L\left(\dfrac{k_{wz}}{k_{tj}+k_{wz}}\right)$ 时，机床变形最小，为

$$y_{jc}(x) = y_{min} = F_p\left(\frac{1}{k_{tj}+k_{wz}} + \frac{1}{k_{dj}}\right) \tag{2-28}$$

由于变形大的地方，从工件上切去的金属层薄，变形小的地方，从工件上切去的金属层厚，因此，因机床受力变形而使加工出来的工件呈两端粗、中间细的马鞍形状。

2）工件的变形

如图 2-15(b)所示，在两顶尖间车削刚性较差的细长轴时，则需考虑系统中的工件变形。假设不考虑机床和刀具的变形，由材料力学公式，可计算出工件在切削点的变形量 y_g 为

$$y_g(x) = \frac{F_p}{3EI}\frac{(L-x)^2 x^2}{L} \tag{2-29}$$

显然，当 $x=0$ 和 $x=L$ 时，y_g 均为 0；当 $x=L/2$ 时，工件刚度的最小变形最大，为

$$y_g(L/2) = y_{gmax} = \frac{F_p L^3}{48EI} \tag{2-30}$$

因此，加工后的工件呈鼓形。

3）工艺系统的总变形

当同时考虑机床和工件的变形时，工艺系统的总变形为两者的叠加，即

$$y = y_{jc} + y_g = F_p\left[\frac{1}{k_{tj}}\left(\frac{L-x}{L}\right)^2 + \frac{1}{k_{wz}}\left(\frac{x}{L}\right)^2 + \frac{1}{k_{dj}} + \frac{(L-x)^2 x^2}{3EIL}\right] \tag{2-31}$$

工艺系统的刚度为

$$k = \frac{F_p}{y}$$

由此可知，测得车床主轴箱、尾座、刀架三个部件的刚度，以及确定了工件的刚度，就可

以按 x 值,估算车削圆轴时工艺系统的刚度。当已知工件的材料、尺寸,刀具的切削角度、切削条件和切削用量,亦即在知道切削力 F_p 的情况下,利用上面的公式,就可以估算出不同 x 处工件半径的变化。

2. 切削力变化引起的加工误差(误差复映)

在车床上加工短轴,工艺系统的刚度变化很小,可以近似地视为常量。这时如果毛坯形状误差较大或者材料硬度很不均匀,加工时切削力就会有较大变化,工艺系统的变形也就会随切削力变化而变化,因而产生了工件的尺寸误差和形状误差。

如图 2-16 所示,加工一个具有偏心的毛坯。在工件每一转的过程中,背吃刀量(切削深度)将从最小值 a_{p2} 增加到最大值 a_{p1},然后再减少到 a_{p2},背吃刀量的变化必然引起切削力的变化。假设毛坯材料的硬度是均匀的,那么,a_{p1} 处的切削力 F_{p1} 最大,相应的变形 y_1 也最大;a_{p2} 处的切削力 F_{p2} 最小,相应的变形 y_2 也最小;当车削具有圆度误差 $\Delta_m = a_{p1} - a_{p2}$ 的毛坯时,由于工艺系统受力变形的变化而使工件产生相应的圆度误差 $\Delta_g = y_1 - y_2$。这种现象在工艺学中称为误差复映。

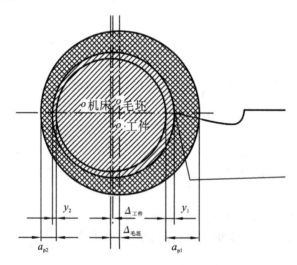

图 2-16 车削时的误差的复映

如果工艺系统的刚度为 k,则工件的圆度误差为

$$\Delta_g = y_1 - y_2 = \frac{1}{k}(F_{p1} - F_{p2}) \tag{2-32}$$

由切削原理可知,切削力计算式为

$$F_p = C_{F_p} a_p^{x_{F_p}} f^{y_{F_p}} (HB)^{n_{F_p}} \tag{2-33}$$

式中:C_{F_p} 为与刀具几何参数及切削条件(如刀具材料、工件材料、切削类型、切削液等)有关的系数;a_p 为背吃刀量;f 为进给量;HB 为工件材料硬度;x_{F_p}、y_{F_p}、n_{F_p} 等为相关指数,可查阅切削手册。

在工件材料的硬度均匀、刀具、切削条件和进给量一定的情况下,有

$$F_{p1} = C_{F_p} a_{p1}^{x_{F_p}} f^{y_{F_p}} (HB)^{n_{F_p}} = C a_{p1}, \quad F_{p2} = C_{F_p} a_{p2}^{x_{F_p}} f^{y_{F_p}} (HB)^{n_{F_p}} = C a_{p2}$$

代入式(2-32),得

$$\Delta_g = \frac{C}{k}(a_{p1} - a_{p2}) = \frac{C}{k}\Delta_m = \varepsilon\Delta_m \tag{2-34}$$

式中：$\varepsilon = C/k$，称为误差复映系数。由于 Δ_{g} 总是小于 Δ_{m}，所以 ε 是小于 1 的正数。它定量地描述毛坯误差在加工后映射为工件误差的程度。ε 越小，毛坯误差 Δ_{m} 对加工后工件误差的影响就越小。

增大 k 或减小 C 都能使 ε 减小。增大工艺系统刚度 k，使 ε 减小，不但能减小加工误差 Δ_{g}，而且在保证加工精度的前提下，可以适当增大进给量，提高生产率。

减小进给量 f，可减小 C，使 ε 减小，即增加走刀次数是减小工件的复映误差的常用方法。设 $\varepsilon_1, \varepsilon_2, \varepsilon_3, \cdots$ 分别为第一次，第二次，第三次，$\cdots$ 走刀的误差复映系数，则

$$\Delta_{\mathrm{g1}} = \varepsilon_1 \Delta_{\mathrm{m}}$$
$$\Delta_{\mathrm{g2}} = \varepsilon_2 \Delta_{\mathrm{g1}} = \varepsilon_1 \varepsilon_2 \Delta_{\mathrm{m}}$$
$$\Delta_{\mathrm{g3}} = \varepsilon_3 \Delta_{\mathrm{g2}} = \varepsilon_1 \varepsilon_2 \varepsilon_3 \Delta_{\mathrm{m}}$$
$$\cdots\cdots$$

总的误差复映系数为

$$\varepsilon_{\mathrm{zh}} = \varepsilon_1 \varepsilon_2 \varepsilon_3 \cdots \tag{2-35}$$

由于 ε_i 是小于 1 的正数，因而多次走刀后 $\varepsilon_{\mathrm{zh}}$ 将远小于 1。多次走刀可提高加工精度，但生产率有所降低。

由上面的分析可知，工件毛坯的形状误差和位置误差，在加工后仍然会有同类的加工误差存在。在大批量生产过程中，如果采用调整法加工一批零件时，由于毛坯尺寸不一，加工后，这批工件必然存在尺寸不一的误差。

此外，采用调整法成批生产情况下，控制毛坯材料硬度的均匀性很重要。因为加工过程中走刀次数通常已定，如果一批毛坯材料的硬度差别很大，就会造成工件的尺寸分散范围扩大，容易超差。

3. 夹紧力引起的加工误差

工件装夹时，由于工件刚度较低或者夹紧力着力点不当，会使工件产生变形，造成加工误差。如图 2-17(a) 所示，用三爪卡盘夹持薄壁套筒，夹紧后坯件变形呈三棱形，虽然镗出的孔是正圆形，但松夹后，套筒弹性恢复使孔又变成三棱形。为了减小变形引起的加工误差，应使夹紧力均匀分布，如图 2-17(b) 所示，采用开口过渡环夹紧，或者如图 2-17(c) 所示，采用专用卡爪夹紧。

4. 传动力和惯性力对加工精度的影响

在高速切削时，如果工艺系统中存在动不平衡的旋转构件，就会产生离心力。离心力随工件的转动而不断变更方向，引起工件几何轴线作第一种形式的摆角运动，故从理论上来说也不会造成工件圆度误差。但是，当离心力大于切削力时，车床主轴轴颈和轴套内孔表面的接触点就会不停地变化，轴套孔的圆度误差将传递给工件的回转轴心。

周期变化的惯性力还常常引起工艺系统的强迫振动，这是高速、强力切削要解决的关键问题之一。在遇到这种情况时，可采用"对重平衡"的方法来消除这种影响，即在不平衡质量的反向加装重块，使两者的离心力相互抵消。必要时可适当降低转速，减小离心力的影响。

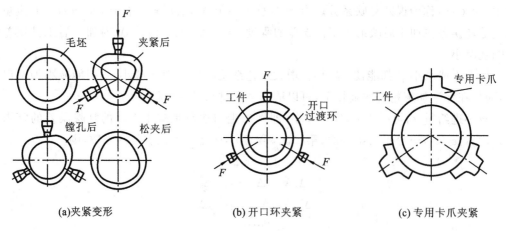

(a)夹紧变形   (b)开口环夹紧   (c)专用卡爪夹紧

图 2-17　套筒工件夹紧变形误差

2.3.4　机床部件刚度

1. 机床部件刚度的测定

刚度测定的基本方法是对被测系统施加载荷,测出载荷引起的变形,再计算出要求的刚度。刚度测定常用的方法有两种:静态测定法和工作状态测定法。

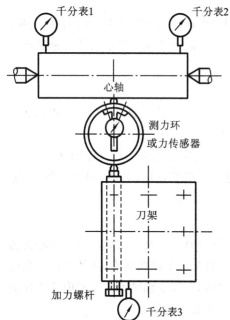

图 2-18　车床刀架、头尾架静刚度测量示意图

图 2-18 所示为车床主轴箱、刀架、尾架静刚度测量示意图。在车床两顶尖之间安装一根短而粗的心轴,在刀架上装上一个螺旋加力器,在加力器和心轴之间放一个测力环或力传感器。旋转加力螺钉,刀架和心轴之间便产生了作用力(模拟切削力),力的大小由测力环或力传感器读出,同时由千分表可以测出头架、尾架和刀架的变形位移。机床各部件刚度可按式(2-18)计算机床(部件)的静刚度。

图 2-19 所示为一台车床刀架部件的切削力-变形特性曲线。试验时,载荷逐渐加大,再逐渐减小,重复 3 次。由图 2-19 的曲线可以看出,机床部件的刚度曲线的特点如下。

(1)作用力和变形不是线性关系,反映刀架部件的变形不纯粹是弹性变形。

(2)加载曲线与卸载曲线不重合,两曲线所包围的面积代表在加载卸载的循环中所损失的能量,也就是消耗在克服部件内零件之间的摩擦力和接触面塑性变形所做的功。

(3)卸载后曲线不回到原点,说明有残留变形。在反复加载、卸载后,残留变形才逐渐消失,接近于零。

(4)部件的实际刚度远小于按实体所估算的刚度。

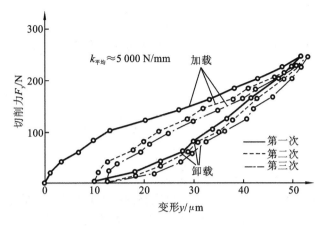

图 2-19　车床刀架部件的静刚度曲线

注意　这些载荷-变形曲线某点上的斜率才是该点处的静刚度。若取两个端点的连线，则该连线的斜率表示其平均刚度。

工作状态测定法的依据是误差复映规律。如图 2-20 所示，在车床前后顶尖之间装夹一根刚度极大的心轴。心轴在靠近前顶尖、后顶尖及中间三处各事先车出一个台阶，三个台阶的尺寸分别测试为 H_{11}、H_{12}、H_{21}、H_{22}、H_{31}、H_{32}。经过一次走刀后，由于误差复映，心轴上必然残留有台阶状误差，经测量其尺寸分别为 h_{11}、h_{12}、h_{21}、h_{22}、h_{31}、h_{32}，于是可计算出左、中、右台阶处的误差复映系数分别为

$$\varepsilon_1 = \frac{h_{11}-h_{12}}{H_{11}-H_{12}}, \quad \varepsilon_2 = \frac{h_{21}-h_{22}}{H_{21}-H_{22}}, \quad \varepsilon_3 = \frac{h_{31}-h_{32}}{H_{31}-H_{32}}$$

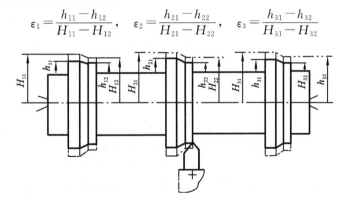

图 2-20　车床刚度的工作状态测定法

三处系统的刚度分别为

$$k_{xt1} = \frac{C}{\varepsilon_1}, \quad k_{xt2} = \frac{C}{\varepsilon_2}, \quad k_{xt3} = \frac{C}{\varepsilon_3}$$

由于心轴刚度很大，其变形可忽略不计，车刀的变形也可忽略不计，上面计算所得三处系统刚度就是前顶尖的刚度。

主轴箱、刀架和后顶尖的刚度可列出以下方程

$$\frac{1}{k_{st1}} = \frac{1}{k_{tj}} + \frac{1}{k_{dj}} \tag{2-36}$$

$$\frac{1}{k_{st2}} = \frac{1}{4k_{tj}} + \frac{1}{4k_{wz}} + \frac{1}{k_{dj}} \tag{2-37}$$

$$\frac{1}{k_{st3}} = \frac{1}{k_{wz}} + \frac{1}{k_{dj}} \tag{2-38}$$

将式(2-36)、式(2-37)和式(2-38)联立成方程组,可分别求得车床主轴箱、刀架和尾座的刚度为

$$\begin{cases} \dfrac{1}{k_{tj}} = \dfrac{1}{k_{xt1}} - \dfrac{1}{k_{dj}} \\[2mm] \dfrac{1}{k_{dj}} = \dfrac{2}{k_{st2}} - \dfrac{1}{2}\left(\dfrac{1}{k_{st1}} + \dfrac{1}{k_{st2}}\right) \\[2mm] \dfrac{1}{k_{wz}} = \dfrac{1}{k_{st3}} - \dfrac{1}{k_{dj}} \end{cases} \tag{2-39}$$

工作状态测定法的不足之处是:不能得出完整的刚度特性曲线,而且由于材料不均匀等所引起的切削力变化和切削过程中的其他随机因素,都有可能给测定的刚度值带来一定的误差。

2. 影响机床部件刚度的因素

(1)连接处表面接触变形的影响。零件表面总是存在着宏观和微观的形状误差,接触表面之间的实际接触面积只是理论接触面积的一部分,并且真正处于接触状态的又只是这一小部分中的那些凸峰。在外力作用下,这些接触点处将产生较大的接触应力,并引起接触变形,其中既有表面层的弹性变形,又有局部的塑性变形。这就是部件刚度曲线不呈线性,以及刚度远小于实体估算刚度的原因,也是造成残留变形和多次加载、卸载后,残留变形才趋于稳定的原因之一。

(2)零件间摩擦力的影响。机床部件受力变形时,零件连接表面会发生错动,加载时摩擦力阻碍变形的发生,卸载时摩擦力阻碍变形的恢复,造成加载和卸载刚度曲线不重合。

(3)接合面的间隙。零件之间如果有间隙,那么,只要受到较小的力就会使零件相互错动,表现为刚度很低。间隙消除后,相应表面接触,才开始有接触变形和弹性变形,这时就表现为刚度较高,如图2-21所示。如果载荷是单向的,那么,在第一次加载消除间隙后对加工精度的影响较小;如果工作载荷不断改变方向,如镗床、铣床的切削力不断改变方向,那么,间隙的影响就不容忽视。而且,因间隙引起的位移,在载荷去除后不会自动恢复。

(4)薄弱零件本身的变形。在机床部件中,薄弱零件受力变形对部件刚度的影响最大。例如,溜板部件中的楔铁与导轨面配合不好,如图2-22(a)所示,或者轴承衬套因形状误差而与壳体接触不良,如图2-22(b)所示,由于楔铁和轴承衬套极易变形,故造成整个部件刚度大大降低。而当这些薄弱环节变形后改善了接触情况,部件的刚度就明显得到提高。

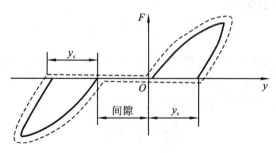

图 2-21　间隙对刚度曲线的影响

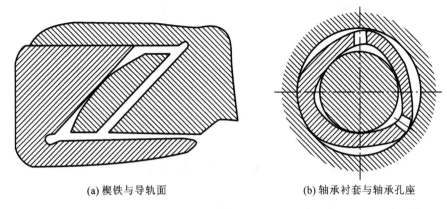

(a) 楔铁与导轨面　　　(b) 轴承衬套与轴承孔座

图 2-22　部件中的薄弱环节

2.3.5　减小工艺系统受力变形对加工精度影响的措施

减小工艺系统受力变形是保证加工精度的有效途径之一。在生产实际中,常从两个主要方面采取措施来予以解决这一问题:一是提高系统刚度;二是减小载荷及其变化。从加工质量、生产效率、经济性等问题全面考虑,提高工艺系统中薄弱环节的刚度是最重要的措施。

1. 提高工艺系统的刚度

(1)合理的结构设计。在设计工艺装备时,应尽量减少连接面数目,并注意刚度的匹配,防止有局部低刚度环节出现。在设计基础件、支承件时,应合理选择零件结构和截面形状。一般地说,截面积相等时,空心截面形状比实心截面形状的刚度高,封闭的截面形状又比开口的截面形状好。在适当部位增添加强筋也有好的效果。

(2)提高连接表面的接触刚度。由于部件的接触刚度大大低于实体零件本身的刚度,所以提高接触刚度是提高工艺系统刚度的关键。特别是对在使用中的机床设备,提高其连接表面的接触刚度,往往是提高机床刚度的最简便、最有效的方法。具体措施有:提高机床导轨的刮研质量,提高顶尖锥体同主轴和尾座套筒锥孔的接触质量等;在各类轴承、滚珠丝杠螺母副的调整之中预加载荷,消除接合面间的间隙,增加实际接触面积,减小受力后的变形量;工件的定位基准面一般总要承受夹紧力和切削力,因此提高工件定位基准面的精度和减小它的表面粗糙度值就会减小接触变形。

(3)采用合理的装夹和加工方式。例如,在卧式铣床上铣削角铁形零件,如按图 2-23(a)所示的装夹、加工方式,工件的刚度较低;如改用图 2-23(b)所示的装夹、加工方式,则刚度可大大提高。再如加工细长轴时,如改为反向走刀(从床头向尾座方向进给),使工件从原来的轴向受压变为轴向受拉,则也可提高工件的刚度。此外,增加辅助支承也是提高工件刚度的常用方法。例如,加工细长轴时采用中心架或刀架,就是很典型的实例。

2. 减小载荷及其变化

采取适当的工艺措施,如合理选择刀具几何参数,如加大前角,让主偏角接近 90°等;合理选择切削用量,如适当减少进给量和背吃刀量,以减小切削力,特别是 F_p,就可以减小受力变形;将毛坯分组,使一次调整中加工的毛坯余量比较均匀,就能减小切削力的变化,使复映误差减少;对惯性力采取质量平衡措施,减小载荷及其变化。

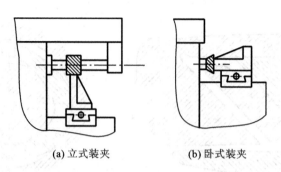

(a) 立式装夹　　　　　　(b) 卧式装夹

图 2-23　铣削角铁形零件的两种装夹方式

2.3.6　工件残余应力重新分布引起的变形

1. 残余应力的概念及其特性

残余应力也称内应力,是指在没有外力作用下或去除外力后工件内存留的应力。

具有残余应力的零件处于一种不稳定的状态。它内部的组织有强烈的倾向要恢复到一个稳定的没有应力的状态。即使在常温下,零件也会不断地、缓慢地进行这种变化,直到残余应力完全松弛为止。在这一过程中,零件将会翘曲变形,原有的加工精度会逐渐丧失。

2. 残余应力产生的原因

残余应力是由于金属内部相邻组织发生了不均匀的体积变化而产生的。产生这种变化的因素主要来自冷加工和热加工。

(1)毛坯制造和热处理过程中,由于各部分冷却收缩不均匀以及金相组织转变时的体积变化,使毛坯内部产生了相当大的残余应力。毛坯的结构越复杂,各部分的厚度越不均匀,散热的条件相差就越大,则在毛坯内部产生的残余应力也越大。具有残余应力的毛坯,由于残余应力暂时处于相对平衡的状态,在短时间内还看不出有什么变化。当加工时,某些表面被切去一层金属后,就打破了这种平衡,残余应力将重新分布,零件就明显地出现了变形。如铸造后的机床床身,其导轨面和冷却快的地方都会出现压应力。带有压应力的导轨表面在粗加工中被切去一层后,残余应力就重新分布,结果使导轨中部下凹。

(2)冷校直带来的残余应力。原来无残余应力的弯曲的工件要校直,必须使工件产生反向弯曲,如图 2-24(a)所示,并使工件产生一定的塑性变形。当工件外层应力超过屈服极限时,其内层应力还未超过弹性极限,故其应力分布情况如图 2-24(b)所示。去除外力后,由于下部外层已产生拉伸的塑性变形,上部外层已产生压缩的塑性变形,故内层的弹性恢复受到阻碍。结果上部外层产生残余拉应力,上部内层产生残余压应力;下部外层产生残余压应力,下部内层产生残余拉应力,如图 2-24(c)所示。冷校直后,虽然弯曲减小了,但内部组织仍处于不稳定状态,若再进行一次加工,则又会产生新的弯曲。

(3)切削加工带来的残余应力。切削过程中产生的力和热,也会使被加工工件的表面层产生残余应力。

3. 减小或消除残余应力的措施

(1)增加消除内应力的热处理工序。例如,对铸件、锻件、焊接件进行退火或回火处理;对零件淬火后进行回火处理;对精度要求高的零件如床身、丝杠、箱体、精密主轴等,在粗加

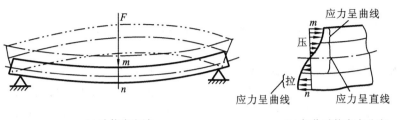
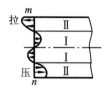

(a) 冷校直方法　　　　　　　(b) 加载时的应力分布　　　(c) 卸载后的残余应力分布

图 2-24　冷校直引起的残余应力

工后进行时效处理。

（2）合理安排工艺过程。例如，粗、精加工分开在不同工序中进行，使粗加工后有一定时间让残余应力重新分布，以减小对精加工的影响。在加工大型工件时，粗、精加工往往在一个工序中完成，这时应在粗加工后松开工件，让工件有自由变形的可能，然后再用较小的夹紧力夹紧工件进行精加工。

（3）改善零件的结构，提高零件的刚性，使壁厚均匀等，均可减小残余应力的产生。

2.4　工艺系统的热变形对加工精度的影响

在机械加工过程中，工艺系统会受到热变形的影响。这种热变形将破坏刀具与工件的正确几何关系和运动关系，造成工件的加工误差。特别是在精加工和大件加工中，热变形所引起的加工误差通常会占到工件加工总误差的 $40\%\sim70\%$。

高精度、高效率、自动化加工技术的发展，使工艺系统热变形问题变得更加突出，成为现代机械加工技术发展必须研究的重要问题。工艺系统是一个复杂系统，有许多因素影响其受热变形，因而控制和减小受热变形对加工精度的影响往往比较复杂。目前，无论在理论上还是在实践中，有许多问题都有待研究解决。

2.4.1　工艺系统的热源、热平衡和温度场概念

热量传递的规律是由高温处传向低温处，传递方式有传导传热、对流传热和辐射传热三种。引起工艺系统变形的热源可分为内部热源和外部热源两大类。内部热源主要指切削热和摩擦热，它们产生于工艺系统内部，其热量主要以传导的形式传递；外部热源主要是指工艺系统外部的、以对流传热为主要形式的环境温度，它与气温变化、通风、空气对流和周围环境等有关，以及各种辐射热，包括由阳光、照明、暖气设备等发出的辐射热。

切削热是切削加工过程中最主要的热源，它对工件加工精度的影响最为直接。在切削过程中，消耗于切削层的弹性变形能、塑性变形能及刀具、工件和切屑之间摩擦的机械能，绝大部分都转变成了切削热。切削热的大小与被加工材料的性质、切削用量及刀具的几何参数等有关。

工艺系统中的摩擦热主要是机械系统中运动部件产生的，如电动机、轴承、齿轮、丝杠副、导轨副、离合器、液压泵、阀等各运动部分产生的摩擦热。尽管摩擦热比切削热少，但摩擦热在工艺系统中是局部发热，会引起局部温升和变形，破坏了系统原有的几何精度，对加

工精度也会带来严重的影响。

外部热源的辐射热及周围环境温度对机床热变形的影响有时也不容忽视。在大型、精加工时尤其不能忽视。

工艺系统在各种热源作用下,温度会逐渐升高,同时通过各种传热方式向周围的介质散发热量。当工件、刀具和机床的温度达到某一数值时,单位时间内散出的热量与热源传入的热量趋于相等,这时工艺系统就达到了热平衡状态。在热平衡状态下,工艺系统各部分的温度就保持在一个相对固定的数值上,因而各部分的热变形也就相应地趋于稳定。

同一物体处于不同空间位置上的各点在不同时间其温度往往不相等;物体中各点温度的分布称为温度场。当物体未达到热平衡时,各点温度不仅是坐标位置的函数,也是时间的函数,这时称为不稳态温度场。物体达到热平衡后,各点温度将不再随时间的改变而变化,而只是其坐标位置的函数,这种温度场称为稳态温度场。

2.4.2 工件热变形对加工精度的影响

工件和刀具产生的热源一般比较简单,它们的热变形通常可用分析法进行估算和分析。

使工件产生热变形的热源主要是切削热。对于精密零件,周围环境温度和局部受到日光等外部热源的辐射热也不容忽视。工件的热变形可以归纳为如下两种情况来分析。

1. 工件受热比较均匀

一些形状较简单的轴类、套类、盘类零件的内、外圆加工时,切削热比较均匀地传入工件。如不考虑工件温升后的散热,其温度沿工件全长和圆周的分布都是比较均匀的,可近似地看成均匀受热,因此其热变形可以按物理学计算热膨胀的公式求出。

长度方向的热变形量为

$$\Delta L = \alpha L \Delta t \tag{2-40}$$

直径方向的热变形量为

$$\Delta D = \alpha D \Delta t \tag{2-41}$$

式中:L、D 分别为工件原有长度、直径,单位为 mm;α 为工件材料的线膨胀系数,其中 $\alpha_{钢} \approx 1.17 \times 10^{-5}\,℃^{-1}$,$\alpha_{铸铁} \approx 1.05 \times 10^{-5}\,℃^{-1}$,$\alpha_{铜} \approx 1.7 \times 10^{-5}\,℃^{-1}$;$\Delta t$ 为温升,单位为 ℃。

一般来说,工件热变形在精加工中影响比较严重,特别是对长度很长而精度要求很高的零件。例如,磨削丝杠就是一个突出的例子。若丝杠长度为 2 m,每磨一次,其温度相对于机床母丝杠就升高约 3℃,则丝杠的伸长量 $\Delta L = 1.17 \times 10^{-5} \times 2\,000 \times 3$ mm = 0.07 mm。而 6 级丝杠的螺距累积误差在全长上不允许超过 0.02 mm,由此可见,热变形影响的严重性。

工件的热变形对粗加工的加工精度的影响通常可不考虑,但是在工序集中的场合下,却会给精加工带来麻烦。这时,粗加工的工件热变形就不能忽视。

为了避免工件粗加工时热变形对精加工时加工精度的影响,在安排工艺过程时,应尽可能把粗、精加工分开在两个工序中进行,以使工件粗加工后有足够的冷却时间。

2. 工件受热不均匀

在铣削、刨削、磨削平面时,工件只在单面受到切削热的作用。上下表面间的温度差将导致工件向上拱起,加工时中间凸起部分被切去,冷却后工件变成下凹,造成平面度误差。

对于大型精密板类零件,如高 600 mm、长 2 000 mm 的机床床身导轨的磨削加工,床身的温差为 2.4 ℃时,热变形可达 20 μm。这说明,工件单面受热引起的误差对加工精度的影响不容忽视。为了减小这一误差,通常采取的措施是在切削时使用充分的冷却液以减小磨削表面的温升;也可采用误差补偿的方法:在装夹工件时,使工件上表面产生微凹的夹紧变形,以补偿切削时工件单面受热而拱起的误差。

2.4.3　刀具的热变形对加工精度的影响

刀具的热变形主要是由切削热引起的。通常,传入刀具的热量并不是很多,但由于热量集中在切削部分,而刀体的热容量小,故刀具仍会有很高的温度。例如车削时,高速钢车刀的工作表面温度可达 700～800℃,而硬质合金车刀的工作表面温度可达 1 000℃以上。

如图 2-25 所示,连续切削时,车刀的热变形在切削初始阶段增加得很快,随后变得较缓慢,经过 10～20 min 后车刀便趋于热平衡状态。此后,车刀热变形的变化量就非常小。刀具总的热变形量可达 0.03～0.05 mm。

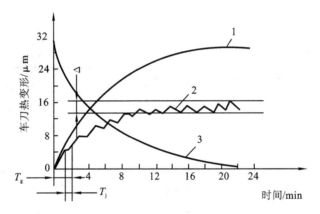

图 2-25　车刀热变形
1—连续切削;2—间断切削;3—冷却曲线;T_g—加工时间;T_j—间断时间

间断切削时,由于刀具有短暂的冷却时间,故其热变形曲线具有热胀冷缩的双重特性,且总的变形量比连续切削时要小一些,最后稳定在 Δ 范围内变动。当切削停止后,刀具的工作表面温度立即下降,开始冷却得较快,以后逐渐减慢。

加工大型零件时,刀具的热变形往往会造成几何形状误差。例如车削长轴时,可能由于刀具热伸长而产生锥度,即尾座处的直径比头架附近的直径大。

为了减小刀具的热变形,应合理选择切削用量和刀具几何参数,并给予充分冷却和润滑,以减小切削热,降低切削温度。

2.4.4　机床的热变形对加工精度的影响

机床在工作过程中,受到内外热源的影响,各部分的温度将逐渐升高。由于各部件的热源不同,分布不均匀,以及机床结构的复杂性,所以不仅各部件的温升不同,而且同一部件不同位置的温升也不相同,形成不均匀的温度场,使机床各部件之间的相互位置发生变化,破坏了机床原有的几何精度,特别是加工误差敏感方向的几何精度而造成加工误差。

机床空运转时,各运动部件产生的摩擦热基本不变。运转一段时间之后,达到热平衡状态,变形趋于稳定。机床达到热平衡状态时的几何精度称为热态几何精度。在机床达到热平衡状态之前,机床几何精度变化不定,对加工精度的影响也变化不定。因此,精密加工应在机床处于热平衡之后进行。

对于磨床和其他精密机床,除受室温变化等影响之外,引起其热变形的热量主要是机床空运转时的摩擦发热,而切削热影响较小。因此,机床空运转达到热平衡的时间及其所达到的热态几何精度是衡量精加工机床质量的重要指标。而在分析机床热变形对加工精度的影响时,也应首先注意其温度场是否稳定。

对一般机床,如车床、磨床等,其空运转的热平衡时间为 4~6 h,中小型精密机床为1~2 h,大型精密机床往往要超过 12 h,甚至达几十个小时。

机床类型不同,其内部主要热源也各不相同,热变形对加工精度的影响也不相同。几种常用磨床的热变形如图 2-26 所示。

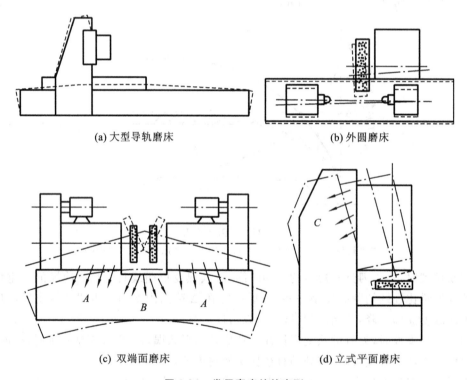

(a) 大型导轨磨床   (b) 外圆磨床

(c) 双端面磨床   (d) 立式平面磨床

图 2-26   常用磨床的热变形

2.4.5   减小工艺系统热变形对加工精度影响的措施

1. 减小热源的发热和隔离热源

为了减小切削热,宜采用较小的切削用量。如果粗、精加工在一个工序内完成,粗加工的热变形将影响精加工的精度。一般可以在粗加工后停机一段时间使工艺系统冷却,同时还应将工件松开,待精加工时再夹紧。当零件精度要求较高时,则应将粗、精加工分开进行。

为了减小机床的热变形,凡是可能从机床分离出去的热源,如电动机、变速箱、液压系统、冷却系统等均应移出床身,使之成为独立单元。不能分离的热源,如主轴轴承、丝杠螺母副、高速运动的导轨副等则应从结构、润滑等方面改善其摩擦特性,减小发热。例如,采用静压轴承、静压导轨,改用锂基润滑脂、低黏度润滑油,或者使用循环冷却润滑、油雾润滑等;也可用隔热材料将发热部件和机床床身、立柱等隔离开来。

对不能从机床内部移出的发热量大的热源,可采用强制式的风冷、水冷等散热措施。坐标镗床主油箱用恒温喷油循环强制冷却试验如图 2-27 所示。当不采用强制冷却时,机床运转 6 h 后,主轴与工作台之间在垂直方向发生了 190 μm 的热变形,而且机床尚未达到热平

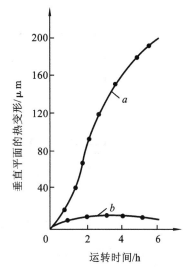

图 2-27　坐标镗床主轴箱强制冷却试验
a—未强制冷却;b—强制冷却

衡,如图 2-27(a)所示;当采用强制冷却后,上述热变形减小到 15 μm,而且机床运转不到 2 h 时就已达到热平衡,如图 2-27(b)所示。

目前,大型数控机床和加工中心普遍采用冷冻机对润滑油、切削液进行强制冷却,以提高冷却效果。精密丝杠磨床的母丝杠中则通过冷却液降温,以减小热变形。

2. 均衡温度场

例如,M7150A 型磨床的床身较长,加工时工作台纵向运动速度较快,所以床身上部温升高于下部温升。为了均衡温度场,将油池搬出主机做成单独油箱,并在床身下部配置热补偿油沟,使一部分带有余热的回油经热补偿油沟后送回油池。采取这些措施后,床身上下部温差降至 1~2 ℃,导轨的中凸量由原来的 0.026 5 mm 降为 0.005 2 mm。

又如,某立式平面磨床采用热空气加热温升较低的立柱后壁,以均衡立柱前后壁的温升,减小立柱向后倾斜,热空气从电动机风扇排出,通过特设的软管引向立柱的后壁空间。采取这种措施后,磨削平面的平面度误差可降到采取措施前的 1/4~1/3。

3. 采用合理的机床部件结构及装配基准

(1)采用热对称结构。在变速箱中,将轴、轴承、传动齿轮等对称布置,可使箱壁温升均匀,箱体变形减小。

机床大件的结构和布局对机床的热态特性有很大影响。以加工中心机床为例,在热源影响下,单立柱结构会产生相当大的扭曲变形,而双立柱结构由于左右对称,仅产生垂直方向的热位移,很容易通过调整的方法予以补偿。因此,双立柱结构的机床主轴相对于工作台的热变形比单立柱结构的热变形小得多。

(2)合理选择机床零部件的装配基准。图 2-28 所示为车床主轴箱在床身上的两种定位方式。由于主轴部件是车床主轴箱的主要热源,故在图 2-28(a)中,主轴轴心线相对于装配基准 H 而言,主要在 z 方向产生热位移,对加工精度影响较小;而在图 2-28(b)中,y 方向的受热变形直接影响刀具与工件的法向相对位置,故造成的加工误差较大。

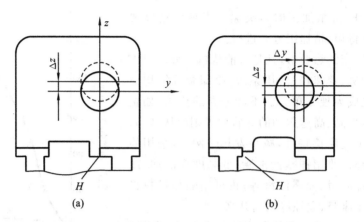

图 2-28   车床主轴箱定位方式对热变形的影响

4. 加速达到热平衡状态

对于精密机床特别是大型机床,达到热平衡的时间较长。为了缩短这个时间,可以在加工前使机床高速空运转,或者在机床的适当部位设置控制热源,人为地给机床加热,使机床较快地达到热平衡状态,然后进行加工。

5. 控制环境温度

精密机床应安装在恒温车间,车间温度变化一般控制在±1℃以内,精密级为±0.5℃。恒温室平均温度一般为 20℃,冬季取 17℃,夏季取 23℃。

2.5   加工误差的统计分析

在生产实际中,影响加工精度的因素错综复杂,有时很难用机床几何误差、受力及受热变形等单因素分析法来分析计算某一工序的加工误差,而需要对实际加工出的一批工件进行测量,然后运用数理统计方法加以处理和分析,从中发现误差的规律,找出提高加工精度的途径,这就是加工误差的统计分析法。

2.5.1   加工误差的性质

根据加工一批工件时误差出现的规律,加工误差可分为系统误差和随机误差。

1. 系统误差

在顺序加工的一批工件中,若其加工误差的大小和方向都保持不变,或者按一定规律变化,这样的加工误差称为系统误差。前者称为常值系统误差,后者称为变值系统误差。加工原理误差,机床、刀具和夹具的制造误差,工艺系统的受力变形等引起的加工误差均与加工时间无关,其大小和方向在一次调整中也基本不变,因此都属于常值系统误差。机床、夹具和量具等磨损引起的加工误差,在一次调整加工中也无明显的差异,故也属于常值系统误差。机床、刀具和夹具等在热平衡前的热变形误差,刀具的磨损等,都随加工时间而有规律地变化,因此属于变值系统误差。

2. 随机误差

在顺序加工的一批工件中,若其加工误差的大小和方向的变化是随机性的,则称为随机误差。如加工余量大小不一、硬度不均匀等产生的毛坯误差复映,由于基准面精度不一、间隙影响引起的定位误差、夹紧误差,多次调整引起的误差,残余应力引起的变形误差等都属于随机误差。

在不同的场合下,误差的表现性质也可能不同。例如,机床在一次调整中加工一批工件时,机床的调整误差是常值系统误差。但是,当多次调整机床时,每次调整时发生的调整误差就不可能是常值,变化也无一定规律,因此对于经多次调整所加工出来的大批工件,调整误差所引起的加工误差又会成为随机误差。

2.5.2 分布图分析法

1. 实验分布图——直方图

成批加工的某种零件,抽取其中的一定数量进行测量,抽取的这批零件称为样本,其件数 n 称为样本容量。

由于存在各种误差的影响,加工尺寸或偏差总是在一定范围内变动,称为尺寸分散,即为随机变量,用 x 表示。样本尺寸或偏差的最大值 $x_{\max}$ 与最小值 $x_{\min}$ 之差称为极差 R,即

$$R = x_{\max} - x_{\min} \tag{2-42}$$

将样本尺寸或偏差按大小顺序排列,并将它们分成 k 组,组距为 d,d 可按下式计算,即

$$d = \frac{R}{k-1} \tag{2-43}$$

同一尺寸组或同一误差组的零件数量 m_i 称为频数。频数 m_i 与样本容量 n 之比称为频率 f_i,即

$$f_i = \frac{m_i}{n} \tag{2-44}$$

如图 2-29 所示,以工件尺寸或误差为横坐标,以频数或频率为纵坐标,就可作出该批工件加工尺寸或误差的实验分布图,即直方图。

组数 k 和组距 d 的选择对实验分布图的显示好坏有很大影响。组数过多,组距太小,则分布图会被频数的随机波动所歪曲;组数太少,组距太大,分布特征将被掩盖。组数 k 一般可参考样本容量来选择,如表 2-1 所示。

表 2-1 组数 k 的选定

n	25~40	40~60	60~100	100	100~160	160~250
k	6	7	8	10	11	12

为了分析该工序的加工精度情况,可在直方图上标出该工序的加工公差带位置,并计算出该样本的统计数字特征参数:平均值 $\bar{x}$ 和标准偏差 S。

样本的平均值 $\bar{x}$ 表示该样本的尺寸分散中心。它主要取决于调整尺寸的大小和常值系统误差,即

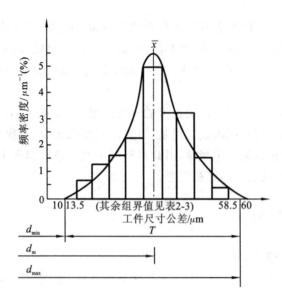

图 2-29 直方图

$$\overline{x} = \frac{1}{n} \sum_{i=1}^{n} x_i \qquad (2\text{-}45)$$

式中：x_i 为各工件的尺寸或偏差。

样本的标准偏差 S 表示该样本的尺寸分散程度。它主要取决于变值系统误差和随机误差。误差大，S 也大；误差小，S 也小。标准偏差 S 按下式计算，即

$$S = \sqrt{\frac{1}{n-1} \sum_{i=1}^{n} (x_i - \overline{x})^2} \qquad (2\text{-}46)$$

当样本的容量比较大时，可直接用 n 来代替上式中的 $n-1$。

为了使分布图能说明该工序的加工精度，不受组距 d 和样本容量 n 的影响，纵坐标应改为频率密度，即

$$频率密度 = \frac{频率}{组距} = \frac{频数}{样本容量 \times 组距} \qquad (2\text{-}47)$$

$$直方图上矩形面积 = 频率密度 \times 组距 = 频率 \qquad (2\text{-}48)$$

由于所有各组频率之和等于 100%，故直方图上全部矩形面积之和应等于 1。

下面介绍直方图的绘制步骤。

例 2-1 磨削一批轴径 $\phi 50^{+0.06}_{+0.01}$ mm 的工件，试绘制该工件加工尺寸的直方图。

解 （1）收集数据。从工件的总数中抽取样本时，确定样本容量 n 很重要，若 n 太小，则样本不能反映总体的实际分布，这就失去了抽样分析的意义；若 n 太大，则又增加了分析计算工作量。通常，取样本容量 $n=50\sim200$。

本例取 $n=100$ 件，实测数据列于表 2-2 中，找出最大值为 $x_{\max}=54\ \mu m$，最小值为 $x_{\min}=16\ \mu m$。

表 2-2　轴径尺寸实测值　　　　　　　　单位：μm

44	20	46	32	20	40	52	33	40	25	43	38	40	41	30	36	49	51	38	34
22	46	36	30	42	38	27	49	45	45	38	32	45	48	28	36	52	32	42	38
40	42	38	52	38	36	37	43	28	45	36	50	46	38	30	40	44	34	44	47
22	28	34	30	36	32	35	22	40	35	36	42	46	42	50	40	36	20	16	53
32	46	20	28	46	28	54	18	32	33	26	46	47	36	38	30	49	18	38	38

注　表中数据为实测尺寸与基本尺寸之差。

（2）确定组数 k、组距 d、各组组界和各组中心值。

组数 k 可按表 2-2 选取，本例取 $k=9$。

计算组距 d，得

$$d = \frac{R}{k-1} = \frac{x_{\max} - x_{\min}}{k-1} = \frac{54-16}{8}\ \mu\text{m} = 4.75\ \mu\text{m}$$

取 $d=5\ \mu\text{m}$，则各组组界为

$$x_{\min} + (j-1)d \pm \frac{d}{2} \quad (j=1,2,3,\cdots,k)$$

例如，第一组的下界值为 $x_{\min} - \dfrac{d}{2} = \left(16-\dfrac{5}{2}\right)\ \mu\text{m} = 13.5\ \mu\text{m}$，第一组的上界值为 $x_{\min} + \dfrac{d}{2} = \left(16+\dfrac{5}{2}\right)\ \mu\text{m} = 18.5\ \mu\text{m}$。显然，第 j 组的上界值就是第 $j+1$ 组的下界值；第 $j+1$ 组的下界值加上组距 d 就是第 $j+1$ 组的上界值，其余类推。

计算各组中心值，中心值是每组中间的数值，即

$$x_{\min} + (j-1)d$$

例如，第一组的中心值为 $x_{\min} + (1-1)d = 16\ \mu\text{m}$。显然，第 j 组的中心值加上组距 d 就是第 $j+1$ 组的中心值，其余类推。

（3）记录各组数据，整理成如表 2-3 所示的频数分布表。

（4）根据表 2-3 所列数据绘制出如图 2-29 所示的直方图。

（5）在直方图上作出最大极限尺寸 $d_{\max} = 50.06\ \text{mm}$ 及最小极限尺寸 $d_{\min} = 50.01\ \text{mm}$ 的标志线，并计算平均值 $\bar{x}$ 和标准偏差 S。

由式（2-45）可得

$$\bar{x} = 37.25\ \mu\text{m}$$

由式（2-46）可得

$$S = 8.93\ \mu\text{m}$$

表 2-3　频数分布表

组号	组界/μm	中心值 x_1	频 数 统 计	频数	频率/(%)	频率密度/μm^{-1}(%)
1	13.5～18.5	16	下	3	3	0.6
2	18.5～23.5	21	正丁	7	7	1.4
3	23.5～28.5	26	正下	8	8	1.6
4	28.5～33.5	31	正 正 下	13	13	2.6

续表

组号	组界/μm	中心值 x_1	频 数 统 计	频数	频率/(%)	频率密度/μm^{-1}(%)
5	33.5～38.5	36	正 正 正 正 正 一	26	26	5.2
6	38.5～43.5	41	正 正 正 一	16	16	3.2
7	43.5～48.5	46	正 正 正 一	16	16	3.2
8	48.5～53.5	51	正 正	10	10	2
9	53.5～58.5	56	一	1	1	0.2

由直方图可以直观地看到工件尺寸或误差的分布情况:该批工件的尺寸有一分散范围,尺寸偏大、偏小者很少,大多数居中;尺寸分散范围为 $6\sigma = 54.36\ \mu m$,稍微大于尺寸公差值($T = 50\ \mu m$),这说明本工序的加工精度稍显不足;分散中心 $\bar{x}$ 与公差带中心 d_m 基本重合,表明机床调整误差很小。

必须指出,要进一步分析研究该工序的加工精度问题,必须找出频率密度与加工尺寸之间的关系,因此必须研究理论分布曲线。

2. 理论分布图

1) 正态分布

概率论已经证明,相互独立的大量微小随机变量,其总和的分布符合正态分布规律。在机械加工中,用调整法加工一批零件,其尺寸误差是由很多相互独立的随机误差综合作用的结果,如果其中没有一个是起决定作用的随机误差,则加工后零件的尺寸将近似于正态分布。正态分布曲线的形状如图 2-30 所示。其概率密度函数表达式为

$$y(x) = \frac{1}{\sigma \sqrt{2\pi}} e^{-\frac{1}{2}\left(\frac{x-\mu}{\sigma}\right)^2} \tag{2-49}$$

式中:y 为正态分布的概率密度;x 为随机变量;μ 为正态分布随机变量总体的算术平均值,即分散中心;σ 为正态分布随机变量的标准偏差。

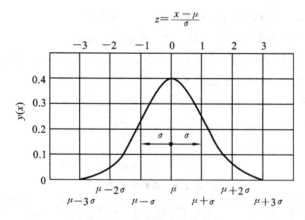

图 2-30　标准正态分布曲线

由式(2-49)可知,当 $x = \mu$ 时,有

$$y_{max} = \frac{1}{\sigma \sqrt{2\pi}} \tag{2-50}$$

这是曲线的最大值,也是曲线的分布中心。在它左右的曲线是对称的。

分散中心 μ 是表征分布曲线位置的参数。改变 μ 值,分布曲线将沿横坐标移动而不改变其形状,如图 2-31(a)所示。

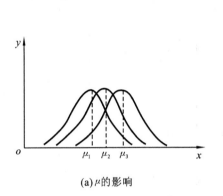

(a)μ的影响

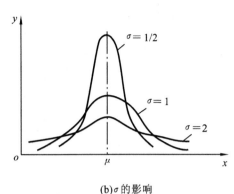

(b)σ的影响

图 2-31　μ、σ 对正态分布曲线的影响

标准偏差 σ 是表征分布曲线形状的参数,用来描述随机变量 x 取值的分散程度。由式(2-50)可知,分布曲线的最大值 y_{max} 与 σ 成反比,当 σ 减小时,分布曲线将向上伸展,变得陡峭;而当 σ 增大时,y_{max} 减小,分布曲线则越平坦地沿横坐标伸展,如图 2-31(b)所示。

总体平均值 $\mu=0$,总体标准偏差 $\sigma=1$ 的正态分布称为标准正态分布(高斯分布)。任何不同的 μ 与 σ 的正态分布都可以通过坐标变换,变为标准正态分布,这样,就可以利用标准正态分布的函数值求得各种正态分布的函数值。

由分布函数的定义可知,正态分布函数是正态分布概率密度函数的积分,故有

$$F(x) = \frac{1}{\sigma\sqrt{2\pi}} \int_{-\infty}^{x} \mathrm{e}^{-\frac{1}{2}\left(\frac{x-\mu}{\sigma}\right)^2} \mathrm{d}x \qquad (2\text{-}51)$$

由式(2-51)可知,$F(x)$ 为正态分布曲线上下积分限间包含的面积,它表征了随机变量 x 落在区间 $(-\infty, x)$ 上的概率。

坐标变换为 $z=\dfrac{x-\mu}{\sigma}$,则式(2-51)可改写为

$$F(z) = \frac{1}{\sqrt{2\pi}} \int_{0}^{z} \mathrm{e}^{-\frac{1}{2}z^2} \mathrm{d}z \qquad (2\text{-}52)$$

对于不同的 z 值的 $F(z)$,可由表 2-4 查出。

表 2-4　正态分布曲线下的面积函数 $F(z)$

z	$F(z)$	z	$F(z)$	z	$F(z)$	z	$F(z)$	z	$F(z)$
0.00	0.000 0	0.20	0.079 3	0.60	0.225 7	1.00	0.341 3	2.00	0.477 2
0.01	0.004 0	0.22	0.087 1	0.62	0.232 4	1.05	0.353 1	2.10	0.482 1
0.02	0.008 0	0.24	0.094 8	0.64	0.238 9	1.10	0.364 3	2.20	0.486 1
0.03	0.012 0	0.26	0.102 3	0.66	0.245 4	1.15	0.374 9	2.30	0.489 3
0.04	0.016 0	0.28	0.113 0	0.68	0.251 7	1.20	0.384 9	2.40	0.491 8
0.05	0.019 9	0.30	0.117 9	0.70	0.258 0	1.25	0.394 4	2.50	0.493 8
0.06	0.023 9	0.32	0.125 5	0.72	0.264 2	1.30	0.403 2	2.60	0.495 3

z	$F(z)$	z	$F(z)$	z	$F(z)$	z	$F(z)$	z	$F(z)$
0.07	0.027 9	0.34	0.133 1	0.74	0.270 3	1.35	0.411 5	2.70	0.496 5
0.08	0.031 9	0.36	0.140 6	0.76	0.276 4	1.40	0.419 2	2.80	0.497 4
0.09	0.035 9	0.38	0.148 0	0.78	0.282 3	1.45	0.426 5	2.90	0.498 1
0.10	0.039 8	0.40	0.155 4	0.80	0.288 1	1.50	0.433 2	3.00	0.498 65
0.11	0.043 8	0.42	0.162 8	0.82	0.203 9	1.55	0.439 4	3.20	0.499 31
0.12	0.047 8	0.44	0.170 0	0.84	0.299 5	1.60	0.445 2	3.40	0.499 66
0.13	0.051 7	0.46	0.177 2	0.86	0.305 1	1.65	0.450 5	3.60	0.499 841
0.14	0.055 7	0.48	0.181 4	0.88	0.310 6	1.70	0.455 4	3.80	0.499 28
0.15	0.059 6	0.50	0.191 5	0.90	0.315 9	1.75	0.459 9	4.00	0.499 68
0.16	0.063 6	0.52	0.198 5	0.92	0.321 2	1.80	0.464 1	4.50	0.499 997
0.17	0.067 5	0.54	0.200 4	0.94	0.326 4	1.85	0.467 8	5.00	0.499 999 7
0.18	0.071 4	0.56	0.212 3	0.96	0.331 5	1.90	0.471 3	—	—
0.19	0.075 3	0.58	0.219 0	0.98	0.336 5	1.95	0.474 4	—	—

当 $z=\pm 3$ 时,即 $x-\mu=\pm 3\sigma$,由表 2-5 查得 $2F(3)=2\times 0.498\ 65=99.73\%$。这说明随机变量 x 落在 $\pm 3\sigma$ 范围以内的概率为 99.73%,落在此范围以外的概率仅为 0.27%,此值很小。因此可以认为,正态分布的随机变量的分散范围是 $\pm 3\sigma$。这就是所谓的 $\pm 3\sigma$ 原则。

$\pm 3\sigma$ 的概念,在研究加工误差时应用很广,是一个重要的概念。6σ 的大小代表了某种加工方法在一定条件下(如毛坯余量,切削用量,正常的机床、夹具、刀具等)所能达到的加工精度。所以在一般情况下,应使所选择的加工方法的标准偏差 σ 与公差带宽度 T 之间具有下列关系,即

$$6\sigma \leqslant T \tag{2-53}$$

注意　正态分布总体的算术平均值 μ 和标准偏差 σ 通常是未知的,但可以通过它的样本平均值 $\bar{x}$ 和样本标准偏差 $\bar{\sigma}$ 来估算。这样,成批加工一批工件,抽检其中的一部分,即可判断整批工件的加工精度。

2)非正态分布

工件的实际分布有时并不近似于正态分布。例如,将两次机床调整下加工的工件混在一起,由于每次调整时常值系统误差是不同的,如常值系统误差的差值大于 2.2σ,就会得到双峰曲线,如图 2-32(a)所示;假使把两台机床加工的工件混在一起,不仅调整时常值系统误差不等,机床精度也不同,随机误差的影响也不同,即 σ 不同,那么曲线的两个高峰也不一样。

如果加工中刀具或砂轮的尺寸磨损比较显著,所得一批工件的尺寸分布如图 2-32(b)所示。尽管在加工的每一瞬间工件的尺寸呈正态分布,但是随着刀具或砂轮的磨损,不同瞬间尺寸分布的算术平均值是逐渐移动的,因此分布曲线为平顶状。

当工艺系统存在显著的热变形等变值系统误差时,分布曲线往往不对称。例如,刀具的热变形严重,在加工轴类零件时,曲线凸峰偏向右,如图 2-32(c)所示。

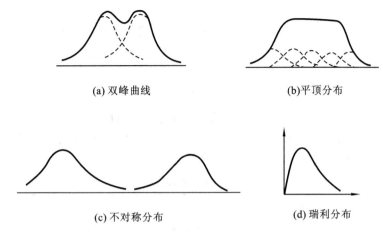

图 2-32 非正态分布

用试切法加工时,操作者主观上存在着宁可返修也不可报废的主观倾向性,所以分布图也会出现不对称情况:加工轴时宁大勿小,故凸峰偏向右侧;加工孔时宁小勿大,故凸峰偏向左侧。

对于端面圆跳动和径向圆跳动一类的误差,一般不考虑正负号,所以接近零的误差值较多,远离零的误差值较少,其分布(称为瑞利分布)也是不对称的,如图 2-32(d)所示。

对于非正态分布的分散范围,就不能认为是 6σ,工程应用中的处理方法是除以相对分布系数 k。设分布的分散范围为 T,则非正态分布的分散范围为 $T = 6\sigma/k$。

k 值的大小与分布图的形状有关,可参照表 2-5 进行选择,在表 2-5 中,α 为相对不对称系数,它是总体算术平均值坐标点至总体分散范围中心的距离与一半分散范围之比值。因此,分布中心偏移量为 $\Delta = \alpha T/2$。

表 2-5　几种典型分布曲线的 k 值和 α 值

分布特征	正态分布	三角分布	均匀分布	瑞利分布	偏态分布	
					外 尺 寸	内 尺 寸
分布曲线						
α	0	0	0	-0.28	0.26	-0.26
k	1	1.22	1.73	1.14	1.17	1.17

3. 分布图分析法的应用

1)判别加工误差性质

如前所述,假如加工过程中没有变值系统误差或其影响很小,那么,其尺寸分布应服从正态分布,这是判别加工误差性质的基本方法。

如果实际分布与正态分布基本相符,这时就可进一步根据样本平均值 $\bar{x}$ 是否与公差带中心重合来判断是否存在常值系统误差。

如果实际分布与正态分布有较大出入,可根据直方图初步判断变值系统误差的性质。

2)确定工艺能力 C_P 及其等级

所谓工艺能力,是指某工序处于稳定状态时,加工误差正常波动的幅度。当加工尺寸服从正态分布时,其尺寸分散范围是 6σ,所以工艺能力以公差带宽度 T 与 6σ 的比值来评价。工艺能力系数 C_P 为

$$C_P = T/6\sigma \tag{2-54}$$

工艺能力系数代表了某道工序的工艺能满足加工精度要求的程度。

根据工艺能力系数 C_P 的大小,一般可将工序能力分为五级,如表 2-6 所示。一般要求 $C_P > 1$,即工艺能力不能低于二级。

表 2-6　工艺能力等级

工艺能力系数	工艺能力等级	说　明
$C_P > 1.67$	特级	工艺能力很高,可以允许有异常波动,不一定经济
$1.67 \geqslant C_P > 1.33$	一级	工艺能力足够,可以允许有一定的异常波动
$1.33 \geqslant C_P > 1.00$	二级	工艺能力勉强,必须密切注意
$1.00 \geqslant C_P > 0.67$	三级	工艺能力不足,可能出现少量不合格品
$0.67 \geqslant C_P$	四级	工艺能力很差,必须加以改进

必须指出,$C_P > 1$,只说明该工序的工艺能力足够,加工中是否会产生废品,还要看调整是否正确。例如,加工中发现有常值系统误差,就与公差带中心位置 A_M 不重合,那么,只有当 $C_P > 1$,且 $T \geqslant 6\sigma + 2|\mu - A_M|$ 时才不会产生不合格品。若 $C_P < 1$,那么,不论怎样调整,产生不合格品都将不可避免。

3)估算合格品率或不合格品率

不合格品率包括废品率和可返修的不合格品率。它可通过分布曲线进行估算,现举例说明如下。

例 2-2　在无心磨床上磨削销轴,要求外径 $d = \phi 12^{-0.016}_{-0.043}$ mm,抽样一批工件,经实测后计算得到 $\overline{x} = 11.974$ mm,$\sigma = 0.005$ mm,其尺寸符合正态分布,试分析该工序的加工质量。

解　(1)根据计算所得的 $\overline{x}$ 及 6σ 作分布图,如图 2-33 所示。

(2)计算该工序的工艺能力系数。

$$C_P = \frac{T}{6\sigma} = \frac{-0.016 - (-0.043)}{6 \times 0.005} = 0.9 < 1$$

工艺能力系数 $C_P < 1$,说明该工序的工艺能力不足,产生不合格率不可避免。

(3)计算不合格品率 Q。

工件要求最小尺寸为 $d_{min} = 11.957$ mm,最大尺寸为 $d_{max} = 11.984$ mm。

工件可能出现的极限尺寸为

$A_{min} = \overline{x} - 3\sigma = (11.974 - 0.015)$ mm

　　　$= 11.959$ mm $> d_{min}$,因此不会产生不可修复的废品。

$A_{max} = \overline{x} + 3\sigma = (11.974 + 0.015)$ mm

　　　$= 11.989$ mm $> d_{max}$,因此将产生可修复的不合格品。

不合格品率为 $Q = 0.5 - F(z)$

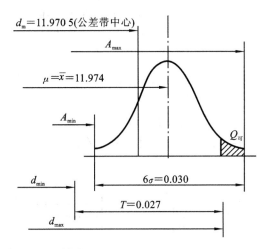

图 2-33　销轴直径尺寸分布图

$$z = \frac{x - \bar{x}}{\sigma} = \frac{11.984 - 11.974}{0.005} = 2$$

查表 2-4 可知，$z = 2$ 时，$F(2) = 0.4772$，不合格品率为

$$Q = 0.5 - F(2) = 0.5 - 0.4772 = 2.28\%$$

4）改进措施

应该从控制分散中心与公差带中心的距离，需要时减小分散范围来考虑。

重新调整机床，使尺寸分散中心 $\bar{x}$ 与公差带中心 d_m 重合，则可减小不合格品率。调整量 $\Delta = (11.974 - 11.9705)$ mm $= 0.0035$ mm。具体操作方法：使砂轮向前进刀 $\Delta / 2$ 的磨削深度，可以减少总的不合格率，但不可修复的不合格率将增大。

机床调整误差难以完全消除，即分散中心与公差带中心难以完全重合。本例中机床的工艺能力不足，进一步的改进措施包括控制加工工艺参数，减小 σ，必要时还需要考虑用精度更高的机床来加工。

2.5.3　点图分析法

分布图分析法没有考虑工件加工的先后顺序，故不能反映误差变化的趋势，难以区别变值系统误差与随机误差的影响，必须等到一批工件加工完毕后才能绘制分布图，因此不能在加工过程中及时提供控制精度的资料。为此，生产中采用点图法可弥补上述分析方法的不足。

在加工过程中重点要关注工艺过程的稳定性。如果加工过程中存在着影响较大的变值系统误差，或者随机误差的大小有明显的变化，那么，样本的平均值 $\bar{x}$ 和标准差 S 就会产生异常波动，工艺过程就是不稳定的。

从数学的角度讲，如果一项质量数据的总体分布参数（如 $\bar{x}$，S）保持不变，则这一工艺过程就是稳定的；如果有所变动，即使是往好的方向变化（如 S 突然减小），都算不稳定。只有在工艺过程是稳定的前提下，讨论工艺过程的精度指标（如工艺能力系数 C_P、不合格率 Q 等）才有意义。

分析工艺过程的稳定性通常采用点图法。用点图来评价工艺过程稳定性采用顺序样本,即样本是由工艺系统在一次调整中,按顺序加工的工件组成。这样的样本可以得到在时间上与工艺过程运行同步的有关信息,反映出加工误差随时间变化的趋势。

1. 单值点图

如果按加工顺序逐个地测量一批工件的尺寸,以工件序号为横坐标,工件尺寸或误差为纵坐标,就可作出如图2-34(a)所示的点图。

为了缩短点图的长度,可将顺次加工出的 n 个工件编为一组,以工件组号为横坐标,而纵坐标保持不变,同一组内各工件可根据尺寸分别点在同一组号的垂直线上,就可以得到图2-34(b)所示的点图。

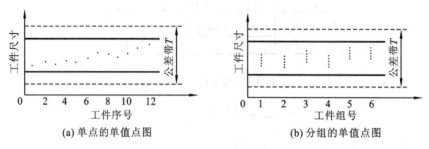

(a) 单点的单值点图　　　　　　　　(b) 分组的单值点图

图 2-34　点图

上述点图都反映了每个工件尺寸或误差变化与加工时间的关系,故称为单值点图。图2-35所示的单值点图上画有用实线表示的上、下两条控制界限线和用虚线表示的两极限尺寸线,作为控制不合格品的参考界限。

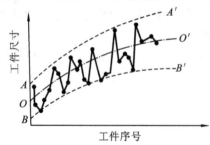

图 2-35　反映变值系统误差的单值点图

假如把点图的上、下极限点包络成两根平滑的曲线,并作出这两根曲线的平均值曲线,如图 2-35所示,就能较清楚地揭示出加工过程中误差的性质及其变化趋势。平均值曲线 OO' 表示每一瞬时的分散中心,其变化情况反映了变值系统误差随时间变化的规律,而起始点 O 则可看成常值系统误差的影响;上、下限曲线 AA' 与 BB' 之间的宽度表示每一瞬时的尺寸分散范围,反映了随机误差的影响。

2. $\bar{x}$-R 图

为了能直接反映出加工过程中系统误差和随机误差随加工时间的变化趋势,实际生产中常用 $\bar{x}$-R 图来代替单值点图。$\bar{x}$-R 是平均值 $\bar{x}$ 控制图和极差 R 控制图联合使用时的统称,前者控制工艺过程质量指标的分布中心,后者控制工艺过程质量指标的分散程度。

1)$\bar{x}$-R 图的基本形式及绘制

$\bar{x}$-R 图的横坐标是按时间先后采集的小样本的组序号,纵坐标为各小样本的平均值 $\bar{x}$ 和极差 R。在 $\bar{x}$-R 图上各有三根线,即中心线和上、下控制线。

绘制 $\bar{x}$-R 图是以小样本顺序随机抽样为基础的。在工艺过程进行中,每隔一定时间抽取容量 $n=2\sim10$ 件的一个小样本,求出小样本的平均值 $\bar{x}_i$ 和极差 R_i。经过若干时间后,就可取得 k 个小样本(通常取 $k=25$)。将各组小样本的 $\bar{x}_i$ 和 R_i 值分别描绘在 $\bar{x}$-R 图上,即制成了 $\bar{x}$-R 图,如图2-37所示。

2)$\overline{x}$-R 图的中心线和上、下控制线的确定

任何一批工件的加工尺寸都有波动性,因此各小样本的平均值 $\overline{x}_i$ 和极差 R_i 也都有波动性。要判别波动是否属于正常,就需要分析 $\overline{x}_i$ 和 R_i 的分布规律,在此基础上确定 $\overline{x}$-R 图中的上、下控制线的位置。

由概率论可知,当总体是正态分布时,其样本的平均值 $\overline{x}$ 的分布也服从正态分布,且 $\overline{x} \sim N\left(\mu, \dfrac{\sigma^2}{n}\right)$ (μ、σ 分别为总体的算术平均值和标准误差)。因此,$\overline{x}$ 的分散范围是 $\mu \pm 3\sigma/\sqrt{n}$。

虽然 R 的分布不是正态分布,但当 $n < 10$ 时,其分布与正态分布也是比较接近的,因而 R 的分散范围也可取为 $\overline{R} \pm 3\sigma_R$ ($\overline{R}$、σ_R 分别是 R 分布的均值和标准误差),而且 $\sigma_R = d\sigma$,其中 d 为常数,其值可由表 2-7 查得。

表 2-7　d、α_n、A_2、D_1、D_2 的值

n/件	d	α_n	A_2	D_1	D_2
4	0.880	0.486	0.73	2.28	0
5	0.864	0.430	0.58	2.11	0
6	0.848	0.395	0.48	2.00	0

总体的平均值 μ 和标准误差 σ 通常是未知的。但由数理统计可知,总体的平均值 μ 可以用各小样本平均值 $\overline{x}_i$ 的平均值 $\overline{x}$ 来估算,而总体的标准差 σ 可以用 $\alpha_n \overline{R}$ 来估算,即

$$\hat{\mu} = \overline{\overline{x}}, \quad \overline{\overline{x}} = \frac{1}{k}\sum_{i=1}^{k} \overline{x}_i \tag{2-55}$$

$$\hat{\sigma} = \alpha_n \overline{R}, \quad \overline{R} = \frac{1}{k}\sum_{i=1}^{k} R_i \tag{2-56}$$

式中:$\hat{\mu}$,$\hat{\sigma}$ 分别表示 μ,σ 的估计值;$\overline{x}_i$ 为各小样本的平均值;R_i 为各小样本的极差;α_n 为常数,其值可根据小样本数 n 由表 2-7 查得。

用样本极差 R 来估计总体的 σ,其缺点是不如用样本的标准差 S 来估算可靠,但由于其计算简单,所以在生产中经常采用。

$\overline{x}$-R 图上的各条控制线可按下面的方法确定。

$\overline{x}$ 点图:中心线,用 $\overline{\overline{x}}$ 表示,即

$$\overline{\overline{x}} = \frac{1}{k}\sum_{i=1}^{k} \overline{x}_i$$

上控制线为

$$\overline{x}_s = \overline{\overline{x}} + A_2 \overline{R} \tag{2-57}$$

下控制线为

$$\overline{x}_x = \overline{\overline{x}} + A_2 \overline{R} \tag{2-58}$$

式中:A_2 为常数,$A_2 = 3\alpha_n/\sqrt{n}$,也可以由表 2-7 查得。

R 点图:中心线为

$$\overline{R} = \frac{1}{k}\sum_{i=1}^{k}R_i$$

上控制线为

$$R_s = \overline{R} + 3\sigma_R = (1 + 3\sigma_R)\overline{R} = D_1\overline{R} \qquad (2\text{-}59)$$

下控制线为

$$R_x = \overline{R} - 3\sigma_R = (1 - 3\sigma_R)\overline{R} = D_2\overline{R} \qquad (2\text{-}60)$$

式中:D_1、D_2均为常数,也可以由表2-8查得。

在点图上作出中心线和上、下控制线后,就可根据图中点的分布情况来判别工艺过程是否稳定(波动状态是否正常),判别的标志参考表2-8。

表 2-8 正常波动与异常波动标志

正 常 波 动	异 常 波 动
①没有点子超出控制线;	①有点子超出控制线;
②大部分点子在中线上下波动、小部分在控制线附近;	②点子密集在中线上下附近;
③点子没有明显的规律性	③点子密集在控制线附近;
	④连续7点以上出现在中线一侧;
	⑤连续11点中有10点出现在中线一侧;
	⑥连续14点中有12点以上出现在中线一侧;
	⑦连续17点中有14点以上出现在中线一侧;
	⑧连续20点中有16点以上出现在中线一侧;
	⑨点子有上升或下降倾向;
	⑩点子有周期性波动

由上述分析可知,$\overline{x}$在一定程度上代表了瞬时的分散中心,故$\overline{x}$点图主要反映系统误差及其变化趋势;R在一定程度上代表了瞬时的尺寸分散范围,故R点图主要反映随机误差及其变化趋势。单独的$\overline{x}$点图和R点图不能反映加工误差的情况,因此,这两种点图必须结合起来应用。

必须指出,工艺过程稳定性与产生不产生废品是两个完全不同的概念。工艺过程的稳定性用$\overline{x}$-R图判断,工件是否合格由公差来衡量,两者之间没有必然的联系。例如,某一工艺过程是稳定的,但误差较大,若用这样的工艺过程来加工精密零件,则产品肯定都是废品。客观存在的工艺过程与人为规定的零件公差应该如何正确匹配,这是工艺能力系数的选择问题。

例 2-3 磨削如图2-36所示的挺杆球面C,要求磨削后,球面C的边沿对A面的跳动不大于0.05 mm。试用图分析该工序工艺过程的稳定性。

解 (1)抽样并测量。按照加工顺序和一定的时间间隔随机地抽取4件为一组,共抽取25组,检验的质量数据列入表2-9中。

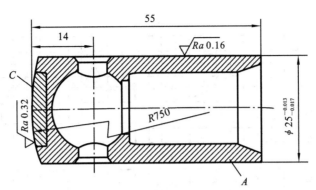

球面C沿边缘检查时,对A面轴线的端面圆跳动不大于0.05 mm

图 2-36　挺杆零件图

表 2-9　挺杆球面跳动 $\bar{x}$-R 图数据表

样组号	观测值				平均值	极差	样组号	观测值				平均值	极差
	x_1	x_2	x_3	x_4	$\bar{x}$	R		x_1	x_2	x_3	x_4	$\bar{x}$	R
1	30	18	20	20	22	12	14	30	10	10	30	20	20
2	15	22	25	20	20.5	10	15	30	30	20	10	22.5	20
3	15	20	10	10	13.75	10	16	30	10	15	25	20	20
4	30	10	15	15	17.5	20	17	15	10	35	20	20	25
5	25	20	20	30	23.75	10	18	30	10	20	30	30	20
6	20	35	25	20	25	15	19	20	40	10	20	20	20
7	20	20	30	30	25	10	20	10	35	10	40	23.75	30
8	10	30	20	20	20	20	21	10	10	20	20	15	10
9	25	20	25	15	21.25	10	22	10	10	10	30	15	20
10	20	30	10	15	18.75	20	23	15	10	45	20	25	30
11	10	10	20	25	16.25	15	24	10	20	20	30	20	20
12	10	10	10	30	15	20	25	15	10	15	20	15	10
13	10	50	30	20	27.5	40	总和					512.5	457

	中　线	上 控 制 线	下 控 制 线
$\bar{x}$ 点图	$\bar{\bar{x}} = \dfrac{\sum \bar{x}}{k} = \dfrac{512.5}{25} = 20.5$	$\begin{aligned}\bar{x}_s &= \bar{\bar{x}} + A_2\bar{R} \\ &= 20.5 + 0.728\,5 \times 18.28 \\ &= 33.82\end{aligned}$	$\begin{aligned}\bar{x}_x &= \bar{\bar{x}} - A_2\bar{R} \\ &= 20.5 - 0.728\,5 \times 18.28 \\ &= 7.18\end{aligned}$
R 点图	$\bar{R} = \dfrac{\sum R}{k} = \dfrac{457}{25} = 18.28$	$\begin{aligned}R_s &= D_1\bar{R} = 2.281\,9 \times 18.28 \\ &= 41.71\end{aligned}$	$R_x = D_2\bar{R} = 0$

（2）绘制 $\bar{x}$-R 图。先计算出各样组的平均值和极差,然后计算平均值,以及点图的上、下控制线,将计算结果填入表 2-10 中,最后绘制 $\bar{x}$-R 点图,如图 2-37 所示。

（3）计算工艺能力系数,确定工艺能力等级。由式（2-46）可计算得 $S=8.96\ \mu\mathrm{m}$,则本工序的工艺能力系数为

$$C_P = \frac{0.05}{6 \times 0.008\,96} = 0.93$$

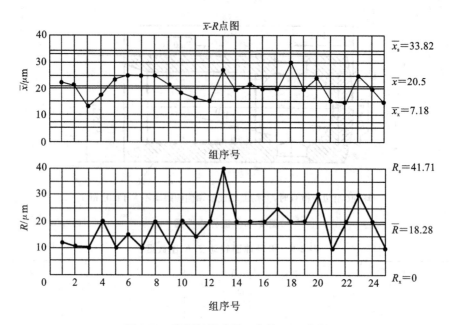

图 2-37　磨削挺杆球面工序的 $\bar{x}\text{-}R$ 点图

查表 2-6 可知,该工艺能力属于三级工艺。

（4）结果分析。由点图可以看出,点在中心线附近波动,说明分布中心稳定,无明显变值系统误差影响;点图上连续 8 个点出现在中心线上侧,且有逐渐上升趋势,说明随机误差随加工时间的增加而逐渐增加,因此,不能认为本工序的工艺过程非常稳定。

本工序的工艺能力系数小于 1,属于三级工艺,说明本工序的工艺能力不足,有可能产生少量废品（尽管样本中未出现废品）。因此,有必要进一步分析引起随机误差逐渐增大的原因,并予以解决。

2.5.4　机床调整尺寸

工艺系统调整时必须正确规定调整尺寸（调整时试切零件的平均值）,才能保证整批工件的尺寸分布在公差带范围内。

对于稳定的工艺过程,最理想的情况是使实际加工的尺寸分散中心与公差带中心 A_M 重合。但机床进行加工前,尺寸分散中心 μ 是无法确定的,只能通过试切样件组（小样本）,并用样件组的平均值 $\bar{x}_i$ 来估计。

如图 2-38 所示,当工件公差要求为 T,且工序加工误差的分散范围为 6σ 时,为保证调整后加工的零件不产生废品,调整机床时应使得实际分布中心落在图上 AA 和 BB 之间。若实际分布中心偏在 AA 的左侧或 BB 的右侧,都将产生废品。

由于样本的平均值 $\bar{x}$ 也是随机变量,并且是服从参数为 μ、$\sigma/\sqrt{n}$ 的正态分布,因此,如果工件尺寸的实际分散中心 μ 已知,则样本的平均值 $\bar{x}$ 必然落在 $\mu \pm 3\sigma/\sqrt{n}$ 的范围内;反之,如果已知的是一个样本的平均值 $\bar{x}$,那么,可以断定实际分布中心 μ 一定落在 $\bar{x} \pm 3\sigma/\sqrt{n}$ 的范围内。因此,调整机床时,只要使试切样件组的平均值 $\bar{x}$（即调整尺寸 L_t）落在图上 δ_t 的范

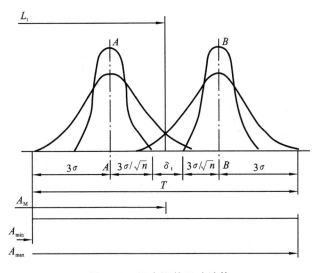

图 2-38　机床调整尺寸计算

围内,实际分布中心 μ 就必然落在 AA 与 BB 之间,因而也就能保证调整后加工零件尺寸全部落在公差 T 的范围内。根据这一要求,由图 2-38 可得

$$\delta_{\text{t}} = T - 6\sigma - 6\sigma/\sqrt{n} = T - 6\sigma(1 + 1/\sqrt{n}) \tag{2-61}$$

$$L_{\text{t}} = A_{\text{M}} \pm \frac{\delta_{\text{t}}}{2} \tag{2-62}$$

式中:n 为试切样件的个数;σ 为工序标准偏差,可由加工设备已知的工艺能力系数 C_{p} 值计算得到;T 为工序公差。

对于不稳定工艺过程的调整,不仅要保证整批工件的尺寸分散不超出公差范围,还要求两次调整间能加工尽可能多的工件。因此,不仅要考虑因随机误差引起的尺寸分散,还要考虑工艺系统热变形和刀具磨损等引起的变值系统误差的影响。

例如,车削一批工件的外圆,由于刀具受热变形和刀具磨损而存在变值系统误差,使总体瞬时分布中心随时间变化,同时瞬时分布范围也随时间变化,如图 2-39 所示。图中实线代表 $\bar{x}$ 的变化规律,阴影部分代表各瞬间的分散范围。由于在开始加工的一段时间内刀具热伸长往往大于刀具的磨损量,因此加工尺寸有逐渐减小的趋势(根据以往的资料,设这段时间里的工件直径减小量是 a);刀具热平衡后,主要由于刀具磨损而使加工尺寸又有逐渐增大的趋势(图中 b 代表了刀具磨损引起的误差)。与此同时,由于刀具磨损、切削力增大等原因,使工件尺寸的瞬时分散范围也逐渐扩大。开始调整时间为 t_1,瞬时尺寸分布标准差为 σ_1,下次调整时间 t_2 的标准差为 σ_2。如图 2-40 所示,为保证下次调整时间 t_2 之前不会产生废品,此时调整尺寸的公差应为

$$\delta_{\text{t}} = T - (a + b) - 6\sigma_1(1 + 1/\sqrt{n}) \tag{2-63}$$

由式(2-61)和式(2-63)可知,试切样件组的件数 n 越少,δ_{t} 也越小,因此调整机床时,试切样件应稍多一些为宜。

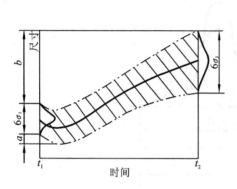

图 2-39 外圆车削加工的精度变化

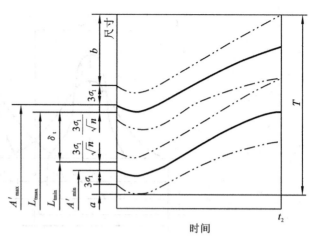

图 2-40 不稳定工艺过程机床的调整尺寸

2.6 加工误差的综合分析

机械加工中的精度问题是一个综合性问题,解决精度问题的关键在于能否在具体条件下判断出影响加工精度的主要因素。在解决加工精度问题时,首先必须对具体情况进行深入调查,然后运用前述知识进行理论分析,并结合现场测试,找出误差产生的主要原因,摸清误差发生的规律,提出相应的解决措施。下面通过一个实例来说明。

某厂加工如图 2-41 所示的车床尾座体,采用的工艺路线是:先粗、精加工底面,再粗镗、半精镗、精镗 $\phi70H7$ 孔,然后加工横孔,最后珩磨 $\phi70H7$ 孔。质量问题发生在精镗工序。精镗后,孔有较大圆柱度误差(锥度),以致不得不加大珩磨的余量,这样,不仅降低了生产率,而且有部分工件在珩磨后因锥度超差而报废。

1. 误差情况的调查

(1)半精镗和精镗是在同一工序中用双工位夹具在专用镗床上进行的,如图 2-42 所示。精镗时采用如图 2-43 所示的双刃镗刀结构。加工时,主轴用万向接头带动镗杆旋转,工作台连同镗模夹具作进给运动,镗刀的进给方向是由工件尾部到头部。

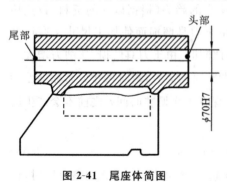

图 2-41 尾座体简图

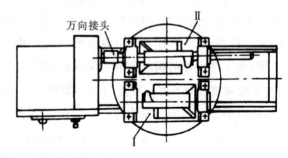

图 2-42 加工 $\phi70H7$ 孔的双工位专用镗床

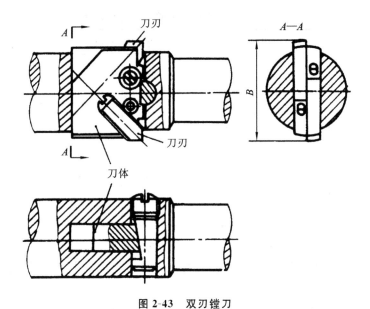

图 2-43　双刃镗刀

(2)测量了顺次加工的 43 个工件,全部都是头部孔径大于尾部(称之为正锥度),测量数据和频数分布如表 2-10 和表 2-11 所示。

由式(2-45)、式(2-46)可得

$$\bar{x}=15, \quad S=6.85$$

由表 2-11 可知,$x_{\max}=29~\mu\mathrm{m}$,$x_{\min}=0$;由于样本容量为 43,取分组数 $k=7$。组距 h 为

$$h = \frac{x_{\max} - x_{\min}}{k-1} = \frac{29-0}{6} = 4.82 \approx 5$$

表 2-10　尾座体 $\phi70\mathrm{H}7$ 孔的锥度误差

组　号	测定值/μm				平均值 $\bar{x}/\mu$m	极差 R/μm
	x_1	x_2	x_3	x_1		
1	5	16	17	15	13.25	12
2	21	19	8	13	15.25	13
3	15	19	2	24	15	22
4	7	10	17	6	10	11
5	0	19	22	26	16.75	26
6	20	10	20	19	17.25	10
7	17	9	0	19	11.25	19
8	21	17	11	11	15	10
9	12	19	22	14	16.75	10
10	12	17	15	23	16.75	11
11	29	14	12	—	18.33	17
$\bar{x}$ 图上控制线,$\bar{x}_s=15.05+0.7285\times14.6=25.7~\mu\mathrm{m}$, $\bar{x}_x=15.05-0.7285\times14.6=4.4~\mu\mathrm{m}$					$\bar{x}=15.05$	$\bar{R}=14.6$
R 图上控制线,$R_s=14.6\times2.2819=33.3~\mu\mathrm{m}$,$R_x=0~\mu\mathrm{m}$						

表 2-11　尾座体 $\phi70H7$ 孔锥度误差频数分布

组　　号	组界/μm	组平均值/μm	频　　数
1	$-2.5\sim2.5$	0	3
2	$2.5\sim7.5$	5	3
3	$7.5\sim12.5$	10	9
4	$12.5\sim17.5$	15	12
5	$17.5\sim22.5$	20	12
6	$22.5\sim27.5$	25	3
7	$27.5\sim32.5$	30	1

（3）半精镗后，工件孔也带有 0.13～0.16 mm 的正锥度。

（4）精镗工序采用现行工艺已有多年，开始时工件孔锥度很小，误差是逐渐增大的。

2. 误差分析

根据测量数据和频数分布绘制直方图和 $\bar{x}$-R 点图，如图 2-44 所示。从直方图来看，误差近似于正态分布；由 $\bar{x}$-R 点图来看，也没有异常波动，但样本平均值 $\bar{x}$ 达 15 μm，说明存在较大的常值系统误差。

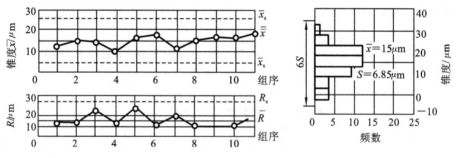

图 2-44　尾座体孔锥度的直方图和 $\bar{x}$-R 点图

产生这项常值系统误差的可能原因分析如下。

（1）刀具尺寸磨损。由于精镗时是从孔尾部镗向孔头部，刀具尺寸磨损应使头部孔径小于尾部，这与实际情况恰好相反，故这个误差因素可以排除。

（2）刀具热伸长。刀具热伸长将使头部孔径大于尾部孔径，这与工件的误差情况一致，因此对刀具热伸长这一因素有继续进行研究的必要。

（3）工件热变形。如前所述，可以将该误差因素作为常值系统误差对待，但产生锥度的方向却应与实际误差情况相反。因为开始镗削孔尾部时工件没有温升，其孔径以后也不会变化，在镗到孔头部时工件温升最高，常温后孔径还会缩小，结果应是头部孔径小于尾部，但这与实际误差情况也不相符。

（4）毛坯误差的复映。半精镗后有较大的锥度误差，方向也与工件实际误差方向一致，因此加工误差可能是该因素引起的。不过误差复映原因是根据单刃刀具加工情况推导而得的规律，而这里所用的是定尺寸(可调)双刃镗刀，镗刀和工件的径向刚度均很大，因此对像孔的尺寸、圆度、圆柱度等一类毛坯误差基本上是不会产生复映的。为慎重起见，还是打算再用实验进行确认。

(5)工艺系统的几何误差。由于存在常值系统误差,而且在开始采用该工艺时加工质量是能满足要求的,因此有必要从机床、夹具、刀具的几何误差中去寻找原因。本例镗杆是用万向接头与主轴浮动连接的,精度主要由镗模夹具保证而与机床精度关系不大。如镗模的回转式导套有偏心或镗杆有振摆,都会引起工件孔径扩大而产生锥度误差,故必须对夹具和镗杆进行检查。

为了便于分析,一般需要作出因果分析图,如图 2-45 所示。

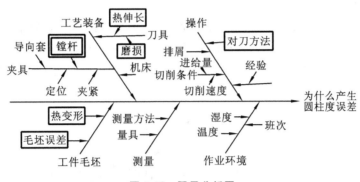

图 2-45　因果分析图

3. 误差论证

(1)测试镗刀热伸长。用半导体点温计测量刀具的平均温升仅为 5℃,所以镗刀热伸长为

$$\Delta L = \alpha L \Delta t = 1.17 \times 10^{-5} \times 70 \times 5 \text{ mm} = 0.003\ 85 \text{ mm} = 3.85\ \mu\text{m}$$

再用千分尺直接测量镗刀块在加工每一个工件前后的尺寸,也无显著变化,故可断定刀具热伸长不是主要的误差因素。

(2)测试毛坯误差的复映。选取 4 个半精镗后的工件,其中 2 个工件的锥度为 0.15 mm,另外 2 个工件的锥度仅为 0.04~0.05 mm。精镗后发现 4 个工件的锥度均为 0.02 mm 左右,也无明显差别。证实了初步分析时的结论,即毛坯误差的复映也不是主要影响因素。

(3)测试夹具和镗杆。对镗模的回转式导套内孔检查,未发现有显著径向圆跳动;但对镗杆在用 V 形架支承后检查,如图 2-46 所示,发现其前端(直径较细的一段)有较大的弯曲,最大跳动量为 0.1 mm。

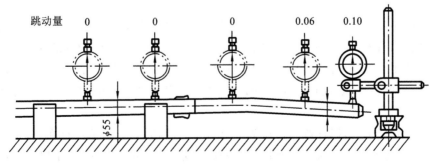

图 2-46　镗杆弯曲检查

为了检查镗杆弯曲对加工精度的影响,进一步进行如下的测试。

首先借助千分表将图 2-43 所示的双刃镗刀块宽度 B 调整到与工件所需孔径相等。然后将镗刀块插入镗杆,并按加工时的对刀方法,移动工作台,使镗刀块处于工件孔的中间位置,用千分表测量两刀刃,使两刀刃对镗杆回转中心对称并紧固,如图 2-47(a)所示。对好刀后,将镗刀块先后分别移到镗孔尾部和镗孔头部的位置,如图 2-47(b)、(c)所示,再测量两刀刃的高低差别。结果发现:在孔尾部,两刀刃高低相差 5 μm;而在孔头部,却相差 30 μm。这样,显然会造成工件头部的孔径大于尾部。下面进一步说明为什么镗杆弯曲会使镗刀两刀刃形成高低差。

当镗杆有弯曲时,在图 2-47(a)所示的位置上,镗刀块处的镗杆几何中心就偏离了其回转中心,设偏移量为 e。如上所述,刀刃的调整正是在这一位置上进行的。既然调整时是使两刀刃对镗杆回转中心相对称,那么,两刀刃对镗杆的几何中心必然不对称,即有 $2e$ 的高低差。

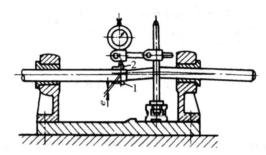

(a) 在工件孔的中间位置检查,两刀刃高低差为0 μm

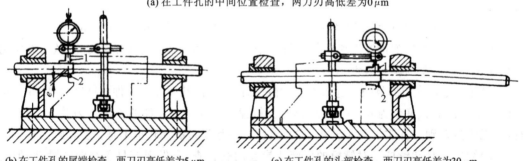

(b)在工件孔的尾端检查,两刀刃高低差为5 μm (c)在工件孔的头部检查,两刀刃高低差为30 μm

图 2-47　检查镗杆弯曲对加工精度影响的方法
1—镗刀块刀刃之一;2—镗刀块刀刃之二

由于镗杆主要是在前端弯曲,因此在镗削工件孔的头部时,如图 2-47(c)所示,镗杆的弯曲部分已经伸出右方导套之外,此时两个导套之间的镗杆已无弯曲,镗杆的几何中心也就与回转中心重合了。但如上面所说,两刀刃对镗杆几何中心是有着 $2e$ 的高低差的,因此这时两刀刃对镗杆回转中心也就产生了 $2e$ 的高低差。这就是所测得的两刀刃高度差为 30 μm 的原因。

镗削工件孔尾部时,镗杆弯曲仍在两个导套之间,因而其影响仍然存在,只是其影响大小略有变化,即此处两刀刃对镗杆回转中心的高低差为 5 μm。因此,由于镗杆弯曲引起的尾座体孔锥度误差(实际上是两端孔径差)为

$$(30-5)\ \mu m = 25\ \mu m$$

在实际加工中,由于两刀刃不对称,切削力也不等,因而引起镗杆变形,故两端孔径差将小于 25 μm。

关于引起锥度波动的主要原因之一是镗杆与导套间有切屑、杂物的影响。在每次装入镗杆前仔细清理镗杆与导套上的切屑和杂物,从而锥度误差的分散范围就会显著减少。

4. 误差验证

要证实上述分析判断是否符合实际,需要重新制造一根镗杆。在新镗杆制造好以前,也可用改进调整镗刀的方法来减少误差。假使在调整时(此时镗刀块在两导套间大致正中位置),把镗刀的几何中心调整到 O' 点,如图 2-48 所示,那就可以使镗刀块在三个位置时两刀刃高低差绝对值的差值最小。即在镗工件孔头部和尾部时,两刀刃高低差均为 17.5 μm,在镗孔中部位置时,两刀刃高低差为 12.5 μm,差值仅为 5 μm。而能直接测量得到的两端孔径,理论上没有差值。按上述方法调整镗刀块后再加工一批工件,其结果如表 2-12 所示。从表 2-12 中可以看出,两端孔径差的平均值只有 1.13 μm,说明常值系统误差基本上已消除。

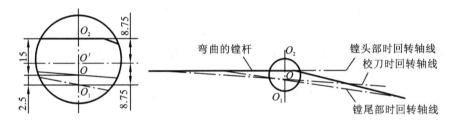

图 2-48　改进镗刀调整

O—原校刀时的中心;O_1—镗工件孔尾端时的中心;O_2—镗工件孔头部时的中心;O'—改进调刀方法后的镗刀中心

表 2-12　重新调整后的加工结果

工 件 序 号	1	2	3	4	5	6	7	8
两端孔径差/μm	+5	−5	+5	+10	−6.5	0	−2	+5
工 件 序 号	9	10	11	12	13	14	15	平均值
两端孔径差/μm	−20	+2.5	+5	+12.5	−6	+6.5	+5	+1.13

注　"+"表示头部端孔径大于尾部端,"−"表示头部端孔径小于尾部端。

2.7　保证和提高加工精度的途径

为了保证和提高机械加工精度,必须找出造成加工误差的主要因素(原始误差),然后采取相应的工艺措施来控制或减少这些因素的影响。

生产实际中尽管有许多减少误差的方法和措施,但从误差减少的技术层面上看,可将它们分成以下两大类。

(1)误差预防。误差预防是指减小原始误差或减小原始误差的影响,亦即减少误差源或改变误差源至加工误差之间的数量转换关系。实践与分析表明,当加工精度要求高于某一程度后,利用误差预防技术来提高加工精度所花费的成本将按指数规律增长。

（2）误差补偿。在现存的表现误差条件下，通过分析、测量，进而建立数学模型，并以这些信息为依据，人为地在系统中引入一个附加的误差源，使之与系统中现存的表现误差相抵消，以减小或消除零件的加工误差。在现有工艺系统条件下，误差补偿技术是一种有效而经济的方法，特别是借助计算机辅助技术，可达到很好的效果。

2.7.1 误差预防技术

1. 合理采用先进工艺与设备

合理采用先进工艺与设备是保证加工精度的最基本方法。在制定零件加工工艺规程时，应对零件每道加工工序的工艺能力进行精确评价，并尽可能合理采用先进的工艺和设备，使每道工序都具备足够的工艺能力。随着产品质量要求的不断提高，产品生产数量的增大和不合格率的降低，采用先进的加工工艺和设备，其经济效益是十分显著的。

2. 直接减小原始误差

直接减小原始误差是在生产中应用较广的一种基本方法。它是在查明影响加工精度的主要原始误差因素之后，设法对其直接进行消除或减小。例如加工细长轴时，因工件刚度差，容易产生弯曲变形和振动，严重影响加工精度，如图 2-49(a)所示。为了减小因吃刀抗力使工件弯曲变形所产生的加工误差，可采取下列措施：采用反向进给的切削方式，如图 2-49(b)所示，进给方向由卡盘一端指向尾座，使 F_f 力对工件起拉伸作用，同时尾座改用可伸缩的弹性顶尖，就不会因 F_f 和热应力而压弯工件；采用大进给量和较大主偏角的车刀，减小 F_P 力而增大 F_f 力，工件在强有力的拉伸作用下，使切削平稳，并抑制振动。

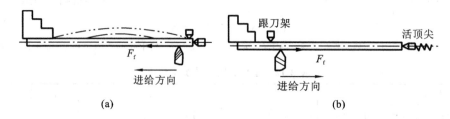

图 2-49 不同进给方向加工细长轴的比较

3. 转移原始误差

误差转移法是把影响加工精度的原始误差转移到不影响或较少影响加工精度的方向或其他零部件上去。例如，转塔车床的转塔刀架在工作时需经常旋转，因此要长期保持它的转位精度是比较困难的。假如转塔刀架上外圆车刀的切削基面也像卧式车床那样在水平面内，如图 2-50(a)所示，那么，转塔刀架的转位误差就处在误差敏感方向，这样会严重影响加工精度。因此，生产中都采用立刀安装法，把刀刃的切削基面放在垂直平面内，如图2-50(b)所示，这样就把刀架的转位误差转移到了误差的不敏感方向，由刀架转位误差引起的加工误差也就减小到可以忽略不计的程度。

又如在成批生产中，用镗模加工箱体孔系的方法，也就是把机床的主轴回转误差、导轨误差等原始误差转移掉，工件的加工精度完全靠镗模和镗杆的精度来保证。由于镗模的结构远比整台机床简单，精度容易达到，故这一方法在实际生产中得到广泛的应用。

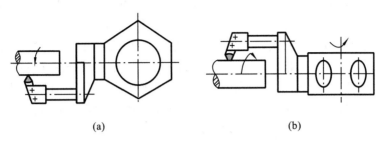

(a)   (b)

图 2-50 转塔车床刀架转位误差的转移

4. 均分原始误差

生产中会遇到这样的情况：本工序的加工精度是稳定的，但由于毛坯或上道工序加工的半成品精度起了变化，引起定位误差或复映误差增大，因而造成本工序的加工超差。解决这类问题最好采用分组调整法，即均分误差的方法：把毛坯按误差大小分为 n 组，每组毛坯的误差就缩小为原来的 $1/n$；然后，按组分别调整刀具与工件的相对位置或选用合适的定位元件，就可大大缩小整批工件的尺寸分散范围。这个方法比提高毛坯精度或上道工序加工精度要简便易行。

例如，某厂在剃削 Y7520W 型齿轮磨床的交换齿轮时，出现了齿轮孔径（$\phi 25^{+0.013}_{0}$ mm）和定位心轴（实际直径为 $\phi 25.002$ mm）配合间隙有时过大的问题，间隙过大会造成剃削后的齿轮产生几何偏心，致使齿圈跳动超差；同时剃齿时容易产生振动，引起齿面的波纹度，增大齿轮工作时的噪声。为了保证工件与心轴有更高的同轴度，必须限制配合间隙，但工件孔的精度已经是 IT6 级，再要提高，势必大大增加成本。因此，采用均分原始误差的方法，对工件孔进行分组，并用多挡尺寸的心轴和工件孔配对，减少了由于间隙而产生的定位误差，从而解决了这个加工精度问题。数据分组情况如下。

(1)心轴尺寸：第一组 $\phi 25.002$ mm；第二组 $\phi 25.006$ mm；第三组 $\phi 25.011$ mm。

(2)配工件孔：$\phi 25.000 \sim \phi 25.004$ mm；$\phi 25.004 \sim \phi 25.008$ mm；$\phi 25.008 \sim \phi 25.013$ mm。

(3)配合间隙：± 0.002 mm；± 0.002 mm；$+0.002 \sim -0.003$ mm。

5. 均化原始误差

加工过程中，机床、刀具或磨具等的误差总是要传递给工件的。机床、刀具的某些误差，例如导轨的直线度、机床传动链的传动误差等，是根据局部地方的最大误差值来判定的。利用有密切联系的表面之间的相互比较、相互修正，或者利用互为基准进行加工，就能让这些局部较大的误差比较均匀地影响到整个加工表面，使传递到工件表面的加工误差较为均匀，因而也就能提高工件的加工精度。

例如研磨时，研具的精度并不很高，分布在研具上的磨料粒度大小也可能不一样，但由于研磨时工件和研具间有复杂的相对运动轨迹，使工件上各点均有机会与研具的各点相互接触并受到均匀的微量切削，同时工件和研具相互修整，精度也逐步共同提高，进一步使误差均化，因此就可获得精度高于研具原始精度的加工表面。

用易位法加工精密分度蜗轮是均化原始误差法的一个典型实例。机床母蜗轮的累积误差是影响被加工蜗轮精度的最关键的因素，它直接地反映为工件的累积误差。所谓易位法，就是在工件切削一次后，将工件相对于机床母蜗轮转动一个角度，再切削一次，使加工中所产生的累积误差重新分布一次,如图 2-51 所示。图 2-51 中,曲线 l_1 为第一次切削后工件上累积误差曲线。经过易位,工件相对于机床母蜗轮转动一个角度 φ 后再被切削一次,工件上应产生的误差就变成另一条曲线 l_2。曲线 l_1 和曲线 l_2 的形状应该是一样的(近似于正弦曲线),只是在位置上相差一个相位角 φ。由于曲线 l_2 中误差最大部分落在没有余量可切的地方,而曲线 l_1 中误差最大的一部分却在第二次切削时被切掉了(切去的部分用阴影表示),所以第二次切削后工件的误差曲线就如图 2-51 中的粗线所示,因而误差得到均化。易位法的关键在于转动工件时必须保证 φ 角内包含着整数的齿,因为在第二次切削中只许修切去由误差本身造成的很小余量,不允许由于易位不准确而带来新的切削余量。理论上,易位角越小,即易位次数越多,则被加工蜗轮的误差也就越小。但由于受易位时转位精度和滚刀刃最小切削厚度的限制,易位角太小也不一定好,一般可易位三次:第一次易位 $180°$,第二次再易位 $90°$(相对于原始状态易位了 $270°$),第三次再易位 $180°$(相对于原始状态易位 $90°$)。

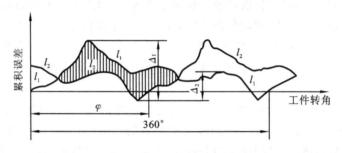

图 2-51　易位法加工时误差均化过程

6. 就地加工法

在机械加工和装配中,有些精度问题涉及很多零部件的相互关系,如果单纯依靠提高零部件的精度来满足设计要求,有时不仅困难,甚至不可能。而采用就地加工法可解决这种难题。例如在转塔车床制造中,转塔上 6 个安装刀架的大孔轴线必须保证与机床主轴回转轴线重合,各大孔的端面又必须与主轴回转轴线垂直。如果把转塔作为单独零件加工出这些表面,那么,在装配后要同时达到上述两项要求就很困难。采用就地加工方法,把转塔装配到转塔车床上后,在车床主轴上装镗杆和径向进给小刀架来进行最终精加工,就很容易保证上述两项精度的要求。

就地加工法的要点是:要保证部件间什么样的位置关系,就在这样的位置关系上利用一个部件装上刀具去加工另一个部件。

这种"自干自"的加工方法,在生产中应用很多。如牛头刨床、龙门刨床为了使它们的工作台面分别对滑枕和横梁保持平行的位置关系,都是在装配后在自身机床上进行"自刨自"的精加工。平面磨床的工作台面也是在装配后作"自磨自"的最终加工。

2.7.2　误差补偿技术

用误差补偿的方法来消除或减小常值系统误差一般来说比较容易实现,因为用于抵消常值系统误差的补偿量是固定不变的。对于变值系统误差的补偿就不是用一种固定的补偿量所能解决的。于是生产中就发展了所谓积极控制的误差补偿方法。积极控制可分为以下三种形式。

1. 在线检测

在线检测是在加工中随时测量工件的实际尺寸(如形状、位置精度等),随时给刀具附加的补偿量,以控制刀具和工件间的相对位置。这样,工件尺寸的变动范围就始终在自动控制之中。现代机械加工中的在线测量和在线补偿就属于这种形式。

2. 偶件自动配磨

偶件自动配磨是将互配件中的一个零件作为基准,去控制另一个零件的加工精度。在加工过程中自动测量工件的实际尺寸,并和基准件的尺寸进行比较,直至达到规定的差值时机床就自动停止加工,从而保证精密偶件间要求很高的配合间隙。柴油机高压油泵柱塞的自动配磨采用的就是这种形式的积极控制。

如图 2-52 所示,高压油泵柱塞副是一对很精密的偶件。柱塞和柱塞套本身的几何精度在 0.000 5 mm 以内,而轴与孔的配合间隙为 0.001 5～0.003 mm。以往在生产中一直采用放大尺寸公差,然后再用分级选配和互研的方法来达到配对要求。

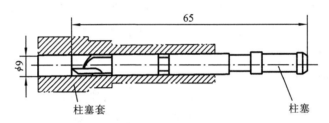

图 2-52 高压油泵柱塞副

现在采用自动配磨,高压油泵偶件自动配磨的原理框图如图 2-53 所示。当测孔仪和测轴仪进行测量时,测头的移动改变了电容发送器的电容量。孔与轴的尺寸之差转化成电容量变化之差,使电桥 2 的输入桥臂的电参数发生变化,在电桥的输出端形成一个输出电压。该电压经过放大器和交直流转换以后,控制磨头的进给动作。

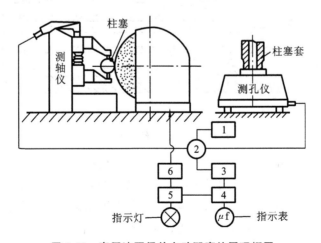

图 2-53 高压油泵偶件自动配磨的原理框图
1—高频振荡发生器;2—电桥;3—三级放大器;4—相敏检波;5—直流放大器;6—执行机构

在工件配磨前,先用标准偶件调整仪器使控制部分起作用的范围为 $C = D$(孔)$-$ d(轴),于是在配磨时,仪器就能在 C 的范围内自动控制磨削循环。不经过重新调控,C 值是不会改变的。所以,无论孔径 D 尺寸如何,磨出的轴径 d 都会随着孔径 D 作相应改变,始终保持偶件轴孔间的间隙量。这样,测一个磨一个,既保证了加工精度,又提高了生产效率。

3. 积极控制起决定作用的误差因素

在某些复杂精密零件的加工中,当无法对主要精度参数直接进行在线测量和控制时,就应该设法控制起决定作用的误差因素,精密螺纹磨床的自动恒温控制就是这种控制方式的一个典型例子。

高精度精密丝杠加工的关键是机床的传动链精度,尤其是机床母丝杠的精度。其原因是:机床的运转必然使温度上升,螺纹磨床的母丝杠装在机床内部,容易积聚热量产生相当大的热变形。例如 S7450 大型精密螺纹磨床的母丝杠螺纹部分长 5.86 m,温度每变化 1℃,母丝杠长度就要变化 70 μm;被加工丝杠因磨削热也会产生热变形,一般精磨 1 m 长的丝杠每磨一次其温度就要升高 3℃,约伸长 36 μm,3 m 长的丝杠则伸长 108 μm。由于母丝杠和工件丝杠的温升不同,相对的长度变化也不同,这就使操作者无法掌握其加工精度。

加工中直接测量和控制工件螺距累积误差是不可能的。采用校正尺的方法来补偿母丝杠的热伸长,只能消除常值系统误差,即只能补偿母丝杠和工件丝杠间温差的恒值部分,而不能补偿各自温度变化而产生的变值部分。因此,应设法控制影响工件螺距累积误差的主要误差因素,即加工过程中母丝杠和工件丝杠的温度变化。具体方法如下。

(1)如图 2-54 所示,母丝杠采用空心结构,通入恒温油使母丝杠保温恒温。油液从丝杠右端经中心管送入,然后在丝杠左端经小孔流出,并沿着母丝杠的内壁流回右端,回到油池。油液在母丝杠内一来一回,可使母丝杠的温度分布十分均匀。

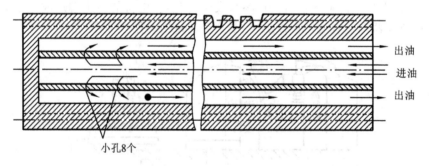

图 2-54　空心母丝杠内冷却

(2)为保证工件丝杠温度也相应地得到稳定,可采用如图 2-55 所示的淋浴方法使工件保持恒温,同时在砂轮的磨削区域用低于室温的油作局部的冷却,带走磨削所产生的热量。

(3)用油泵将经冷却降温的油从油池内泵出,并经自动温度控制系统使油的温度达到给定值后再送入母丝杠和工件淋浴管道内,达到保持恒温的目的。

某工厂采用了这一恒温控制装置,分别控制母丝杠和工件丝杠的温度,使其温差保持在 ± 2℃ 以内,磨出了 3 m 长的 5 级精度丝杠,全长螺距累积误差只有 0.02 mm。

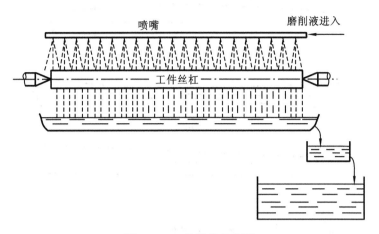

图 2-55　工件淋浴示意图

思考复习题 2

2-1　何谓加工精度、加工误差、公差？它们之间有什么区别？

2-2　车床床身导轨在垂直平面内及水平面内的直线度对车削轴类零件的加工误差有什么影响？影响程度各有何不同？

2-3　试分析滚动轴承的外环内滚道及外环内滚道的形状误差（见图 2-56）所引起主轴回转轴线的运动误差，它对被加工零件精度有什么影响？

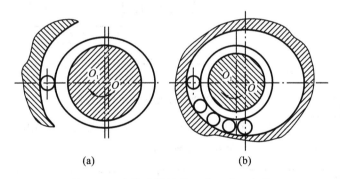

(a)　　　　　　　　　　　　(b)

图 2-56　主轴回转轴线运动误差示意图

2-4　试分析在车床上加工时，产生下述误差的原因。

(1)在车床上镗孔时，引起被加工孔圆度误差和圆柱度误差。

(2)在车床三爪自定心卡盘上镗孔时，引起内孔与外圆同轴度误差；端面与外圆的垂直度误差。

2-5　在车床上用两顶尖装夹工件车削细长轴时，出现图 2-57 所示的误差是由什么引起的，可分别采用什么办法来减少或消除？

2-6　试分析在转塔刀架的车床上将车刀垂直安装加工外圆（见图 2-58）时，影响直径误差的因素中，导轨在垂直面内和水平面内弯曲，哪个影响大？与卧式车床比较有什么不同？为什么？

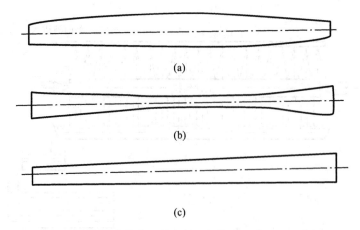

图 2-57 两顶尖装夹工件车削细长轴出现的误差示意图

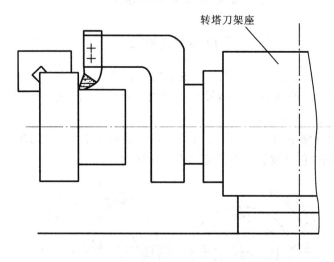

图 2-58 车刀垂直安装加工外圆示意图

2-7 在磨削锥孔时,用检验锥度的塞规着色检验,发现只在塞规中部接触或在塞规的两端接触(见图 2-59),试分析造成误差的各种原因。

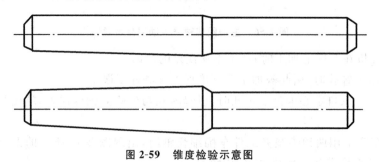

图 2-59 锥度检验示意图

2-8 如果被加工齿轮分度圆直径 $D=100$ mm,齿轮机滚切传动链中最后一个交换齿轮的分度圆直径 $d=200$ mm,分度蜗杆副的降速比为 $1:96$,若此交换齿轮的齿距累积误差 $\Delta F=0.12$ mm,试求由此引起的工件的齿距偏差是多少?

2-9　设已知一工艺系统的误差复映系数为 0.25,工件在本工序前有圆柱度(椭圆度) 0.45 mm,若本工序形状精度规定公差为 0.01 mm,问至少进给几次方能使形状精度合格?

2-10　在车床上加工丝杠,工件总长为 2 650 mm,螺纹部分的长度 $L=2\ 000$ mm,工件材料和母丝杠材料都是 45 钢,加工时室温为 20℃,加工后工件温度升至 45℃,母丝杠温升至 30℃。试求工件全长上由于热变形引起的螺距累积误差。

2-11　横磨工件时,设横向磨削力 $F_y=100$ N,主轴刚度 $k_{zx}=5\ 000$ N/mm,尾座刚度 $k_{wz}=4\ 000$ N/mm,加工工件尺寸如图 2-60 所示,求加工后工件的锥度。

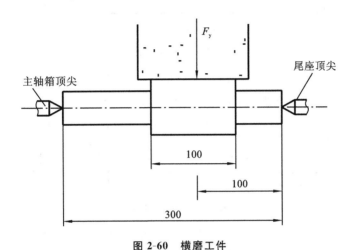

图 2-60　横磨工件

2-12　在车床或磨床上加工相同尺寸及相同精度的内外圆柱表面时,加工内孔表面的进给次数往往多于外圆,试分析其原因。

2-13　如图 2-61 所示,试说明磨削外圆时,使用死顶尖的目的是什么? 哪些因素能引起外圆的圆度和锥度误差?

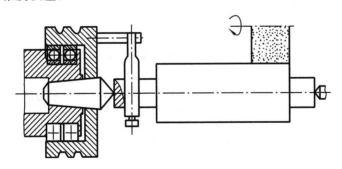

图 2-61　磨削外圆

2-14　在车床上加工一长度为 800 mm、直径为 60 mm 的 45 钢光轴。现已知机床各部件的刚度分别为 $k_{tz}=9\ 000$ N/mm,$k_{wz}=5\ 000$ N/mm、$k_{dj}=4\ 000$ N/mm,加工时的切削力 $F_z=600$ N,$F_y=0.4F_z$。试分析计算一次进给后工件的轴向形状误差(工件装夹在两顶尖之间)。

2-15　如图 2-62 所示,在卧式铣床上铣削键槽,经测量发现靠工件两端的深度大于中间,且都比调整的深度尺寸小。试分析这一现象产生的原因。

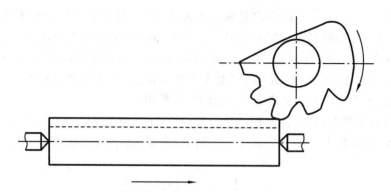

图 2-62 铣削键槽

2-16 如图 2-63 所示的床身零件,当导轨面在龙门刨床上粗刨之后便立即进行精刨。试分析若床身刚度较低时,精刨后导轨面将会产生什么样的误差?

图 2-63 床身零件

2-17 车削一批轴的外圆,其尺寸为 $d=(25\pm0.05)$ mm。已知此工序的加工误差分布曲线是正态分布,其标准偏差 $\sigma=0.025$ mm,曲线的顶峰位置偏于公差带中值的左侧。试求零件的合格率、废品率。工艺系统经过怎样的调整可使废品率降低?

2-18 在无心磨床上用贯穿法磨削加工 $d=20$ mm 的小轴,已知该工序的标准偏差 $\sigma=0.003$ mm,现从一批工件中任取 5 件测量其直径,求得算术平均值为 $\phi20.008$ mm。试估算这批工件的最大尺寸及最小尺寸是多少?

2-19 有一批零件,其内孔尺寸为 $\phi70^{+0.03}_{0}$ mm,属正态分布。试求尺寸在 $\phi70^{+0.03}_{+0.01}$ mm 之间的概率。

2-20 在车床上加工一批工件的孔,经测量实际尺寸小于要求的尺寸而必须返修工件数占 22.4%,大于要求的尺寸而不能返修的工件数占 1.4%,若孔的直径公差 $T=0.2$ mm,整批工件尺寸服从正态分布,试确定该工序的标准偏差 σ,并判断车刀的调整误差是多少?

第 3 章　机械加工表面质量

任何机械加工所得到的零件表面,实际上都不是完全理想的表面。实践表明,机械零件的磨损、腐蚀和失效,一般都是从表层开始的,表层的任何缺陷,将直接影响零件的工作性能,这说明零件的机械加工表面质量至关重要,它对产品的质量有很大影响。

研究加工表面质量的目的,就是要掌握机械加工中各种工艺因素对加工表面质量的影响规律,以便应用这些规律控制加工过程,最终达到提高加工表面质量、提高产品使用性能的目的。

3.1　加工表面质量及其对使用性能的影响

3.1.1　加工表面质量的概念

零件表面加工后存在着表面粗糙度、表面波度等微观几何形状误差以及划痕、裂纹等缺陷。零件表层在加工过程中也会产生物理性能、力学性能的变化,在某些情况下还会产生化学性质的变化。图 3-1(a)所示为零件加工表层沿深度方向的变化情况。在最外层生成氧化膜或其他化合物,并吸收、渗进了某些气体、液体和固体的粒子,称为吸附层,其厚度一般不超过 8 nm。在加工过程中,由切削力造成的表面塑性变形区称为压缩区,其厚度为几十至

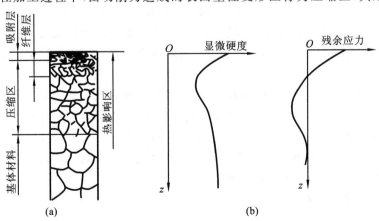

图 3-1　零件加工表层沿深度的组成及变化

几百微米。在压缩区中的纤维层,则是由被加工材料与刀具之间的摩擦力所造成的。加工过程中的切削热也会使加工表层产生各种变化,如同淬火、回火一样将会使表层的金属材料产生金相组织和晶粒大小的变化等。由上述种种因素综合作用的结果,最终使零件加工表层的物理性能、力学性能与零件基体有所差异,将产生如图 3-1(b)所示的显微硬度变化和残余应力。

综上所述,机械加工表面质量主要包含如下内容。

1.表面几何特征

一般说来,加工后的零件表面包含三种误差:形状误差、表面波度和表面粗糙度。它们叠加在同一表面上,形成了复杂的表面形状。

在同一个零件表面上,形状误差、表面波度和表面粗糙度与表面上的峰谷间距紧密相关。图 3-2 所示为一个零件横截面的表面结构。滤去间距较大的峰谷(表面波度和形状误差),只剩下间距很小的峰谷,其波长与波高比值一般小于 1:50,如图 3-2 所示的 A 即为表面粗糙度;滤去间距较小的峰谷(表面粗糙度和表面波度),剩下间距较大的起伏,其波长与波高之比一般大于 1:1 000,如图 3-2 所示的 C 即为形状误差;把上述两种间距的峰谷都滤掉,则剩下的就是表面波度,如图 3-2 所示的 B。

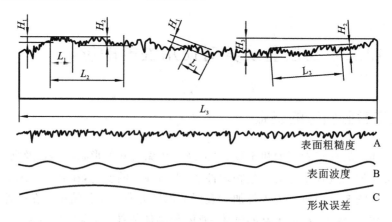

图 3-2　加工表面的形状误差、表面波度与表面粗糙度

加工表面的形状误差,如平面度误差、圆度误差等,属于加工精度范畴,本章不讨论。

(1)表面波度。表面波度是指介于宏观几何形状误差和表面粗糙度之间的周期性几何形状误差,其大小用波长 L_2 和波高 H_2 表示。表面波度主要由加工过程中工艺系统的振动引起的。

(2)表面粗糙度。表面粗糙度是指已加工表面的微观几何形状误差。它的产生一般与刀刃的形状、刀具的进给、切屑的形成过程(如裂屑、剪切、积屑瘤等)、电镀表面的生成等因素有关,它是加工方法本身所产生的。国家标准 GB/T 1031—2009 规定,表面粗糙度参数值从下列三项中选取:表面轮廓算术平均偏差 Ra、微观不平均高度 Rz、轮廓最大高度 Ry。推荐优先选用表面轮廓算术平均偏差 Ra。

除此之外,许多加工表面的图案具有明显的方向性,一般称为纹理,纹理的形成主要取决于表面形成过程中所采用的机械加工方法。

2. 表层的物理性能和力学性能

由于机械加工中力因素和热因素的综合作用,加工表层金属的物理性能和力学性能会发生一定的变化,主要有以下三个方面。

(1)加工表层的冷作硬化。加工表层的冷作硬化是指工件经机械加工后表层的强度、硬度提高的现象,也称为表层的冷硬或强化。通常用硬化程度和硬化层深度两个指标来衡量。一般情况下,硬化层的深度可达 0.05～0.30 mm;若采用滚压加工,硬化层的深度可达几毫米。

(2)加工表层的金相组织变化。机械加工,特别是磨削中的高温使工件表层金属的金相组织发生了变化,降低了零件的使用性能。

(3)加工表层的残余应力。加工表层的残余应力是指机械加工中工件表层所产生的残余应力,它对零件使用性能的影响取决于它的方向、大小和分布状况。

必须指出,随着科学技术的不断发展,对零件加工表面质量研究的深入,表面质量的内涵不断扩大,已经提出了表面完整性的概念。它不仅包括零件加工表面的几何形状特征和表层的物理性能、力学性能的变化,还包括表面缺陷(如表面裂纹、伤痕和腐蚀现象)和表面的技术特性(如表层的摩擦、光反射、导电特性)等。可见,表面质量从表面完整性的角度来分析,更强调表层内的特性,这对现代科学技术的发展有重大意义。

3.1.2　零件表面质量对其使用性能的影响

1. 表面质量对零件耐磨性的影响

零件的耐磨性首先取决于摩擦副的材料和润滑条件,在这些条件确定后,表面质量就起决定性作用。表面粗糙度值直接影响有效接触面积和压强,以及润滑油的保存状况。

如图 3-3 所示,零件的磨损可分为三个阶段。第一阶段称为初期磨损阶段。当两个零件的表面互相接触时,首先只是在波峰顶部接触,实际接触面积只是名义接触面积的一小部分。表面越粗糙,实际接触面积就越小。当零件受力时,波峰接触部分将产生很大的压强;当两个零件相对运动时,波峰接触处会发生弹性、塑性及剪切变形,因此磨损非常明显。经过初期磨损后,实际接触面积增大,压强逐渐降低,磨损变缓,进入磨损的第二阶段,即正常

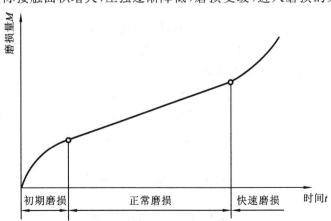

图 3-3　零件表面的磨损曲线

磨损阶段。这一阶段零件的耐磨性最好,持续的时间也较长。最后,由于波峰被磨平,表面粗糙度值变得非常小,不利于润滑油的存储,接触表面之间的分子亲和力增大,甚至发生分子黏合,使摩擦阻力增大,从而进入磨损的第三阶段,即快速磨损阶段,此时零件将会失效。

表面粗糙度对摩擦副的初期磨损影响很大,但也不是表面粗糙度值越小,耐磨性就越好。图 3-4 所示为表面粗糙度对初期磨损量影响的实验曲线。从图 3-4 中可知,在一定的工作条件下,摩擦副通常存在一个最佳的表面粗糙度值,最佳表面粗糙度值为 $0.32\sim$ $1.25\ \mu m$,过大或过小的粗糙度均会引起工件工作时的严重磨损。

表面纹理方向对耐磨性也有影响,这是因为它能影响金属表面的实际接触面积和润滑油的存留情况。轻载时,两表面的纹理方向与相对运动方向一致时,磨损最小;当两表面的纹理方向与相对运动方向垂直时,磨损最大。在重载情况下,由于压强、分子亲和力和润滑油的储存等因素的变化,其规律与上述有所不同。

表层的加工硬化,一般能提高耐磨性的 0.5~1 倍。这是因为加工硬化提高了表层的强度,减少了表面进一步塑性变形和咬焊的可能。但过度的加工硬化会使金属组织疏松,甚至出现疲劳裂纹和产生剥落现象,从而使耐磨性下降。如图 3-5 所示,表层冷硬程度与耐磨性的关系存在一个最佳的硬化程度,可使零件的耐磨性为最好。

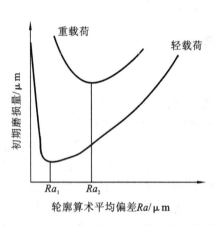

图 3-4　表面粗糙度与初期磨损量的关系

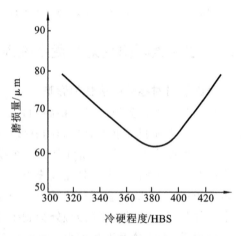

图 3-5　表层冷硬程度与耐磨性的关系

表层金相组织变化也会改变零件材料的原有硬度,影响其耐磨性。但适度的残余压应力一般可使结构紧密,有助于提高零件材料的耐磨性。

2. 表面质量对零件疲劳强度的影响

零件的疲劳破坏主要是在交变载荷作用下,在内部有缺陷或应力集中处产生疲劳裂纹而引起的。零件表面粗糙度、划痕、裂纹等缺陷最容易形成应力集中。因此,对重要零件如连杆、曲轴等的表面,应进行光整加工,减小表面粗糙度值,提高其疲劳强度。

表面残余应力对疲劳强度的影响极大。由于疲劳破坏从表面开始,由拉应力产生的疲劳裂纹引起,因此,表层如果具有残余压应力,能延缓疲劳裂纹的产生和扩展,提高零件的疲劳强度。

表层的加工硬化对疲劳强度也有影响。适当的加工硬化可使表层金属强化,阻碍裂纹的产生和扩大,有助于提高疲劳强度。但加工硬化程度过大,会使表面脆性增加,反而易产生脆性裂纹,降低疲劳强度,因此加工硬化程度应控制在一定范围内。

3. 表面质量对零件耐腐蚀性的影响

零件的耐腐蚀性在很大程度上取决于表面粗糙度。表面粗糙度值越大,越容易积聚腐蚀性物质;波谷越深,渗透与腐蚀作用也越强烈。表面残余应力对零件耐腐蚀性也有较大影响。残余压应力使零件表面紧密,腐蚀性物质不易进入,可增强零件的耐腐蚀性,而残余拉应力则降低耐腐蚀性。

4. 表面质量对配合性质的影响

对间隙配合而言,表面粗糙度值太大,会使配合表面很快磨损而增大配合间隙,改变配合性质,降低配合精度。对过盈配合而言,装配时配合表面的波峰被挤平,减小了实际的过盈量,影响配合的可靠性。因此,对有配合要求的表面应采用较小的表面粗糙度值。

表面残余应力会引起零件变形,使零件形状和尺寸发生变化,因此对配合性质也有一定的影响。

3.2　影响表面粗糙度的工艺因素及其改进措施

影响加工表面粗糙度的工艺因素主要有几何因素、物理因素、工艺因素和工艺系统的振动等方面。不同的加工方法影响加工表面粗糙度的主要因素各不相同。

3.2.1　切削加工表面粗糙度

1. 几何因素

切削加工表面粗糙度主要取决于切削残留面积的高度。影响切削残留面积高度的几何因素主要包括刀尖圆弧半径 r_ε、主偏角 κ_r、副偏角 κ'_r 及进给量 f 等。

图 3-6 所示为车削时残留面积高度的计算示意图。图 3-6(a)所示为用尖刃口车削的情况,切削残留面积的高度 H 为

$$H = \frac{f}{\cot \kappa_r + \cot \kappa'_r} \tag{3-1}$$

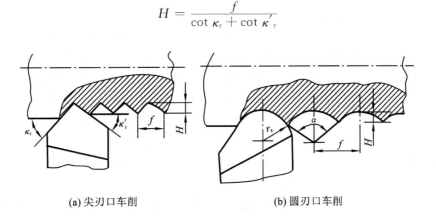

(a) 尖刃口车削　　　　　　　　(b) 圆刃口车削

图 3-6　车削时残留面积高度的计算示意图

图 3-6(b)所示为用圆刃口车削的情况,切削残留面积的高度 H 为

$$H = r_\varepsilon\left(1 - \cos\frac{\alpha}{2}\right) = 2r_\varepsilon\sin^2\frac{\alpha}{2} \qquad (3\text{-}2)$$

当中心角较小时,可用 $\frac{1}{2}\sin\frac{\alpha}{2}$ 代替 $\sin\frac{\alpha}{4}$,且 $\sin\frac{\alpha}{2} = \frac{f}{2r_\varepsilon}$,整理得

$$H \approx 2r_\varepsilon\left(\frac{f}{4r_\varepsilon}\right)^2 = \frac{f^2}{8r_\varepsilon} \qquad (3\text{-}3)$$

从式(3-1)和式(3-3)可知,进给量 f 和刀尖圆弧半径 r_ε 对切削加工表面粗糙度的影响比较明显。切削加工时,选择较小的进给量 f 和较大的刀尖圆弧半径 r_ε 将会使表面粗糙度得到改善。

对于铣削、钻削等加工,也可按几何关系导出类似的关系式,找出影响表面粗糙度的几何要素。对于铰孔加工来说,则与用宽刃车刀精车加工一样,刀具的进给量对表面粗糙度的影响不大。

为减小或消除几何因素对加工表面粗糙度的影响,应选用合理的刀具几何角度、减小进给量和选用具有直线过渡刀刃的刀具。

2. 物理因素(工艺因素)

切削加工后表面的实际轮廓往往与纯几何因素所形成的理想轮廓有较大差别,这是因为在加工过程中还有塑性变形等物理因素的影响。这些物理因素的影响一般比较复杂,它与加工表面形成过程有关。

对塑性材料而言,在一定的切削速度下,刀面上会产生枳屑瘤,这些枳屑瘤将代替刀刃进行切削,从而改变刀具的几何角度、切削厚度。切屑在前刀面上的摩擦和冷焊作用,会使切屑周期性停留,代替刀具推挤切削层,造成切削层和工件间出现撕裂现象,形成鳞刺。而且积屑瘤和切屑的停留周期都是不稳定的,显然会增加表面粗糙度值。

1)切削用量的影响

(1)进给量 f 的影响。在粗加工和半精加工中,当 $f > 0.15$ mm/r 时,对 Rz 值的影响很大,符合前述的几何因素的影响关系。当 $f < 0.15$ mm/r 时,则 f 的进一步减小就不能引起 Rz 值明显降低。当 $f < 0.02$ mm/r 时,就不再使 Rz 值降低,这时加工表面粗糙度主要取决于被加工表面的金属塑性变形程度。

(2)切削速度 v 的影响。加工塑性材料时,切削速度对表面粗糙度影响较大。切削速度越高,切削过程中切屑和加工表层的塑性变形程度越轻,加工后表面粗糙度值也就越低。

图 3-7 所示为加工塑性材料时切削速度对表面粗糙度的影响。当切削速度 v 处于 $20 \sim 50$ m/min 时,表面粗糙度值最大,因为此时常容易出现积屑瘤,使加工表面质量严重恶化;当切削速度 v 超过 100 m/min 时,表面粗糙度值下降,并趋于稳定。在实际切削时,选择低速、宽刃的韧精切和高速精切,往往可以得到较小的表面粗糙度值。

加工脆性材料时,切削速度对表面粗糙度的影响不大。一般来说,切削脆性材料比切削塑性材料容易达到表面粗糙度的要求。

由此可见,用较高的切削速度既可提高生产率又能降低表面粗糙度值。所以,提高切削速度一直是提高工艺水平的重要方向。发展新刀具材料和采用先进刀具结构,是提高切削速度的重要措施。

(3)背吃刀量 a_p 的影响。背吃刀量 a_p 对加工表面粗糙度的影响不明显,但当 a_p 小到

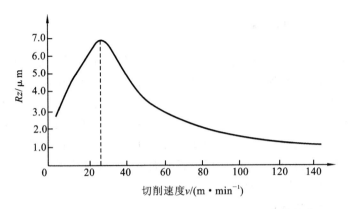

图 3-7　加工塑性材料时切削速度对表面粗糙度的影响

一定数值时,由于刀刃不可能刃磨得绝对尖锐,而是具有一定的刃口半径 r_e,这时正常切削量不能维持,常出现挤压、打滑和周期性地切入加工表面等现象,从而使表面粗糙度值增加。为降低加工表面粗糙度值,应根据刀具刃口刃磨的锋利情况选取相应的背吃刀量。

2)工件材料性能的影响

工件材料的韧性和塑性变形倾向越大,切削加工后的表面粗糙度值越大。如低碳钢工件,加工后的表面粗糙度值就低于中碳钢工件。由于黑色金属材料中的铁素体的韧性好,塑性变形大,若能将铁素体-珠光体组织转变为索氏体或屈氏体-马氏体组织,就可降低加工后的表面粗糙度值。

一般来说,工件材料金相组织的晶粒越均匀、晶粒越细,加工时越能获得较低的表面粗糙度值。为此,常在精加工前对工件进行正火或回火处理后再加工,能使加工表面粗糙度值明显降低。同时,还可以得到均匀细密的晶粒组织和较高的硬度。

3)刀具材料的影响

不同的刀具材料,由于化学成分不同,在加工时,其前后刀面硬度及表面粗糙度的保持性,刀具材料与被加工材料金属分子的亲和程度,以及刀具前后刀面与切屑及加工表面间的摩擦系数等均有所不同。实验证明,在相同的切削条件下,用硬质合金刀具加工所获得的表面粗糙度值要比用高速钢刀具加工所获得的表面粗糙度值大。

3. 工艺系统振动

工艺系统的低频振动,一般在工件的已加工表面上产生表面波度,而工艺系统的高频振动将对已加工表面的粗糙度产生影响。为降低加工表面的粗糙度值,就必须采取相应措施以防止加工过程中高频振动的产生。

必须指出,影响加工表面粗糙度的几何因素和物理因素,究竟以哪个因素为主,这要根据具体情况具体分析。一般而言,对脆性金属材料的加工是以几何因素为主,而对塑性金属材料的加工,特别是韧性大的材料则是以物理因素为主。此外,还要考虑具体的加工方法和加工条件,如对切削截面很小和切削速度很高的高速精镗加工,其加工表面的粗糙度主要是由几何因素引起的。对切削截面宽而厚度薄的铰孔加工,由于刀刃很直很长,切削加工时从几何因素分析不应产生任何表面粗糙度,因此主要是物理因素引起的。

3.2.2 磨削加工表面粗糙度

工件表面的磨削加工,是由砂轮表面上几何角度不同且不规则分布的砂粒进行的。由于砂轮外圆表面上每个砂粒所处位置的高低、切削刃口方向和切削角度的不同,在磨削过程中将产生滑擦、刻画或切削作用。在滑擦作用下,被加工表面只有弹性变形,根本不产生切屑;在刻画作用下,砂粒在工件表面上刻画出一条沟痕,工件材料被挤向两旁产生隆起,此时虽产生塑性变形但仍没有切屑产生;只是在多次刻画作用下才会因疲劳而断裂和脱落;只有在产生切削作用时,才能形成正常的切屑。磨削加工表面粗糙度的形成,也与加工过程中的几何因素、物理因素和工艺系统振动等有关。

1.几何因素及砂轮的选择

几何因素主要指与砂轮有关的因素,即砂轮的粒度、硬度及对砂轮的修整。加工表面是由砂轮上大量的磨粒刻画出无数条刻痕形成的,单位面积上刻痕越多即通过单位面积上的磨粒数越多,且刻痕深度均匀,则表面粗糙度值越小。也就是说,砂轮磨料的粒度越细,则砂轮单位面积上的磨粒数越多,粒度号越大,磨削表面的刻痕越细,表面粗糙度值越小。

砂轮粒度对加工表面粗糙度的影响,如图 3-8 所示,粒度号越大,加工表面粗糙度值越低。但粒度号过大,粒度过细,砂轮易被磨屑堵塞,反而会在加工表面产生波纹,若导热情况不良,易引起烧伤现象。为此,一般磨削采用的砂轮粒度号都不超过 80 号,常用的是 46 号和 60 号。

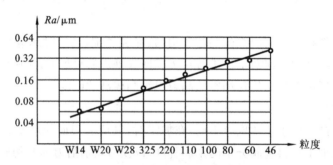

图 3-8 砂轮粒度与表面粗糙度的关系

砂轮的硬度是指磨粒在磨削力作用下从砂轮上脱落的难易程度。砂轮太硬,磨粒磨损后还不能脱落,使工件表面受到强烈的摩擦和挤压,增加了塑性变形,表面粗糙度值增大,同时也容易引起烧伤;砂轮太软,磨粒易脱落,磨削作用减弱,也会增大表面粗糙度值,所以要选合适的砂轮硬度,通常选用中软砂轮。

砂轮的组织是指磨粒、结合剂和气孔的比例关系。紧密组织中磨粒所占比例大、气孔小,在成型磨削和精密磨削时,能获得高精度和较小的表面粗糙度值。疏松组织的砂轮不易堵塞,适用于磨削软金属、非金属软材料和热敏性材料,如磁钢、不锈钢、耐热钢等,可获得较小的表面粗糙度值。一般情况下,应选用中等组织的砂轮。

砂轮材料的选择也很重要。合理选择砂轮材料,可获得满意的表面粗糙度。氧化物(刚玉)砂轮适于磨削钢类零件;碳化物(碳化硅、碳化硼)砂轮适于磨削铸铁、硬质合金等材料;用高硬度材料(人造金刚石、立方氮化硼)砂轮磨削可获得极小的表面粗糙度值。

砂轮的修整质量与所用工具、修整砂轮的纵向进给量等有密切关系。砂轮的修整是用金刚石修整器,除去砂轮外层已钝化的磨粒,使磨粒切削刃锋利。另外,修整砂轮的纵向进给量越小,修出的砂轮上的切削微刃越多,等高性越好。一般砂轮是普通的氧化铝砂轮,关键是对砂轮工作表面的精细修整。对砂轮修整的要求是修整深度为 0.005 mm 以下,修整时的纵向进给量为砂轮每转 0.02 mm 以下。

在精密磨削加工的最后几次行程中,总是采用极小的磨削深度。实际上这种极小的磨削深度不是靠磨头进给获得,而是靠工艺系统在前几次进给行程中,磨削力作用下的弹性变形逐渐恢复实现的。这种行程常称为空行程或无进给磨削。精密磨削的最后阶段,一般均应进行这样的几次空行程,以便获得较低的表面粗糙度值。

2. 物理因素的影响

物理因素主要指金属表层的塑性变形、磨削用量等。

(1)金属表层的塑性变形的影响。砂轮表面的磨粒大多具有很大的负前角,很不锋利,大多数磨粒在磨削时只是对表面产生挤压作用而使表面出现塑性变形,磨削时的高温更加剧了塑性变形,增大了表面粗糙度值。

砂轮的磨削速度远比一般切削加工的速度高得多,且磨粒大多为负前角,磨削比压大,磨削区温度很高,工件表面温度有时可达 900℃,工件表面金属容易产生相变而烧伤。因此,磨削过程的塑性变形要比一般切削过程大得多。塑性变形使被磨表面的几何形状与单纯根据几何因素所得到的原始形状大不相同。在力因素和热因素的综合作用下,被磨工件表面金属的晶粒在横向上被拉长了,有时还产生细微的裂口和局部的金属堆积现象。影响磨削表层金属塑性变形的因素,往往是影响表面粗糙度的决定性因素。

(2)磨削用量的影响。如图 3-9 所示,采用 GD60ZR2A 砂轮磨削 30CrMnSiA 材料工件时,磨削用量对表面粗糙度的影响曲线。

砂轮速度 v_s 越高,工件材料来不及变形,表层金属的塑性变形减小,磨削的表面粗糙度值将明显减小,如图 3-9(a)所示。工件速度 v_w 增加,塑性变形增加,表面粗糙度值将增大,如图 3-9(b)所示,工件速度对表面粗糙度的影响刚好与砂轮速度的影响相反。

背吃刀量对表层金属塑性变形的影响很大。增大背吃刀量,塑性变形将随之增大,被磨的表面粗糙度值会增大,如图 3-9(c)、(d)所示。

总之,砂轮速度 v_s 越高,工件速度 v_w 越低,砂轮相对工件的进给量 f 越小,则加工后的表面粗糙度值越小。但砂轮易堵塞,使表面粗糙度值增大,同时还易引起烧伤。此时,只能采用很小的磨削深度(背吃刀量 $a_p = 0.0025$ mm 以下),还需很长的空行程。

砂轮磨削时温度高,热作用占主导地位,因此切削液的作用十分重要。采用切削液可以降低磨削区温度,减少烧伤,还可冲去脱落的砂粒和切屑,以免划伤工件,从而降低表面粗糙度值。但必须选择适当的冷却方法和切削液。

3. 加工时的振动

对于外圆磨床、内圆磨床和平面磨床,其机床砂轮的主轴精度、进给系统的精度和平稳性、整个机床的刚度和抗振性等,都和表面粗糙度有密切关系。对磨削表面粗糙度来说,振动是主要影响因素。振动产生的原因很多,对于这一点将在本章3.4节进行讲述。

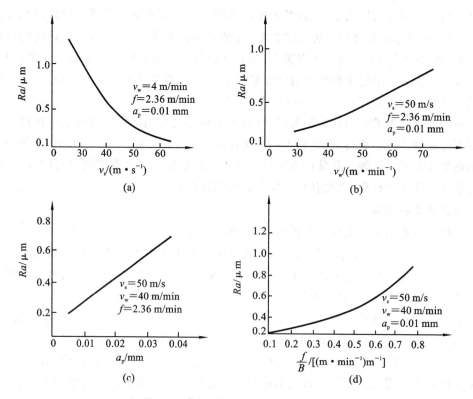

图 3-9　磨削用量对表面粗糙度的影响

3.2.3　提高表面质量的加工方法

如何减小加工表面的表面粗糙度值,除了从上述几个方面考虑采取措施外,还可采用如研磨、珩磨、超精加工、抛光等加工方法。这些加工方法的特点是没有与磨削深度相对应的用量参数,一般只规定加工时的压强;加工时所用的工具由加工面本身导向而相对于工件的定位基准没有确定的位置,所使用的机床也不需要具有非常精确的成型运动。所以这些加工方法的主要作用是降低表面粗糙度值,而加工精度则主要由前道工序保证。采用这些方法加工时,其加工余量都不可能太大,一般只是前道工序公差的几分之一。因此,这些加工方法均被称为零件表面的光整加工技术。

1. 超精加工

用细粒度的磨条为磨具,并将其以一定的压力压在工件表面上。这种加工方法可以加工轴类零件,也能加工平面、锥面、孔和球面。

(1)加工原理。如图 3-10 所示,当加工外圆时,有三种运动:工件的旋转运动、磨具的轴向进给运动和磨条的低频往复运动。这三种运动使磨粒在工件表面上形成不重复的复杂轨迹(相互交叉的波纹曲线)。

(2)超精研的切削过程。超精加工的切削过程与磨削不同,一般可划分为四个阶段。

超精加工时,虽然磨条的磨粒细、压力小和工件与磨条之间易形成润滑油膜,但在开始研磨时,由于工件表面粗糙,少数凸峰上的压强很大,破坏了油膜,故切削作用强烈,这一阶

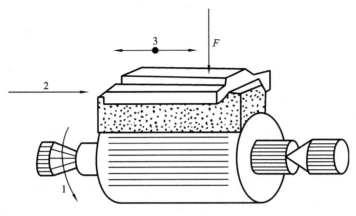

图 3-10　超精加工外圆

1—工件的旋转运动;2—磨具的轴向进给运动;3—磨条的低频往复运动

段为强烈切削阶段;当少数凸峰被研磨平之后,接触面积增加,单位面积上的压力下降,致使切削作用减弱而进入正常切削阶段;随着接触面积的增大,单位面积上的压力更低,切削作用微弱,且细小的切屑形成氧化物而嵌入磨条的空隙中,从而使磨条产生光滑表面,对工件表面进行抛光,从而进入微弱切削阶段;最后,工件表面被磨平,单位面积上的压力极低,磨条与工件之间又形成油膜,不再接触,切削自动停止,此为自动停止切削阶段。整个加工过程所需的时间很短,一般在 30 s 左右,生产率较高。

2. 研磨

研磨是用研磨工具和研磨剂从工件上研去一层极薄表层的精加工方法,可以达到很高的尺寸精度和形状精度,表面粗糙度值可达 $0.04 \sim 0.4 \ \mu m$,多用于精密偶件(如发动机的气门与气门座)、精密量规和精密量块等的最终加工。

(1)研磨加工的基本原理。研具和工件在一定压力下作复杂的相对运动,使介于工件与硬质研具间极细粒度的磨粒以复杂的轨迹滚动或滑动,对工件表面起切削、刮擦和挤压作用或机械化学作用,从而去除微小加工余量。

(2)研具。制造研磨工具的材料应软硬适当,一般选用比工件材料软且组织均匀的材料,常用的是铸铁。铸铁研具适用于加工各种材料的工件,能保证较好的研磨质量和较高的生产率,且制造容易,成本较低,适用于精研加工。铜、铝等软金属研具较铸铁研具更容易嵌入较大的磨料,适用于切除较大余量的粗研加工。

(3)研磨剂。研磨剂是由磨料和油脂混合起来的一种混合剂。碳化硅(SiC)及氧化铝(Al_2O_3)是一般常用的两种磨料;而金刚石粉(C)及碳化硼(B_4C)用于硬质合金的研磨加工;氧化铬(Cr_2O_3)和氧化铁(Fe_2O_3)是极细的磨料,主要用于表面质量要求高的表面研磨加工。研磨加工中,研磨液(油脂)对加工表面粗糙度和生产率的影响也是不可忽视的,研磨液不仅要起调和磨料和润滑冷却的作用,而且还要起化学作用,以加速研磨过程。目前,常用做研磨液的油脂主要有变压器油、凡士林油、锭子油、油酸和葵花子油等。

(4)研磨参数。研磨参数有磨料粒度、研磨速度、研磨余量和研磨压强。磨料的粒度一般要根据所要求的表面粗糙度来选择,粒度越细,则加工后的表面粗糙度值越低。粗研时,为了提高生产率,用较粗的粒度,如 W28～W40;精研时,则用较细的粒度,如 W5～W28;镜面研磨时,则用更细的粒度,如 W1～W3.5,甚至还用 W0.5。

研磨时的切削速度较低,一般都小于 0.5 m/s,精密研磨时的切削速度则应小于 0.16 m/s。

为了提高生产效率和保证研磨质量,研磨余量应尽量小,一般手工研磨不大于 10 μm,而机械研磨也得小于 15 μm。

采用手工研磨时,主要靠操作者的感觉确定研磨压强;采用机械研磨时,可用 0.01～0.03 MPa;若分粗、精研磨,则粗研磨时用 0.1～0.3 MPa,精研磨时用 0.01～0.1 MPa。

3.珩磨

珩磨的加工原理与超精加工相似。运动方式一般为工件静止,珩磨头相对于工件既作旋转又作往复运动。珩磨是最常用的孔光整加工方法,也可以加工外圆、齿形表面。

珩磨条一般较长,多根磨条与孔表面接触面积较大,加工效率较高。珩磨头本身制造精度较高,珩磨时,多根磨条的径向切削力彼此平衡,加工时刚度较好。因此,珩磨对尺寸精度和形状精度也有较好的修正效果。加工精度可以达到 IT5～IT6 级精度,表面粗糙度值为 0.01～0.16 μm,孔的椭圆度和锥度修正到 3～5 μm 以内。珩磨头与机床浮动连接,故不能提高位置精度。

4.抛光

当被加工表面要求较高的表面质量,而对形状精度没有严格要求时,就不能用硬的研具而只能选用软的研具进行抛光加工。抛光与研磨并没有本质上的区别,抛光是在毡轮、布轮、皮带轮等软研具上涂抛光膏,利用抛光膏的机械作用和化学作用,去掉工件表面粗糙的峰顶,使表面达到光泽镜面的加工方法。

抛光磨料可用氧化铬、氧化铁等,也可用按一定化学成分配合制成的抛光膏。

机械抛光常用于去掉前道工序所留下来的痕迹,可对平面、外圆、沟槽等进行抛光。例如钻头排屑沟的抛光加工及各种手轮、手柄等镀铬前的抛光加工。抛光加工可提高工件的表面疲劳强度。

液体抛光是将含磨料的磨削液经喷嘴用 6～8 个大气压高速喷向已加工表面,磨料颗粒就能将原来已加工过工件表面上的凸峰击平,而得到极光滑的表面。

液体抛光之所以能降低加工表面粗糙度,主要是由于磨料颗粒对表面微观凸峰高频(200 万次/秒～2500 万次/秒)和高压冲击的结果;液体抛光的生产率极高,表面粗糙度值可达 0.1～0.8 μm,并且不受工件形状的限制,故可对某些其他光整加工方法无法加工的部位(如内燃机进油管内壁)进行抛光加工。

液体抛光是一种高效的、先进的工艺方法,此外还有电解抛光、化学抛光等方法。

3.3 表层物理性能、力学性能及其改善措施

由于受到切削力和切削热的作用,表层金属的物理性能、力学性能会产生很大的变化,最主要的变化是表层金属显微硬度的变化、金相组织的变化和在表层金属中产生残余应力。

3.3.1 加工表层的冷作硬化

1. 概述

机械加工过程中产生的塑性变形,使晶格扭曲、畸变,晶粒间产生滑移,晶粒被拉长,这些都会使表层金属的硬度增加,这种现象称为冷作硬化或强化。表层金属冷作硬化的结果,会增大金属变形的阻力,降低金属的塑性,金属的物理性质(如密度、导电性、导热性等)也会发生变化。

金属冷作硬化的结果,使金属处于高能位不稳定状态,只要一有条件,金属的冷硬结构就会本能地向比较稳定的结构转化,这些现象统称为弱化。机械加工过程中产生的切削热,将使金属在塑性变形中产生的冷硬现象得到恢复。

由于金属在机械加工过程中同时受到力因素和热因素的作用,机械加工后表层金属的最后性质取决于强化和弱化两个过程的综合结果。

评定冷作硬化的指标有三项:①表层金属的显微硬度 HV;②硬化层深度 $h(\mu m)$;③硬化程度 $N(\%)$。

$$N = \frac{HV - HV_0}{HV_0}$$

式中:HV_0 为工件内部金属原来的硬度。

表 3-1 列出了用各种机械加工方法(采用一般切削用量)加工钢件时,加工表面冷硬层深度和冷硬程度的部分数据。

表 3-1　用各种机械加工方法加工钢件时的表层冷作硬化情况

加 工 方 法	硬化深度 $h/\mu m$		硬化程度 $N/(\%)$		加 工 方 法	硬化深度 $h/\mu m$		硬化程度 $N/(\%)$	
	平均值	最大值	平均值	最大值		平均值	最大值	平均值	最大值
车削	30~50	200	20~50	100	滚齿、插齿	120~150	—	60~100	—
精细车削	20~60	—	40~80	120	外圆磨低碳钢	30~60	—	60~100	150
端铣	40~100	200	40~60	100	外圆磨未淬硬的中碳钢	30~60	—	40~60	160
圆周铣	40~80	110	20~40	80	外圆磨淬火钢	20~40	—	25~30	—
钻孔、扩孔	180~200	250	60~70	—	平面磨	16~25	—	50	
拉孔	20~75	—	50~100	—	研磨	3~7	—	12~17	—

2. 影响切削加工表层冷作硬化的因素

1)切削用量的影响

切削用量中以进给量和切削速度的影响为最大,背吃刀量对表层金属冷作硬化的影响不大。图 3-11 所示为切削 45 钢时,进给量和切削速度对冷作硬化的影响。由图 3-11 可知,加大进给量时,表层金属的显微硬度将随之增加。这是因为随着进给量的增大,切削力也增大,表层金属的塑性变形加剧的缘故。但是,这种情况只是在进给量比较大时才是正确的;如果进给量很小,比如切削厚度小于 0.06 mm 时,若继续减小进给量,则表层金属的冷硬程度不仅不会减小,反而会增大。

增大切削速度,刀具与工件的作用时间减少,使塑性变形的扩展深度减小,因而冷硬层深度减小;但增大切削速度,切削热在工件表层上的作用时间也缩短了,将使冷硬程度增加。在图 3-11 和图 3-12 所示的加工条件下,增大切削速度,都出现了冷硬程度随之增大的情况。但在某些加工条件下,切削速度对冷硬的影响规律却与此相反。例如,车削 Q235A 钢在切削速度为 14 m/min 时,冷硬层深度达到 100 μm;而切削速度提高到 208 m/min 时,冷硬层深度才达到 38 μm,冷硬程度也显著降低。切削速度对冷硬程度的影响是力因素和热因素综合作用的结果。

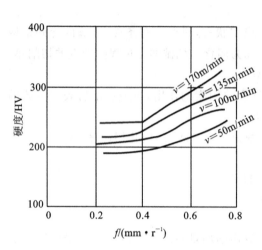

图 3-11　进给量对冷作硬化的影响　　图 3-12　切削层厚度对冷作硬化的影响

2)刀具几何形状的影响

切削刃钝圆半径的大小对切屑形成过程有决定性的影响。实验证明,已加工表面的显微硬度随着切削刃钝圆半径的增大而明显增大。因为切削刃钝圆半径增大,径向切削分力也将随之增大,表层金属的塑性变形程度加剧,导致表层冷硬增大。

刀具磨损对表层金属的冷硬影响很大。如图 3-13 所示,车削 50 钢在切削速度为 490 m/min 时,刀具后刀面磨损宽度从 0 增大到 0.2 mm,表层金属的显微硬度由 220HV 增大到 340HV,这是由于磨损宽度加大之后,刀具后刀面与被加工工件的摩擦加剧,塑性变形

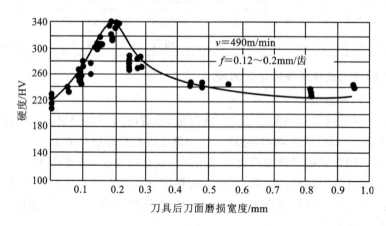

图 3-13　后刀面磨损宽度对冷硬的影响

增大,导致表层冷硬增大,但磨损宽度继续加大,摩擦热将急剧增大,弱化趋势明显增大,表层金属的显微硬度逐渐下降,直至稳定在某一水平上。

3)加工材料性能的影响

工件材料的塑性越大,冷硬倾向越大,冷硬程度也越严重。碳钢中含碳量越大,强度越高,其塑性就越小,因而冷硬程度就越小。有色合金金属的熔点低,容易弱化,冷作硬化现象比钢材轻得多。

3. 影响磨削加工表面冷作硬化的因素

1)工件材料性能的影响

分析工件材料对磨削表面冷作硬化的影响,可以从材料的塑性和导热性两个方面考虑。如磨削高碳工具钢 T8,加工表面冷硬程度平均可达 $60\% \sim 65\%$,个别可达 100%;而磨削纯铁时,加工表面冷硬程度可达 $75\% \sim 80\%$,有时可达 $140\% \sim 150\%$。其原因是纯铁的塑性好,磨削时的塑性变形大,强化倾向大;此外,纯铁的导热性比高碳工具钢高,热量不容易集中于表层,弱化倾向小。

2)磨削用量的影响

图 3-14 所示为磨削高碳工具钢 T8 的实验曲线。从图 3-14 中的曲线可以看出,加大背吃刀量,磨削力随之增大,磨削过程的塑性变形加剧,表面冷硬倾向增大。加大纵向进给速度,每颗磨粒的切屑厚度随之增大,磨削力加大,冷硬增大。但纵向进给速度过大,有时又会使磨削区产生较大的热量而使冷硬减弱。加工表面的冷硬状况要综合考虑磨削力和磨削热两种因素的相互影响。

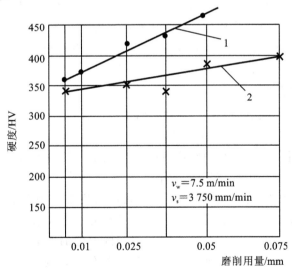

图 3-14　磨削深度对冷硬的影响

1—普通磨削;2—高速磨削

提高工件转速,会缩短砂轮对工件的作用时间,使软化倾向减弱,因而表层的冷硬增大。

提高磨削速度,每颗磨粒切除的切削厚度变小,减弱了塑性变形程度;磨削区的温度增高,弱化倾向增大。高速磨削时,加工表面的冷硬程度总比普通磨削时低。

3)砂轮粒度的影响

砂轮的粒度越大,每颗磨粒的载荷越小,冷硬程度也越小。

3.3.2　表层金相组织变化与磨削烧伤

1.机械加工表面金相组织的变化

机械加工过程中,在工件的加工区及其邻近的区域,温度会急剧升高,当温度升高到超过工件材料金相组织变化的临界点时,就会发生金相组织变化。对于一般的切削加工方法倒不至于严重到如此程度,但磨削加工不仅磨削压力特别大,且磨削速度也特别高,切除单位体积金属的功率消耗远大于其他加工方法,而加工所消耗能量的绝大部分都要转化为热量,这些热量中的大部分(约80%)将传给被加工表面,使工件表面具有很高的温度。对于已淬火的钢件,很高的磨削温度往往会使表层金属的金相组织产生变化,使表层的金属硬度下降,从而使工件表面呈现氧化膜颜色,这种现象称为磨削烧伤。磨削加工是一种典型的容易产生加工表面金相组织变化的加工方法,在磨削加工中若出现磨削烧伤现象,将会严重影响零件的使用性能。

磨削淬火钢时,在工件表面形成的瞬时高温将使表层金属产生以下三种金相组织的变化。

(1)如果磨削区的温度未超过淬火钢的相变温度(碳钢的相变温度为720℃),但已超过马氏体的转变温度(中碳钢为300℃),工件表面金属的马氏体将转化为硬度较低的回火组织(索氏体或托氏体),这称为回火烧伤。

(2)如果磨削区温度超过了相变温度,再加上冷却液的急冷作用,表层金属会出现二次淬火马氏体组织,硬度比原来的回火马氏体高;在它的下层,因冷却较慢,出现了硬度比原来的回火马氏体低的回火组织(索氏体或托氏体),这称为淬火烧伤。

(3)如果磨削区温度超过了相变温度,而磨削过程又没有冷却液,表层金属将产生退火组织,表层金属的硬度将急剧下降,这称为退火烧伤。

2.减少磨削烧伤的工艺途径

磨削热是造成磨削烧伤的根源,因而改善磨削烧伤有两条途径:一是尽量减少磨削热的产生;二是改善冷却条件,尽量使产生的热量少传入工件。

(1)正确选择砂轮。硬度太高的砂轮,砂粒钝化之后不易脱落,容易产生烧伤,因此选择较软的砂轮比较好。选择具有一定弹性的结合剂(如橡胶结合剂、树脂结合剂),也有助于避免烧伤现象的产生。此外,为了减少砂轮与工件之间的摩擦热,在砂轮的孔隙内浸入石蜡之类的润滑物质,对降低磨削区的温度、防止工件烧伤也有一定效果。

(2)合理选择磨削用量。磨削背吃刀量 a_p 对磨削温度的影响极大,从减少烧伤的角度考虑,a_p 的取值不宜过大。增大横向进给量,对减少烧伤有好处。为了减少烧伤,宜选用较大的横向进给量。增大工件的回转速度,磨削表面的温度会升高,但其增长速度与磨削背吃刀量 a_p 对其的影响相比小得多;且工件的回转速度越大,热量越不容易传入工件内层,具有减小烧伤层深度的作用。增大工件的回转速度,当然会使表面粗糙度增大,为了弥补这一缺陷,可以相应提高砂轮速度,实践证明,同时提高砂轮速度和工件回转速度可以避免产生烧伤。

从减少烧伤而同时又能有较高的生产率考虑,在选择磨削用量时,应选用较大的工件回转速度和较小的磨削背吃刀量。

(3)改善冷却条件。磨削时磨削液若能直接进入磨削区,对磨削区进行充分冷却,将有相当一部分的热量被带走,能有效地防止烧伤现象的产生。目前通用的冷却方法,由于高速旋转的砂轮表面上会产生强大的气流层,实际上没有多少磨削液能够真正进入磨削区,冷却效果较差,常常是将磨削液大量地喷注在已经离开磨削区的工件表面上。

比较有效的冷却方法是增大磨削液的压力和流量并采用特殊喷嘴,如图 3-15 所示。这样可加强冷却作用,能使磨削液顺利地喷注到磨削区。图 3-16 所示的内冷却装置也是一种较为有效的冷却方法。其工作原理是,经过严格过滤的冷却液通过中空主轴法兰套引入砂轮的中心腔内,由于离心力的作用,这些冷却液就会通过砂轮内部的孔隙向砂轮四周的边缘洒出,因此冷却水就有可能直接进入磨削区。

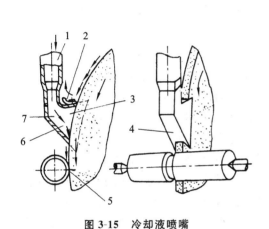

图 3-15　冷却液喷嘴

1—液流导管;2—可调气流导板;3—空腔区;

4—喷嘴罩;5—磨削区;6—排液区;7—液嘴

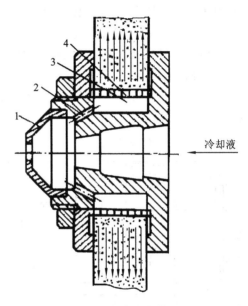

图 3-16　内冷却装置

1—锥形盖;2—通道孔;

3—砂轮中心腔;4—有径向小孔的薄壁套

在砂轮的圆周上开一些横槽,能使砂轮将冷却液带入磨削区,对防止工件烧伤十分有效。常用的开槽砂轮有均匀等距开槽和变距开槽两种形式。采用开槽砂轮,能将冷却液直接带入磨削区,可有效改善冷却条件。

3.3.3　表层金属的残余应力

在机械加工过程中,表层金属组织会发生形状变化、体积变化或金相组织变化。外部载荷去除后,在工件表层与基体材料的交界处产生相互平衡的应力称为表面残余应力。

1. 表层金属产生残余应力的原因

表层金属产生残余应力的原因如下。

(1)冷态塑性变形引起的残余应力。机械加工时,在工件表面的金属层内产生塑性变形,使表层金属的比容增大。由于塑性变形只在表层金属中产生,而表层金属的比容增大和体积膨胀,不可避免地要受到与它相连的里层金属的阻碍,这样就在表层金属内产生了压缩残余应力,而在里层金属中产生拉伸残余应力。当刀具从被加工表面上切除金属时,表层金属的纤维被拉长,刀具后刀面与已加工表面的摩擦又加大了这种拉伸作用;刀具离开之后,拉伸弹性变形将逐渐恢复,而拉伸塑性变形则不能恢复,表层金属的伸长变形受到里层金属的阻碍,因此就在表层金属中产生了压缩残余应力,而在里层金属中产生拉伸残余应力。

(2)热态塑性变形引起的残余应力。工件已加工表面在切削热作用下产生热膨胀,此时金属基体温度较低,因此表层产生热压应力。当切削过程结束时,表层温度下降。由于表层已产生的热塑性变形要收缩并受到基体的限制,故而产生拉伸残余应力。磨削温度越高,热塑性变形越大,拉伸残余应力也越大,有时甚至会产生裂纹。

(3)金相组织变化引起的残余应力。切削时产生的高温会引起表层金相组织变化,不同的金相组织有不同的密度,马氏体密度 $\rho_M = 7.75$ g/cm^3,奥氏体密度 $\rho_A = 7.96$ g/cm^3,珠光体密度 $\rho_P = 7.78$ g/cm^3,铁素体密度 $\rho_F = 7.88$ g/cm^3。以磨削淬火钢为例,淬火钢原来的组织是马氏体,磨削加工后,表层可能回火,马氏体变为接近珠光体的屈氏体或索氏体,使其密度增大而体积减小,产生拉伸残余应力。如果表面温度超过相变温度,冷却又充分,则表层将因急冷而形成淬火马氏体,密度减小,体积膨胀,产生压缩残余应力,而里层金属则产生拉伸残余应力。

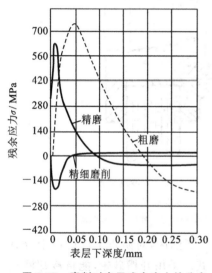

图 3-17 磨削时表层残余应力的分布

2. 影响表层残余应力及磨削裂纹的因素

由前述可知,机械加工后表层的残余应力是由冷态塑性变形、热态塑性变形和金相组织变化这三方面原因引起的综合结果。在一定条件下,其中某一种或两种原因可能会起主导作用。

磨削用量是影响磨削裂纹的首要因素。图 3-17 所示为三类磨削条件下产生的表层残余应力的情况。精细磨削(轻磨削)时,产生浅而小的压缩残余应力,因为这时温度影响很小,也没有金相组织变化,主要是冷态塑性变形的影响起作用;精磨(中等磨削)时,表面产生极浅的拉伸残余应力,这是因为热塑性变形起了主导作用的结果;粗磨(重磨削)时,表面产生极浅的压缩残余应力,接着就是较深且较大的拉伸残余应力,这说明表面产生了一薄层二次淬火层,下层是回火组织。

其次,磨削裂纹的产生与工件材料及热处理规范有很大关系。磨削碳钢时,碳的质量分数越高,就越容易产生裂纹。当碳的质量分数小于 0.6% 时,几乎不产生裂纹。淬火钢晶界脆弱,渗碳、渗氮钢受温度影响,易在晶界面上析出脆性碳化物和氮化物,故磨削时易产生裂纹。

3.3.4 改善表层物理机械性能的加工方法

1. 零件破坏形式和最终工序的选择

零件表层金属的残余应力将直接影响机器零件的使用性能。一般来说,零件表面残余应力的数值及性质主要取决于零件最终工序加工方法的选择;而零件最终工序加工方法的选择,须考虑零件的具体工作条件及零件可能产生的破坏形式。

(1)疲劳破坏。在交变载荷的作用下,起初在机器零件表面上局部产生微观裂纹,继而在拉应力作用下使原生裂纹扩大,最后导致零件失效。从提高零件抵抗疲劳破坏的角度考虑,最终工序应选能用在加工表面产生残余压应力的加工方法。

(2)滑动磨损。两个零件作相对滑动,滑动面逐渐磨损。滑动磨损机理既有滑动摩擦的机械作用,又有物理、化学方面的综合作用,如黏结磨损、扩散磨损、化学磨损。滑动摩擦工作应力分布图如图 3-18(a)所示,当表层的压缩工作应力超过材料的许用应力时,将使表层金属磨损。从提高零件抵抗滑动摩擦引起的磨损考虑,最终工序应选择能在加工表面上产生拉伸残余应力的加工方法。从抵抗黏结磨损、扩散磨损、化学磨损的角度考虑,对残余应力的性质无特殊要求时,应尽量减小表面残余应力值。

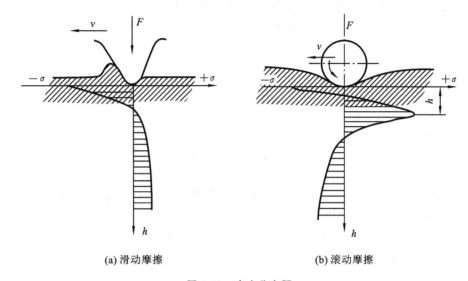

图 3-18　应力分布图

(3)滚动磨损。两个零件作相对滚动,滚动面将逐渐磨损。滚动磨损主要来自滚动摩擦的机械作用和来自物理、化学方面的综合作用。如图 3-18(b)所示,引起滚动磨损的决定性因素是表层下深 h 处的最大拉伸应力。从提高零件抵抗滚动摩擦引起的磨损考虑,最终工序应选择能在表层下深 h 处产生压应力的加工方法。

各种加工方法在工件表面残留的内应力情况如表 3-2 所示。表 3-2 可作为选择最终工序的加工方法时参考。

表 3-2　各种加工方法在工件表面上残留的内应力

加 工 方 法	残余应力符合	残余应力值 σ/MPa	残余应力层深度 h/mm
车削	一般情况下,表层受拉,里层受压;$v_c = 500$ m/min 时,表层受压,里层受拉	$200 \sim 800$,刀具磨损后达 1 000	一般情况下,h 为 0.05~0.10;当用大负前角($\gamma = -30°$)车刀,v_c 很大时,h 可达 0.65
磨削	一般情况下,表层受压,里层受拉	$200 \sim 1 000$	0.05~0.30
铣削	同车削	$600 \sim 1 500$	—
碳钢淬硬	表层受压,里层受拉	$400 \sim 750$	—
钢珠滚压钢件	表层受压,里层受拉	$700 \sim 800$	—
喷丸强化钢件	表层受压,里层受拉	$1 000 \sim 1 200$	—

续表

加工方法	残余应力符合	残余应力值 σ/MPa	残余应力层深度 h/mm
渗碳淬火	表层受压,里层受拉	1 000~1 100	—
镀铬	表层受拉,里层受压	400	—
镀钢	表层受拉,里层受压	200	—

2. 表面强化工艺

由前述可知,表面质量尤其是表层的物理性能和力学性能,对零件的使用性能及寿命影响很大,如果最终工序不能保证零件表面获得预期的表面质量要求,则可在工艺过程中增设表面强化工艺。表面强化工艺是指通过冷压加工方法使表层金属发生冷态塑性变形,以降低表面粗糙度值,提高表面硬度,消除拉伸残余应力并产生压缩残余应力。这些方法的工艺简单、成本低廉,在生产中应用十分广泛。用得最多的是喷丸强化和滚压加工,也有采用液体磨料强化等加工方法。

1)喷丸强化

喷丸强化是利用压缩空气或离心力将大量的珠丸以高速打击被加工零件表面,使表面产生冷硬层和压缩残余应力,可以显著提高零件的疲劳强度。珠丸可以是铸铁或砂石,钢丸更好。珠丸直径一般为 0.4~4 mm,对于尺寸较小、表面粗糙度值要求较小的工件,采用较小的珠丸。喷丸所用的设备是压缩空气喷丸装置或机械离心式喷丸装置,这些装置使珠丸能以 35~50 m/s 的速度喷出。

喷丸强化主要用于强化形状复杂或不宜用其他方法强化的工件,如板弹簧、螺旋弹簧、连杆、曲轴、齿轮、焊缝等。零件经喷丸强化后,硬化层深度可达 0.7 mm,表面粗糙度 Ra 值可由 3.2 μm 减小到 0.4 μm,使用寿命可提高几倍到几十倍。

2)滚压加工

滚压加工是利用淬硬的滚压工具(滚轮或滚珠)在常温下对工件表面施加压力,使其产生塑性变形,工件表面上原有的波峰填充到相邻的波谷中,以减小表面粗糙度值,并使表面产生冷硬层和压缩残余应力,从而提高零件的承载能力和疲劳强度。

滚压加工可使表面粗糙度 Ra 值从 5~12.5 μm 减小到 0.16~0.63 μm,表层硬度一般可提高 20%~40%,表层金属的耐疲劳强度可提高 30%~50%。

滚压可以加工外圆、孔、平面及成型表面,通常在卧式车床、转塔车床或自动车床上进行。图 3-19 所示为弹性外圆滚压工具,工具上的弹簧主要用于控制压力的大小。当滚压孔

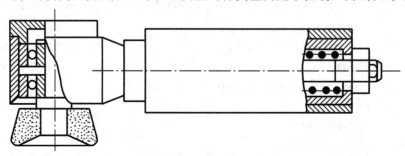

图 3-19 弹性外圆滚压工具

时,为了提高强化效果,可以采用双排滚珠滚压工具,如图 3-20 所示,第一排滚珠直径较小,作为粗加工用,第二排滚珠直径较大,作为精加工用。图 3-21 所示为典型的几种滚柱滚压加工。

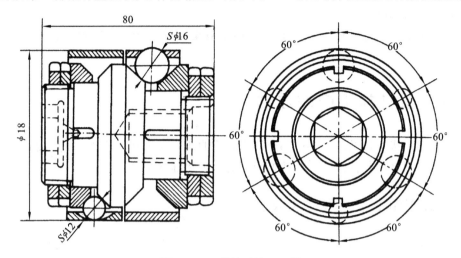

图 3-20 双排滚珠滚压工具

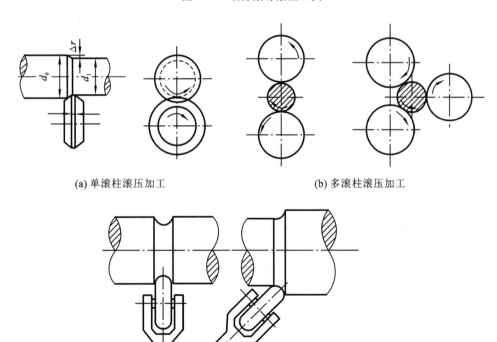

(a) 单滚柱滚压加工　　　　　　　　　(b) 多滚柱滚压加工

(c) 槽和凸肩滚压加工

图 3-21 典型的滚柱滚压加工

d_0—滚压前工件直径;d_1—滚压后工件直径;Δr—剩余变形量

3)液体磨料强化

液体磨料强化是利用液体和磨料的混合物强化工件表面的方法。液体和磨料在 400～800 kPa(4～8 个大气压)下,经过喷嘴高速喷出,射向工件表面,借磨粒的冲击作用,磨平工件表面的表面粗糙度波峰并碾压金属表面。由于磨粒的冲击和微量切削作用,使工件表面产生几十微米的塑性变形层。加工后的工件表层具有压缩残余应力,提高了工件的耐磨性、抗腐蚀性和疲劳强度。

液体磨料强化工艺最宜于加工复杂型面,如锻模、汽轮机叶片、螺旋桨、仪表零件和切削刀具等。

3.4 机械加工中的振动

机械振动是指机械系统的某些部分沿直线或曲线并经过其平衡位置的往复运动。机械振动的本质是惯性能与弹性能相互转换引起的一种物理现象。

3.4.1 机械加工中的振动现象

任何一个工艺系统都有运动质量、弹性变形,在实际工作环境中也必然会有抑制运动的阻尼存在。系统发生振动需要一定的激振力,在有阻尼条件下维持振动需要一定的能量。研究机械振动的根本方法,就是以质量、弹性、阻尼为系统的基本参数,分析激振力与振动幅值和相位的关系,以及振动不衰减、系统不稳定的能量界限,并确认抑制振动使系统稳定的工艺措施。

1. 机械振动的类型

从支持振动的激振力来分,可将机械振动分为自由振动、强迫振动和自激振动三大类。

(1)自由振动。由于偶然的干扰力引起的振动称为自由振动。在切削过程中,如外界传来的或机床传动系统中产生的非周期性冲击力,加工材料局部硬点等引起的冲击力都会引起自由振动。系统的自由振动只靠弹性恢复力维持,在阻尼作用下振动会很快衰减,因此自由振动对加工的影响不大。

(2)强迫振动。强迫振动是指由外界周期性干扰力所支持的不衰减振动。支持系统振动的激振力由外界维持。系统振动的频率由激振力频率决定。

外界干扰可以指工艺系统以外,如从地基传来的周期性干扰力,也可以指工艺系统内部,如机床各种部件的旋转不平衡、磨削花键轴时形成的周期性断续切削等,但都是指振动系统以外的因素。

(3)自激振动。自激振动是在外界偶然因素激励下产生的振动,但维持振动的能量来自振动系统本身,并与切削过程密切相关。这种在切削过程中产生的自激振动也称为颤振。切削停止后,振动就会消失,维持振动的激振力也会消失。有多种解释自激振动的理论,一般都或多或少地能从某些方面说明自激振动的机理,但都不能给出全面的解释。

工艺系统的振动大部分是强迫振动和自激振动。一般认为,在精密切削和磨削时工艺系统的振动主要是强迫振动,而在一般切削条件下,特别是切削宽度很大时,还会出现自激振动。

现代机械加工要求极高的精度和表面质量,即使是微小的振动,也会使加工无法达到预定的质量要求。因此,研究各类振动的原因,掌握其发生、发展的规律及抑制措施,具有重要的现实意义。

2. 振动对机械加工的影响

机械加工过程中产生的振动对加工质量和生产率有很大的影响,是一种十分有害的现象,其主要表现如下。

(1)影响零件的表面质量。振动破坏了工艺系统的各种成型运动,使工件与刀具的相对位置发生周期性的改变,因而振动频率低时产生表面波度,振动频率高时将增大表面粗糙度值。

(2)影响生产率。为了避免发生振动或减小振动,有时不得不降低切削用量,从而限制和影响生产率的提高。

(3)影响机床、夹具和刀具寿命。振动使刀具受到附加动载荷,加速刀具磨损,有时甚至发生崩刃;同时,振动使机床、夹具等零件的连接部分松动,从而增大间隙,降低刚度和精度,缩短其使用寿命。

(4)振动噪声污染工作环境。由于高频振动会发出刺耳的尖叫声,造成噪声污染,危害操作者的身心健康。

对切削机理进行研究会得到这样的观点,即在切削过程中,切屑不是根据刀尖与工件间的静力学关系形成的,而是由连续地产生与一次冲击破坏机理相类似的动力学关系而形成的。因此,机械振动也有可利用的一面。如在振动切削、磨削、研抛中,合理利用机械振动可减小切削过程中的切削力和切削热,从而提高加工精度,减小表面粗糙度值,延长刀具寿命。本节主要讨论机械加工过程中强迫振动和自激振动的规律。

3.4.2　强迫振动

由来自振动系统以外的激振力产生和维持的振动即为强迫振动。实际生产中出现的激振力的变化规律比较复杂,一般都将其简化处理为简谐激振力来分析。

1. 强迫振动产生的原因

机械加工中的强迫振动是由于机床外部和内部振源的激振力所引发的振动。

(1)系统外部的周期性激振力。如机床附近有振动源——某台机床或机器的振动,通过地基传给正在进行加工的机床,激起工艺系统振动。

(2)高速回转零件的质量不平衡引起的振动。如砂轮、传动轴、电动机转子、带轮、联轴器等旋转件不平衡产生离心力而引起的强迫振动。

(3)传动机构的缺陷和往复运动部件的惯性力引起的振动。如齿轮因周节误差、周节累积误差等而回转不均匀,啮合时的冲击,带传动中的带厚不均匀或接头不良,滚动轴承滚动体的误差,液压系统中的液压冲击现象以及往复运动部件换向时的惯性力等,都会引起强迫振动。

(4)切削过程的间歇性。有些加工方法,如铣削、拉削、滚齿、带键槽的外圆切削等,由于切削的不连续,导致切削力的周期性变化而引起的强迫振动。

(5)工件加工余量、刚度、硬度等方面的变化。如椭圆形毛坯引起的加工余量周期性变化;切削塑性材料时,切屑形成、分离的周期性变化,也会引起切削力的变动,从而引起振动。

2. 强迫振动的数学描述及特性

确定振动系统在任意瞬时的位置所需的独立坐标数目,称为自由度。实际的机械加工工艺系统都是很复杂的,从动力学的观点来看,其结构都是一些具有分布质量和分布弹性、自由度为无穷多个的振动系统。通常将实际系统简化为具有有限个自由度的振动系统来处理,最简单的就是单自由度系统。将系统简化为多少个自由度,不仅取决于系统本身的结构特性,而且还取决于所研究振动问题的性质、要求的精度和实际振动状况。

图 3-22(a)所示为内圆磨削示意图。在加工过程中,磨头受周期性变化的干扰力而产生振动,由于磨头系统的刚度远比工件的刚度低,故可把磨削系统简化为一个单自由度系统。为此,把磨头简化为一个等效质量 m,把质量 m 支承在刚度系数为 k 的等效弹簧上,系统中存在的阻尼相当于和等效弹簧并联一个等效黏性阻尼系数 c,作用在质量 m 上的交变力假设为服从简谐规律的简谐激振力,这样就可以简化为典型的单自由度系统动力学模型,如图 3-22(b)所示。从理论上讲,质量 m 和刚度系数 k 是振动系统得以成立所必不可少的,黏性阻尼系数 c 和外界激振力 F 可有可无。实际系统中,黏性阻尼系数 c 总是存在的,因此如果没有激振力维持,振动必然会衰减。

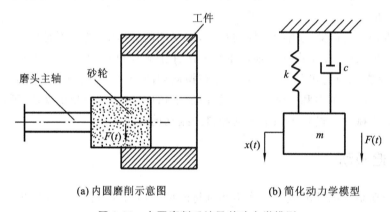

(a) 内圆磨削示意图　　　(b) 简化动力学模型

图 3-22　内圆磨削系统及其动力学模型

不考虑作用在物体上的重力时,单自由度系统的振动方程可以表达为

$$m \frac{\mathrm{d}^2}{\mathrm{d}t^2}x(t) + c\frac{\mathrm{d}}{\mathrm{d}t}x(t) + kx(t) = F_0 \sin \omega t \tag{3-4}$$

式中:m 为惯性质量;c 为黏性阻尼系数;k 为弹簧的刚度系数;$F_0 \sin \omega t$ 为简谐激振力,其方向与位移方向一致,其中,F_0 为激振力的幅值,ω 为激振力的角频率。

已知系统固有频率 $\omega_n = \sqrt{\dfrac{k}{m}}$,阻尼比 $\zeta = \dfrac{c}{2\sqrt{mk}}$,静位移 $A_0 = \dfrac{F_0}{k}$,则式(3-4)可改写为

$$\ddot{x}(t) + 2\zeta\omega_n\dot{x}(t) + \omega_n^2 x(t) = A_0 \omega_n^2 \sin\omega t \tag{3-5}$$

式(3-5)是一个二阶常系数线性非齐次微分方程。根据微分方程理论,当系统为小阻尼时,它的解由对应的齐次方程的通解和非齐次方程的一个特解组成,即方程的全解为

$$x(t) = A_1 e^{-\zeta\omega_n t}\sin(\omega_d t + \varphi) + A\sin(\omega t - \varphi) \tag{3-6}$$

式(3-6)中,等式右边第一项表示具有黏性阻尼的自由振动,即式(3-5)的通解,其中 $\omega_d = \omega_n\sqrt{1-\zeta^2}$,称为有阻尼系统固有角频率,如图 3-23(a)所示;第二项表示有阻尼的强迫振动,即式(3-5)的特解,如图 3-23(b)所示;两者叠加的振动过程如图 3-23(c)所示。经过一段时间后,自由振动很快就衰减掉了,而强迫振动则持续下去,形成振动的稳态过程,即

$$x(t) = A\sin(\omega t - \varphi) \tag{3-7}$$

式中：A 为强迫振动的振幅；φ 为强迫振动的位移与激振力在时间上滞后的相位差。

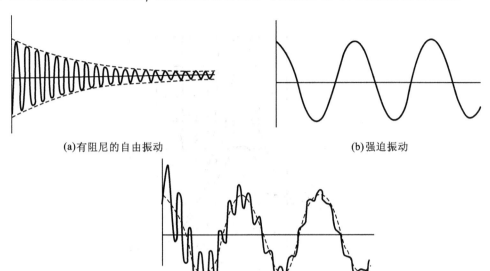

(a)有阻尼的自由振动　　　　　　　　　(b)强迫振动

(c)总振动

图 3-23　二阶系统振动过程

求出式(3-7)的一阶、二阶导数，并代入式(3-5)，化简可求得 A 和 φ，即

$$A(\omega) = \frac{A_0 \omega_n^2}{\sqrt{(\omega_n^2 - \omega^2)^2 + (2\zeta\omega_n\omega)^2}} \tag{3-8}$$

$$\tan\varphi = \frac{2\zeta\omega_n\omega}{\omega_n^2 - \omega^2} \tag{3-9}$$

式(3-8)、式(3-9)分别表示了系统的幅频特性和相频特性。

设 $\lambda = \omega/\omega_n$，$\lambda$ 为激振频率与系统固有频率之比，称为频率比。则式(3-8)、式(3-9)可改写为

$$A(\omega) = \frac{A_0}{\sqrt{(1 - \lambda^2)^2 + (2\zeta\lambda)^2}} \tag{3-10}$$

$$\tan\varphi = \frac{2\zeta\lambda}{1 - \lambda^2} \tag{3-11}$$

由此可见，强迫振动的特性如下。

(1)强迫振动是由周期性激振力引起的，不会被阻尼衰减掉，振动本身也不能使激振力发生变化。

(2)强迫振动的振动频率与外界激振力的频率相同，而与系统的固有频率无关。这是强迫振动的最本质的特征。

(3)强迫振动的幅值既与激振力的幅值有关，又与工艺系统的动态特性有关。以频率比 $\lambda = \omega/\omega_n$ 为横坐标，以动态放大系数 $\eta = A/A_0$（强迫振动的振幅与系统静位移的比值）为纵坐标，以阻尼比 ζ 为参变量，作出强迫振动的幅频特性曲线，如图 3-24 所示。

(1)当激振力的频率很低，$\omega = 0$ 或频率比 $\lambda = \omega/\omega_n \ll 1$ 时，动态放大系数 $\eta \approx 1$，此时的振

幅相当于把激振力作为静载荷加在系统上,使系统产生静位移。这种现象发生在频率比为 $0<\lambda<0.7$ 的范围内,故称此范围为准静态区。显然,在该区内增加系统的静刚度即可减少振动。

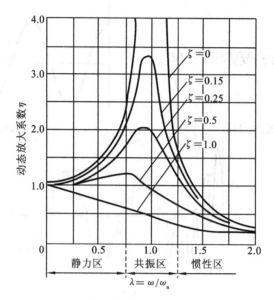

图 3-24　幅频特性曲线

(2)当激振频率增大时,频率比 λ 也逐渐增大,振幅迅速增大。当 λ 接近或等于 1 时,振幅急剧增加,这种现象称为共振,故将范围在 $0.7<\lambda<1.3$ 的区域称为共振区。工程上常把系统的固有频率定为共振频率,而把固有频率前后 $20\%\sim30\%$ 的区域作为禁区以免发生共振。改变系统固有频率、改变激振力的频率、提高阻尼比、增加静刚度等,均有消振的作用。

(3)当激振频率增大到频率比 $\lambda\gg1$ 时,动态放大系数 η 趋近于 0,振幅迅速下降,振动甚至会消失。这表明振动系统的惯性跟不上快速变化的激振力,这个区域称为惯性区,其范围为 $\lambda>1.3$。在惯性区内,阻尼的影响大大减小,系统的振幅小于静位移,并且可用增加系统的质量来提高系统的抗振性。

(4)动刚度的概念。当系统在周期性动载荷作用下,交变力的幅值与振幅(动态位移)之比即 $k_d=F/A$ 定义为系统的动刚度。动刚度的倒数定义为动柔度。当激振频率 $\omega=0$(即 $A=0$)时,动载荷变为静载荷,且 $k_d=k$,系统产生静位移 A_0;当 $\omega=\omega_n$ 共振时,k_d 出现最小值。在相同频率比 λ 的条件下,随着阻尼比 ζ 的增大,系统的动刚度 k_d 会增大,则系统的抗振性会增强。

3. 强迫振动的诊断方法

从强迫振动的产生原因和特征可知,强迫振动的频率与外界干扰力的频率相同或者是它的整倍数。强迫振动与外界干扰力在频率方面的对应关系是诊断机械加工振动是否属于强迫振动的主要依据。可以采用频率分析方法,对实际加工中的振动频率成分,逐一进行诊断与判别。强迫振动的诊断方法和诊断步骤如下。

(1)采集现场加工振动信号。在加工部位振动敏感方向,用传感器(如加速度计、力传感器等)拾取机械加工过程的振动响应信号,经放大和 A/D 转换后输入计算机。

（2）频谱分析处理。对所拾得的振动响应信号作自功率谱密度函数处理，自谱图上各峰值点的频率即为机械加工的振动频率。自谱图上较为明显的峰值点有多少个，机械加工系统中的振动频率就有多少个；在位移谱上谱峰值最大的振动频率成分就是机械加工系统的主振频率成分。

（3）做环境试验、查找机外振源。在机床处于完全停止的状态下，拾取振动信号进行频谱分析。此时所得到的振动频率成分均为机外干扰力源的频率成分。然后将这些频率成分与机床加工时的振动频率成分进行对比，如两者完全相同，则可判定机械加工中产生的振动属于强迫振动，且干扰力源在机外环境中。如现场加工的主振频率成分与机外干扰力频率不一致，则需继续进行空运转试验。

（4）做空运转试验，查找机内振源。机床按加工现场所用运动参数进行运转，但不对工件进行加工。采用相同的办法拾取振动信号进行频谱分析，确定干扰力源的频率成分，并与机床加工时的振动频率成分进行对比。除已查明的机外干扰力源的频率成分之外，如两者完全相同，则可判定现场加工中产生的振动属于受迫振动，且干扰力源在机床内部。如两者不完全相同，则可判断在现场加工的所有振动频率中，除去强迫振动的频率成分外，其余频率成分有可能是自激振动。

（5）查找干扰力源。如果干扰力源在机床内部，还应查找其具体位置。可采用分别单独驱动机床各运动部件，进行空运转试验，查找振源的具体位置。但有些机床无法做到这一点，比如车床除可单独驱动电动机外，其余运动部件一般无法单独驱动，此时需要对所有可能成为振源的运动部件，根据运动参数（如传动系统中各轴的转速、齿轮齿数等）计算频率，并与机内振源的频率相对照，以确定机内振源位置。

4. 抑制强迫振动的途径

控制或消减振动的途径主要有以下三个方面：①消除或减弱产生机械振动的条件；②改善工艺系统的动态特性，提高工艺系统的稳定性；③采用各种消振、减振装置。具体来说可采用下列一些措施。

（1）抑制激振力的峰值。由式（3-10）可知，振动的振幅与激振力的峰值成正比，故减小激振力峰值可直接减小振动。例如，消除工艺系统中回转件的不平衡，特别是消除高速回转部件的不平衡，方法是对回转件进行动、静平衡试验。在外圆磨削特别是精密、高速磨削时，砂轮主轴部件的平衡就十分重要。轴承的精度及其装配、调整质量常常对减小强迫振动有较大影响。

（2）隔振。将振源隔离，减轻振源对振动的影响是减小振动危害的一种重要途径。

对同一机床系统，为了防止液压驱动引起的振动，可以将液压站和机床分离。在精密磨床上最好用叶片泵或螺旋泵，不用有脉动的齿轮泵。对于机床、设备之间，例如为防止刨床、冲床类有往复惯性冲击的设备的振动影响邻近设备的正常工作，需要通过设计防振地基等措施来防止振动传出（称为积极隔振）；对于精密设备，要用弹性装置来防止外界振源的传入（称为消极隔振）。这两种隔振装置的共同点是将要隔离的设备安装在合适的隔振材料上，使大部分振动能量被隔振装置吸收。

（3）提高工艺系统的刚度和阻尼。提高工艺系统刚度的方法在前面已讲述，这里不再重复。增大机床结构的阻尼，例如可以用内阻尼较大的材料，或者采用薄壁封砂结构，即将型砂、泥芯封闭在床身空腔内。在某些场合下，牺牲一些接触刚度，如在接触面间垫以塑料、橡皮等物质,增加接合处的阻尼,可以提高系统的抗振性。

(4)采用减振器、阻尼器。当使用上述各种方法仍然达不到加工质量要求时,应考虑采用减振器、阻尼器。

3.4.3 自激振动

切削加工时,在没有周期性外力作用的情况下,有时刀具与工件之间也可能产生强烈的相对振动,并在工件的加工表面上残留下明显的、有规律的振纹。这种由振动系统本身产生的交变力激发和维持的振动称为自激振动,通常也称为颤振。颤振是影响加工表面质量的主要因素。

1. 自激振动产生的条件和特性

在实际切削过程中,工艺系统受到干扰力作用产生自由振动后,必然会引起刀具和工件相对位置的变化,这一变化若又引起切削力的波动,则会使工艺系统产生振动,因此通常将自激振动看成是由振动系统(工艺系统)和调节系统(切削过程)两个环节组成的一个闭环系统。如图 3-25 所示,自激振动系统是一个闭环反馈自控系统,调节系统把持续工作用的能源能量转变为交变力对振动系统进行激振,振动系统的振动又控制切削过程产生激振力,以反馈作用进入振动系统。

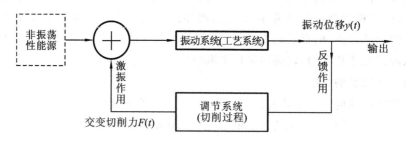

图 3-25 自激振动系统的组成

由此可见,自激振动不同于强迫振动,它具有下列一些特性。

(1)自激振动的频率等于或接近系统的固有频率,即由系统本身的参数所决定。

(2)自激振动是由外部激振力的偶然触发而产生的一种不衰减运动,但维持振动所需的交变力是由振动过程本身产生的,在切削过程中,停止切削运动,交变力也会随之消失,自激振动也就停止。

(3)自激振动能否产生和维持取决于每个振动周期内输入和消耗的能量。自激振动系统维持稳定振动的条件是:在一个振动周期内,从输入到系统的能量等于系统阻尼所消耗的能量。如果吸收能量大于消耗能量,则振动会不断加强;如果吸收能量小于消耗能量,则振动将不断衰减而被抑制。

2. 自激振动的机理

一个切削过程受到外界一个瞬时扰动后,并不是一定会发展为自激振动,因为形成振动还要取决于许多条件的配合。至今对于切削过程自激振动的机理已有不少研究成果,提出了各种不同的解释自激振动机理的学说,根据这些学说提出的自激振动抑制措施也可以收到效果,但目前还没有一种能阐明在各种情况下产生自激振动的理论。

由于振动能量的补偿是自激振动得以维持的最基本、最必要的物理条件,故分析、解释自激振动的各种学说的核心内容都是分析系统从何处得到维持振动所需的能量,即都从交变切削力的来源、规律开始分析。

1)再生自激振动原理

在切削或磨削加工中,一般进给量不大,刀具的副偏角较小,当工件转过一圈开始切削下一圈时,刀刃会与已切过的上一圈表面接触,即产生重叠切削。图 3-26 所示为外圆磨削示意图,设砂轮宽度为 B,工件每转进给量为 f,工件相邻两转磨削区之间重叠区的重叠系数为 μ,$\mu=(B-f)/B$。切断时,$\mu=1$;车螺纹时,$\mu=0$;大多数情况下,$0<\mu<1$。重叠系数越大,越容易产生自振。

当系统阻尼比 ζ 较小时,有阻尼系统固有频率 ω_d 就接近于系统的无阻尼固有频率 ω_n。当工件转至下一圈,切削到重叠部分的振纹时,切削

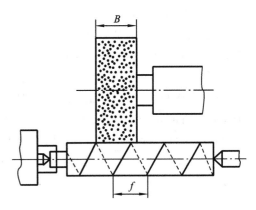

图 3-26　外圆磨削示意图

厚度会发生变化,从而引起切削力的周期性变化。这种频率接近于系统固有频率的动态切削力,在一定条件下便会反过来对振动系统做功,补充系统因阻尼损耗的能量,促使系统进一步发展为持续的切削颤振状态。这种振纹和动态切削力的相互影响作用称为振纹的再生效应。由再生效应导致的切削颤振称为再生切削颤振。从再生效应到再生颤振的过程,可以简化为如图 3-27 所示的单自由度振动模型。

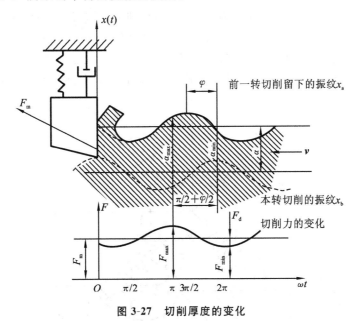

图 3-27　切削厚度的变化

重叠切削是再生颤振发生的必要条件,但并不是充分条件。在实际加工过程中,重叠切削极为常见,并不一定会产生自激振动。相反,如果系统是稳定的,非但不产生振动,还可以将前一转留下的振纹切除掉。

除系统本身的参数外,再生颤振的另一个必要条件是前、后两次波纹的相位关系,即图 3-27 所示的前、后两次振纹的相位差 φ。一个振动系统受到偶然扰动后,其振动幅值会出现衰减、增强和等幅三种状态,其中等幅状态称为稳定的颤振状态。在这种状态下,可以认为动态切削力也是稳定的,符合简谐规律。

2)振型耦合型自激振动原理

实际振动系统都是多自由度系统。为了简便起见,将工艺系统的振动限制于平面振动运动。此时仅有 y、z 两个自由度,即可用在两个不同方向作相同频率振动的振动系统来表示。图 3-28 表示的是切削时的一个二自由度振动系统。设切削前工件的表面是完全光滑的,即不考虑再生效应,主振系统是刀架等系统,其等效质量为 m,由刚度系数为 k_1、k_2 的两个相互垂直的弹簧支持着。弹簧轴线 x_1 为小刚度主轴,x_2 为大刚度主轴,并表示振动的两个自由度方向。如果切削过程中因偶然干扰使刀架系统产生角频率为 ω 的振动运动,则刀架将沿 x_1、x_2 两个刚度主轴同时振动,在图 3-28 给定的参考坐标系的 y 和 z 两个方向上,其运动方程为

$$\begin{cases} y = A_y \sin \omega t \\ z = A_z \sin (\omega t + \varphi) \end{cases} \tag{3-12}$$

式中:A_y 为 y 向振动的振幅;A_z 为 z 向振动的振幅;φ 为 z 向振动相对于 y 向振动在主振频率 ω 上的相位差。

由于振动系统是二自由度振动系统,刀尖的振动轨迹是一个椭圆形的封闭曲线,相位差 φ 值不同,振动系统将有不同的振动轨迹。对图 3-28 中所示的椭圆形振动轨迹作两条与切削力 $F(t)$ 相垂直的切线,切点分别为 A 和 C。当刀尖振动轨迹相对工件是沿椭圆曲线的顺时针方向行进的,则在刀具从 A 经 B 到 C 运动时,切削力方向与运动方向相反,这表明此时振动系统对外界做功,振动系统要消耗能量;当刀尖相对工件沿 CDA 运动时,切削力方向与运动方向相同,这表明此时外界对振动系统做功,振动系统吸收能量;由于刀尖沿 CDA 运动时,刀具的平均切削厚度大于刀尖沿 ABC 运动时的平均切削厚度,故振动系统在每一

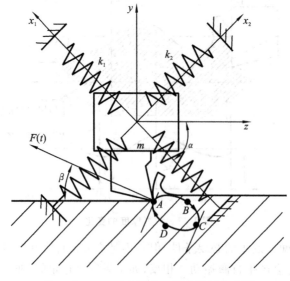

图 3-28 振型耦合型自激振动原理示意图

个振动周期中,切削力对系统做的正功大于负功,有多余能量输入到系统中去,满足产生自激振动的条件,系统将引起自激振动。这种由于振动系统在各个主振模态间互相耦合、互相关联而产生的自激振动,称为振型耦合型自激振动。

事实上,机械加工中引起自激振动的原因很多,某一自激振动的形成可能是多种效应综合作用的结果。因此,应采用系统方法分析加工过程中的振动。

3. 控制和减小自激振动的主要措施

当切削过程中出现振动影响加工质量时,首先应判别振动是属于强迫振动还是自激振动。强迫振动是由外界激振力引起的,其频率等于外界激振力的频率,除了切削冲击引起的强迫振动外,一般与切削过程没有关系。因此,只要能找出在切削过程以外的振源,即可判定是强迫振动,否则就认为是自激振动。

为控制和抑制加工过程中的自激振动,一般可采取以下一些措施。

1)减少或消除产生自激振动的条件

(1)尽量减小重叠系数 μ。重叠系数 μ 直接影响再生效应的大小。重叠系数值取决于加工方式、刀具的几何形状和切削用量等。图 3-29 列出了各种不同加工方式的 μ 值:图 3-29(a)所示为车螺纹,$\mu=0$,工艺系统不会有再生型自激振动产生;图 3-29(b)所示为切断加工,$\mu=1$,再生效应最大;图 3-29(c)所示为用主偏角为 90°的车刀车外圆的情况,此时 $\mu=0$,工艺系统不会有再生型自激振动发生;图 3-29(d)所示为一般外圆纵向车削,$\mu=0\sim1$,此时应通过改变切削用量和刀具几何形状,使 μ 尽量减小,以利于提高机床切削的稳定性。

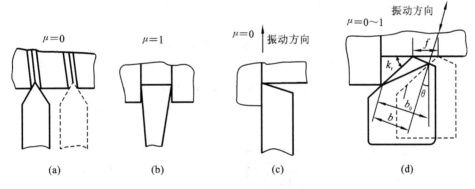

图 3-29　不同车削方式下的重叠系数

(2)尽量增加切削阻尼。适当减小刀具的后角,可以加大工件与刀具后刀面之间的摩擦阻尼,对提高切削稳定性是有利的。但后角不宜过小,否则会引起负摩擦型自激振动。取后角角为 2°～3°较为适当,必要时还可以在后刀面上磨出带有负后角的消振棱,如图 3-30 所示。

在切削塑性金属时,应避免使用 30～70 m/min 的切削速度,以防止产生由于切削力的下降特性而引起的负摩擦型自激振动。

(3)考虑振型耦合的影响,合理布置主切削力和小刚度主轴的位置。如图 3-31(a)所示,尾座结构小刚度主轴 x_1 刚好落在切削力 F 与 y 轴的夹角 β 范围内,容易产生振型耦合型自激振动。图 3-31(b)所示的尾座结构较好。小刚度主轴 x_1 落在切削力 F 与 y 轴的夹角 β 范围之外。除改进机床结构设计之外,合理安排刀具与工件的相对位置即调整主切削力的方向,也可以有效地减小自激振动。

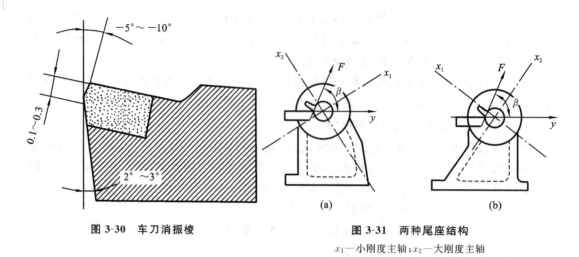

图 3-30　车刀消振棱

图 3-31　两种尾座结构

x_1—小刚度主轴；x_2—大刚度主轴

2)提高工艺系统的刚度,从而提高系统的抗振性和稳定性

(1)提高机床结构系统的动刚度。对于提高机床结构系统的动刚度,主要是准确地找出机床的薄弱环节,而后采取一定的措施来提高系统的抗振性。例如,薄弱环节的动刚度和固有频率很大程度上受连接面接触刚度和接触阻尼的影响,故往往可以用刮研连接面、增强连接面接触刚度等方法来提高结构系统的抗振性。

(2)提高刀具和工件夹持系统的动刚度。工件和刀具夹持系统的刚度对切削稳定性有很大影响。例如,在车床上用死顶尖比活顶尖要好。活顶尖中轴承结构形式不同,也会对切削稳定性产生影响。

(3)增大工艺系统的阻尼。工艺系统的阻尼主要来自零部件材料的内阻尼、结合面上的摩擦阻尼以及其他附加阻尼等。由材料的内摩擦产生的阻尼称为材料的内阻尼,不同材料的内阻尼不同。由于铸铁比钢的内阻尼大,故机床上的床身、立柱等大型支承件均用铸铁制造。除了选用内阻尼较大的材料制造零件外,还可把高阻尼材料附加到零件上去,如图3-32所示。

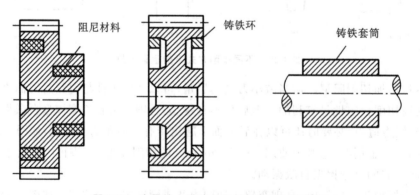

图 3-32　在零件上灌注阻尼材料和压入阻尼环

其次是增加摩擦阻尼,机床阻尼大多数来自零部件结合面间的摩擦阻尼,有时它可占总阻尼的90%。对于机床的活动结合面,应注意间隙调整,必要时施加预紧力增大摩擦。对于固定结合面,应选用合理的加工方法、表面粗糙度等级、结合面上的比压及固定方式等来

增加摩擦阻尼。

3）采用各种消振、减振装置

如果不能从根本上消除产生切削振动的条件，又无法有效地提高工艺系统的抗振性和稳定性，此时可以采用消振、减振装置。常用的减振器按其工作原理的不同，可以分为以下三类。

（1）摩擦减振器。它利用固体或液体的摩擦阻尼来消耗振动的能量。图 3-33 所示为滚齿机用的固体摩擦减振器，机床主轴与摩擦盘相连，弹簧使摩擦盘与飞轮间的摩擦垫压紧，当摩擦盘随主轴一起扭振时，因飞轮的惯性大，不可能与摩擦盘同步运动，飞轮与摩擦盘之间有相对转动；摩擦垫起了消耗能量的作用。此种减振器的减振效果与弹簧压力值关系很大，压力太小，消耗的能量小，减振效果不大；压力太大，飞轮和摩擦盘之间的相对转动减小，消耗的能量也不大。因此，要用螺母反复调节弹簧压力，以求获得最佳的减振效果。主轴系统的液体摩擦减振器如图 3-34 所示。

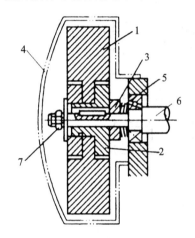

图 3-33　固体摩擦减振器

1—飞轮；2—摩擦盘；3—摩擦垫；

4—飞轮罩；5—弹簧；6—主轴；7—螺母

图 3-34　主轴系统的液体摩擦减振器

（2）冲击减振器。它是由一个与振动系统刚性连接的壳体和一个在体内可自由冲击的质量块所组成。当系统振动时，自由质量块反复冲击壳体，消耗振动的能量，因而可以显著地消减振动。冲击减振器的典型结构、动力学模型及工作原理如图 3-35 所示。为了获得最佳碰撞条件，希望振动体 M 和冲击块 m 都在速度运动最大的时候发生碰撞，这样造成的能量损失最大。为达到最佳减振效果，应保证质量块在壳体内的间隙 $\delta = \pi A$，这里 A 为振动体 M 的振幅。

冲击减振器虽有因碰撞产生噪声的缺点，但由于其具有结构简单、质量轻、体积小、在某些条件下减振效果好，以及在较大的频率范围内都适用的优点，所以应用较广。

（3）动力减振器。动力减振器是用弹性元件把一个附加质量块连接到振动系统中，利用附加质量的动力作用，使弹性元件加在系统上的力与系统的激振力相抵消。图 3-36 所示为用于消除镗杆振动的动力减振器及其动力学模型。在振动系统中的 m_1 上增加了附加质量 m_2 后，则变为二自由度振动系统。只要参数 m_2、k_2 及 c_2 选取合适，原系统的 m_1 将不再振动，只有附加质量（减振器）m_2 在振动，从而达到减振的目的。

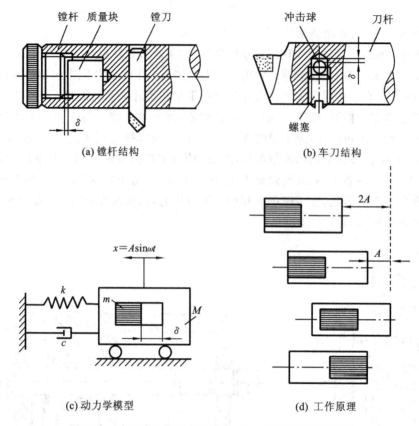

图 3-35 冲击减振器的典型结构、动力学模型及工作原理

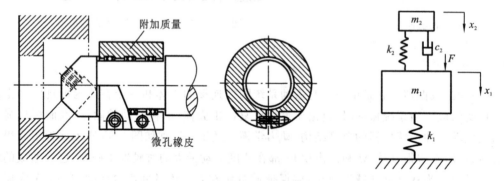

图 3-36 用于镗杆的动力减振器及其动力学模型

思考复习题 3

3-1 机器零件的表面质量包括哪几个方面的内容？为什么说零件的表面质量与加工精度对保证机器的工作性能来说具有同等的重要意义？

3-2 什么是磨削烧伤？为什么磨削加工会发生烧伤？为什么磨削高合金钢较普通碳钢更容易产生探伤？

在磨削外圆时，为什么相应提高工件和砂轮的线速度，不仅可以避免烧伤，提高生产率，而且又不会增大表面粗糙度？解决烧伤问题的基本途径与措施有哪些？

3-3　为什么在机械加工时,工件表面会产生残余应力?磨削加工工件表层中残余应力产生的原因与切削加工是否相同?为什么?

3-4　影响磨削表面粗糙度的因素有哪些?试讨论下列实验结果应如何解释(实验条件可以忽略)。

(1)当砂轮的线速度从 30 m/s 提高到 60 m/s 时,表面粗糙度 Ra 从 1 μm 降低到 0.2 μm。

(2)当工件线速度从 0.5 m/s 提高到 1 m/s,表面粗糙度 Ra 从 0.5 μm 降低到 0.9 μm。

(3)当纵向进给量 f/B(B 为砂轮宽度)从 0.3 增加到 0.6 时,表面粗糙度 Ra 从 0.3 μm 降低到0.6 μm。

(4)磨削深度从 0.01 mm 增至 0.03 mm 时,表面粗糙度 Ra 从 0.27 μm 降低到 0.55 μm。

(5)用粒度为 36 的砂轮磨削后,表面粗糙度 Ra 为 1.6 μm,用粒度为 60 的砂轮可使表面粗糙度 Ra 降低到 0.2 μm。

(6)磨削 15 钢时,表面粗糙度 Ra 为 0.8 μm,若想使表面粗糙度 Ra 达到 0.2 μm,必须进行热处理提高其硬度。

3-5　影响切削表面粗糙度的因素有哪些?试讨论如何解释下列生产实践问题。

(1)拉削 Cr18Ni9Ti 不锈钢的花键拉刀,前角从 10°增大到 22°,加工表面粗糙度 Ra 从 6.3 μm 降低到 0.8 μm。

(2)车削 ϕ10 mm 的 45 钢工件,当机床主轴转速从 1 200 r/min 提高到 4 000 r/min 时,加工表面粗糙度 Ra 从 6.3 μm 降低到 1.6 μm。用金刚石车刀车削有色金属时,切削速度对表面粗糙度影响不大,Ra 可达到 0.025 μm。

(3)一批零件的内孔先采用大行程进行扩孔,然后按直径大小分成两组进行铰孔。铰削余量小的一组零件后,表面粗糙度较余量大的一组低 1 μm 左右。

(4)两批 45 钢工件,热处理后硬度分别为 190HB、228HB。当切削速度为 0.833 m/s 时,加工后材料硬度高者表面粗糙度 Ra 为 7.5 μm,硬度低者表面粗糙度 Ra 为 15 μm。当切削速度提高到 3.33 m/s 时,两者表面粗糙度 Ra 均达到 5 μm。

(5)加工 Cr18Ni9Ti 时,不带修光刃端铣刀加工表面粗糙度 Ra 为 3.2 μm,带修光刃的端铣刀加工表面粗糙度 Ra 为 0.8 μm。

(6)用硬质合金平刃光车刀精车 45 钢的 ϕ65 mm×200 mm 小轴时,当刃倾角 λ 从 0°增大到 73°时,表面粗糙度 Ra 从 3.2 μm 降低到 0.8 μm。

3-6　试列举磨削表面常见的几种缺陷,并分析其产生的主要原因。

3-7　表面粗糙度的成因有哪些?

3-8　研磨能获得高加工精度和低表面粗糙度值的原因有哪些?

第4章 机械加工工艺规程的制定

机械加工工艺规程的制定是机械制造工艺学的主要内容之一,具有制定机械加工工艺规程的能力是学习本课程的主要任务之一。本章阐述了制定机械加工工艺规程的基本原理和主要问题。合理的工艺规程与生产实际有着密切的联系,这就要求工艺规程制定者必须具有丰富的生产实践知识。

在机械加工中,常会遇到轴类、箱体类、盘类、套类、杆类等各种各样的零件。零件形状各异,但在考虑它们的加工工艺时存在许多共同点。如图 4-1 所示轴套零件,在安排零件的加工工艺时,必然要考虑这样一些问题:零件的主要技术要求有哪些?哪些表面是零件的主要加工表面?这些表面用什么方法加工、分几次加工?各表面的加工顺序如何?如何确定各道工序的工序尺寸及其公差?还要考虑零件的材料、毛坯形式等问题。上述问题均在本章中进行讨论。

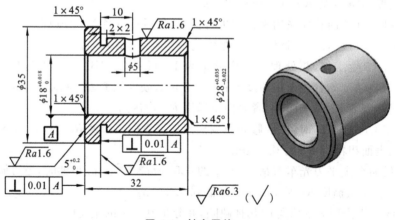

图 4-1 轴套零件

4.1 机械加工工艺规程的原始资料与制定步骤

4.1.1 机械加工工艺规程的作用

机械加工工艺规程是规定产品或零部件制造工艺过程和操作方法等的工艺文件。

正确的机械加工工艺规程是在总结长期的生产实践和科学实验的基础上,依据科学理论和必要的工艺试验而制定的,并通过生产过程的实践不断得到改进和完善。机械加工工艺规程的作用有如下三个方面。

1. 机械加工工艺规程是组织车间生产的主要技术文件

机械加工工艺规程是车间中一切从事生产的人员都要严格认真贯彻执行的工艺技术文件,依照它组织和进行生产,就能做到各工序科学的衔接,实现优质、高产和低消耗。

2. 机械加工工艺规程是生产准备和计划调度的主要依据

有了机械加工工艺规程,在产品投入生产之前就可以根据它进行一系列的准备工作,如原材料和毛坯的供应,机床的调整,专用夹具、刀具和量具的设计与制造,生产作业计划的编排,劳动力的组织,以及生产成本的核算等。有了机械加工工艺规程,就可以制订所生产产品的进度计划和相应的调度计划,使生产均衡、顺利地进行。

3. 机械加工工艺规程是新建或扩建工厂、车间的基本技术文件

在新建或扩建工厂、车间时,只有根据机械加工工艺规程和生产纲领,才能准确确定生产所需机床的种类和数量,工厂或车间的面积,机床的平面布置,生产工人的工种、等级、数量,以及各辅助部门的安排等。

4.1.2　制定机械加工工艺规程的原始资料

在制定机械加工工艺规程时,必须具备下列原始资料:
(1)产品的整套装配图和零件的工作图;
(2)产品验收的质量标准;
(3)产品的生产纲领和生产类型;
(4)毛坯的情况,即毛坯的生产条件或协作关系等;
(5)本厂的生产条件,包括加工设备和工艺装备的条件、专用设备的制造能力、技术工人的水平以及各种工艺资料和标准等;
(6)国内外同类产品的有关工艺资料和生产技术的发展情况。

4.1.3　制定机械加工工艺规程的步骤

制定机械加工工艺规程的步骤如下。
(1)阅读装配图和零件图。熟悉产品的性能、用途、工作条件,明确各零件的相互装配位置及其作用,了解及研究各项技术条件制定的依据。
(2)进行工艺审查。审查图样上的尺寸、视图和技术要求是否完整、正确、统一;找出主要技术要求和分析关键的技术问题;审查零件的结构工艺性。

结构工艺性是指在满足使用要求的前提下,制造该零件的可行性和经济性。所谓结构工艺性好,是指在一定的工艺条件下,既能方便制造,又有较低的制造成本。表 4-1 列举了在常规工艺条件下零件结构工艺性定性分析的例子,供设计零件和对零件结构工艺性分析时参考。如果在工艺审查中发现了问题,应同产品设计部门取得联系,共同研究解决的办法。
(3)熟悉或确定毛坯。确定毛坯的主要依据是零件在产品中的作用和生产纲领以及零件本身的结构。常用毛坯的种类有铸件、锻件、型材、焊接件、冲压件等。

毛坯的种类及其质量对机械加工的质量、材料的节约、劳动生产率的提高和成本的降低都有密切的关系。在确定毛坯时,总希望尽可能提高毛坯质量,减少机械加工劳动量,提高材料利用率,降低机械加工成本,但是这样就会使毛坯的制造要求和成本提高。因此,两者是相互矛盾的,需要根据生产纲领和毛坯车间的具体条件来加以解决。在确定毛坯时要充分利用新工艺、新技术和新材料。改进毛坯的制造工艺和提高毛坯质量,往往可以大大节约机械加工劳动量,比采取某些高生产效率的机械加工工艺措施更有效。目前,少、无切屑加工,如精密铸造、精密锻造、冷轧、冷挤压、粉末冶金、异型钢材、工程塑料等都在迅速推广。用这些方法制造的毛坯,只要经过少量的机械加工,甚至不需要加工。少、无切屑加工是目前机械制造工业发展方向之一。

(4)拟定工艺路线。这是制定机械加工工艺规程的核心内容,主要包括选择定位基准、确定加工方法、安排加工顺序及热处理、检验和其他工序等。

机械加工工艺路线的最终确定,一般要通过一定范围的论证,即通过对几条工艺路线的分析与比较,从中选出一条适合本厂条件的,确保加工质量、高效和低成本的最佳工艺路线。

(5)确定各工序所采用的工艺装备,包括机床、夹具、刀具和量具等。对需要改装或重新设计的专用工艺装备应提出具体设计任务书。

(6)确定各主要工序的技术要求和检验方法。

(7)确定各工序的加工余量、计算工序尺寸和公差。

(8)确定切削用量。

(9)确定工时定额。

(10)填写工艺文件。

表 4-1　零件结构工艺性分析举例

序号	工艺性不好的结构 A	工艺性好的结构 B	说　明
1			结构 B 键槽的尺寸、方位相同,则可在一次装夹中加工出全部键槽,以提高生产率
2			结构 A 的加工不便引进刀具
3			结构 B 的底面接触面积小,加工量小,稳定性好
4			结构 B 有退刀槽保证了加工的可能性,减少刀具(砂轮)的磨损

续表

序号	工艺性不好的结构 A	工艺性好的结构 B	说　　明
5	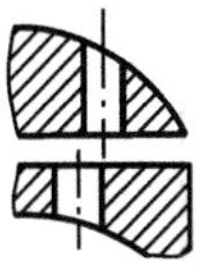	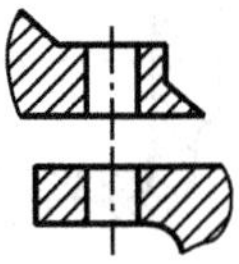	加工结构 A 上的孔钻夹容易引偏或折断
6	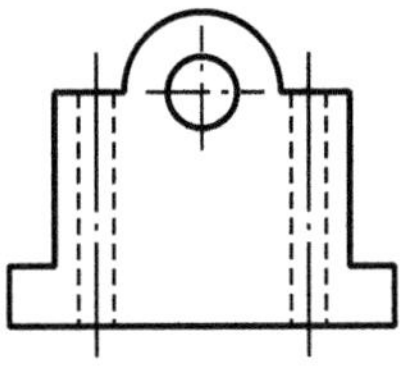	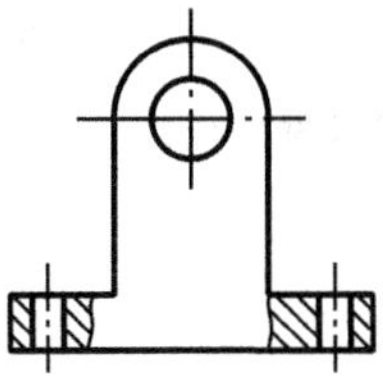	结构 B 避免了深孔加工,节约了零件材料,紧固连接稳定可靠
7	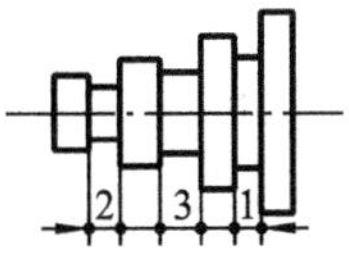	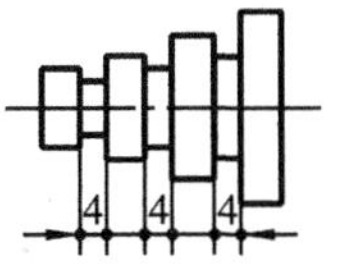	结构 B 凹槽尺寸相同,可减少刀具种类,减少换刀时间

4.2　制定机械加工工艺规程的主要问题

制定机械加工工艺规程所需考虑的问题很多,涉及面也很广。下面仅讨论制定工艺规程时要解决的几个主要问题。

4.2.1　定位基准的选择

1. 粗基准的选择

粗基准的选择影响各加工面的余量分配及不需要加工表面与加工表面之间的位置精度。这两个方面的要求常常是相互矛盾的,因此在选择粗基准时,必须首先明确哪一个方面是主要的。

如图 4-2(a)所示的毛坯,孔 3 与外圆 1 有偏心,因此在加工时,如果用不需加工的外圆 1 作为粗基准,用三爪自定心卡盘夹持外圆 1,然后加工孔 3,则加工面 2 与外圆 1 是同轴的,加工后的壁厚是均匀的,但孔的加工余量不均匀。如图 4-2(b)所示,如选用孔 3 作为粗基准,用三爪卡盘夹持外圆 1,然后按加工面 2 找正,则孔的加工余量均匀,但它与外圆 1 不同轴,加工后的壁厚也不均匀。

在选择粗基准时,一般应遵循下列原则。

(1)保证相互位置要求的原则。如果必须保证工件上加工面与不加工面的相互位置要求,则应以不加工面作为粗基准。如果在工件上有很多不需加工的表面,则应以其中与加工表面的位置精度要求较高的表面作为粗基准。

如图 4-3 所示的零件,要求 $\phi22$ 孔与 $\phi40$ 外圆同轴,因此在钻 $\phi22$ 孔时,应选择 $\phi40$ 作为粗基准,利用定心夹紧机构使外圆与所钻孔同轴。

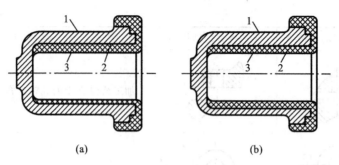

(a)　　　　　　　(b)

图 4-2　粗基准选择比较

1—外圆；2—加工面；3—孔

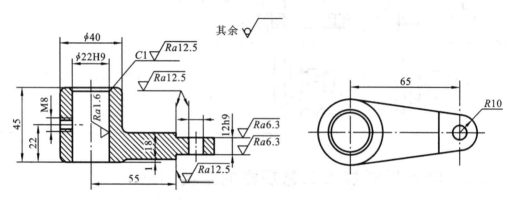

图 4-3　粗基准的选择

（2）保证加工表面的加工余量合理分配的原则。如果必须首先保证工件某重要表面的余量均匀，应选择该表面的毛坯面作为粗基准。例如，在车床床身加工中，导轨面是最重要的表面，它不仅精度要求高，而且导轨表面要有均匀的金相组织和较高的耐磨性，这就要求导轨面的加工余量较小而且均匀。故首先应以导轨面作为粗基准加工床身的底平面，然后再以床身的底平面作为精基准加工导轨面，如图 4-4 所示，方案 A 这就可以保证导轨面的加工余量均匀。若违反本条原则必将造成导轨加工余量不均匀，如图 4-4 所示的方案 B。

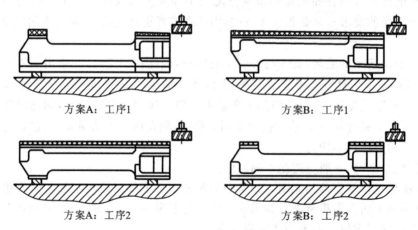

方案A：工序1　　　　　方案B：工序1

方案A：工序2　　　　　方案B：工序2

图 4-4　床身粗基准选择比较

（3）作为粗基准的表面应平整光洁，没有浇口、冒口或飞边等缺陷，以便定位可靠。

(4)粗基准一般只能使用一次,即不应重复使用,以免产生较大的位置误差。

2. 精基准的选择

选择精基准时,要考虑的主要问题是如何保证设计技术要求的实现以及装夹准确、可靠、方便。为此,一般应遵循下列五条原则。

1)基准重合原则

选择被加工表面的设计基准为精基准,以便消除基准不重合误差。如图 4-5(a)所示的零件,其孔间距(20±0.04) mm 和(30±0.03) mm 有很严格的要求,$\phi 30_0^{+0.015}$ 孔与 B 面的距离(35±0.1) mm 却要求不高,当 $\phi 30_0^{+0.015}$ 孔和 B 面加工好后,在加工 2×ϕ18 孔时,如果采用如图 4-5(b)所示的夹具,以 B 面作为精基准,夹具虽然比较简单,但孔间距(20±0.04) mm 很难保证,除非把尺寸(35±0.1) mm 的公差缩小到(35±0.03) mm 以下。但如果改用如图 4-5(c)所示的夹具,直接以 2×ϕ18 mm 的设计基准 $\phi 30_0^{+0.015}$ 的中心线作为精基准,虽然夹具较为复杂,但很容易保证尺寸(20±0.04) mm 和(30±0.03) mm 的要求。

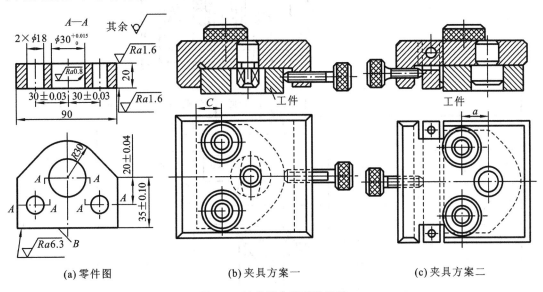

| (a) 零件图 | (b) 夹具方案一 | (c) 夹具方案二 |

图 4-5　基准重合原则的示例

2)统一基准原则

当工件以某一精基准定位,可以比较方便地加工大多数或所有其他表面,则应尽早把这个基准面加工出来,并达到一定精度,后续工序均以它作为精基准加工其他表面,这称为统一基准原则。

表 4-2 是某厂大批量生产加工车床主轴箱体的工艺路线,是应用统一基准原则的一个实例。在该工艺路线中,所用的统一基准是主轴箱体的顶面和顶面上的两个销孔(这两个销孔是根据机械加工工艺需要而专门设计的定位基准,即附加基准)。工序 1、2 先加工出统一基准,工序 3、4、5 是用它作为精基准加工所有其他平面。在工序 6 中,利用精加工后的底面作为基准精修一次顶面,然后再以提高精度后的统一基准在工序 7、8、9、10、11 中加工所有的孔。

采用统一基准原则可以简化夹具设计,这样可以减少工件搬动和翻转次数,在自动化生产中有广泛应用。

应当指出,统一基准原则常常会带来基准不重合的问题。在这种情况下,要针对具体问题进行认真分析,在可以满足设计要求的前提下,决定最终选择的精基准。

3）互为基准原则

某些位置度要求很高的表面,常采用互为基准反复加工的办法来达到位置度要求,这称为互为基准的原则。

例如,加工精密齿轮时,用高频淬火把齿面淬硬后需进行磨齿。因齿面淬硬层较薄,所以要求磨削余量小而均匀。这时,就得先以齿面为基准磨孔,再以孔为基准磨齿面,从而保证齿面余量均匀,且孔和齿面又有较高的位置精度。

表 4-2　箱体的工艺路线和基准转换表(统一基准)

工序号	工序内容	加工面和基准面							
		端面	侧面	底面	顶面	销孔	纵向孔	横向孔	紧固孔
0	铸造						∇		
1	粗、半精加工顶面				$\sqrt{Ra3.2\mu m}$				
2	钻两定位销孔和顶面上紧固孔					$\sqrt{Ra3.2\mu m}$			
3	加工底面和侧面		$\sqrt{Ra3.2\mu m}$	$\sqrt{Ra3.2\mu m}$					
4	加工端面	$\sqrt{Ra3.2\mu m}$							
5	精加工底面			$\sqrt{Ra1.6\mu m}$					
6	精加工顶面				$\sqrt{Ra1.6\mu m}$				
7	粗加工纵向孔						$\sqrt{Ra12.5\mu m}$		
8	半精加工纵向孔						$\sqrt{Ra6.3\mu m}$		
9	精加工纵向孔						$\sqrt{Ra3.2\mu m}$		
10	加工横向孔和紧固孔							$\sqrt{Ra6.3\mu m}$	
11	加工其他壁上紧固孔								$\sqrt{Ra6.3\mu m}$

4）自为基准原则

在要求减小表面粗糙度值，减小加工余量和保证加工余量均匀的工序中，常以加工面本身为基准进行加工，称为自为基准原则。

例如，如图 4-6 所示的床身导轨面的磨削工序，用固定在磨头上的千分表找正工件上的导轨面。当磨床工作台纵向移动时，调整床身工件下部的四个锲铁（只起支承作用）来找正。还可以举出其他一些例子，如拉孔、推孔、磨孔、铰孔、浮动镗刀块镗孔等都是自为基准加工的典型例子。

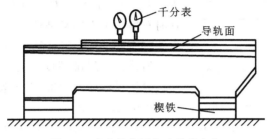

图 4-6　床身导轨面自为基准定位

5）便于装夹原则

所选择的精基准，应能保证定位准确、可靠，夹紧机构简单，操作方便。

总之，粗、精基准选择的各项原则，都是从不同方面提出的要求。有时，这些要求会出现相互矛盾的情况，设置在一项原则内也会存在相互矛盾的情况，这就要求全面辩证地进行分析，分清主次，抓住并解决主要矛盾。

4.2.2　工艺路线的拟定

拟定工艺路线的主要内容，除选择定位基准外，还应包括选择各加工表面的加工方法、安排工序的先后顺序、确定工序的集中与分散程度以及选择设备与工艺装备等。它是制定工艺规程的关键阶段。设计者一般应提出几种方案，通过分析对比，从中选择最佳方案。工艺路线的拟定，并没有一套精确的计算方法，通常是采用经过生产实践总结出的一些带有经验性和综合性的原则。在应用这些原则时，要结合具体生产类型和生产条件灵活应用。现分别阐述如下。

1. 加工方法的选择

为了正确选择加工方法，必须了解各种加工方法的特点和掌握加工经济精度及经济表面粗糙度的概念。

各种加工方法（如车、铣、刨、磨、钻、镗、铰等）所能达到的加工精度和表面粗糙度都是有一定范围的。任何一种加工方法，只要精心操作、细心调整、选择合适的切削用量，其加工精度就可以得到提高，其加工表面粗糙度值就可以减小。但是，加工精度提得越高，表面粗糙度值减小得越小，则所耗费的时间与成本也会越大。

生产上加工精度的高低是用其可以控制的加工误差的大小来表示的。加工误差小，则加工精度高；加工误差大，则加工精度低。统计资料表明，加工误差和加工成本之间成反比例关系，如图 4-7 所示，横坐标 δ 表示加工误差，纵坐标 C 表示加工成本。可以看出，对一种加工方法来说，加工误差小到一定程度，如曲线中 A 点的左侧，加工成本会提高很多，加工

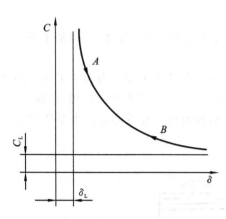

图 4-7   加工误差与加工成本的关系

误差却降低很少;加工误差大到一定程度后,如曲线中 B 点的右侧,即使加工误差增大很多,加工成本也降低很少。这说明一种加工方法在 A 点的左侧或 B 点的右侧的应用都是不经济的。例如,在表面粗糙度 Ra 小于 $0.4~\mu m$ 的外圆加工中,通常多用磨削加工方法而不用车削加工方法。因为车削加工方法不经济。但是,对表面粗糙度 Ra 为 $1.6 \sim 25~\mu m$ 的外圆加工中,则多用车削加工方法而不用磨削加工方法,因为这时车削加工方法又是经济的了。实际上,每种加工方法都有一个加工经济精度问题。

所谓加工经济精度,是指在正常加工条件下(采用符合质量标准的设备、工艺装备和标准技术等级的工人,不延长加工时间)所能保证的加工精度和表面粗糙度。

各种加工方法所能达到的经济精度和经济表面粗糙度等级,以及各种典型表面的加工方法均已制成表格,在机械加工的各种手册中均能查到。表 4-3 至表 4-5 介绍了外圆、孔和平面等典型表面的加工方法、经济精度和经济表面粗糙度,供选择加工方法时参考。

表 4-3   外圆表面加工方案、经济精度和经济表面粗糙度

加 工 方 案	经济精度公差等级 IT	表面粗糙度 $Ra/\mu m$	适 用 范 围
粗车	11～13	20～80	适用于除淬火钢以外的金属材料
└→半精车	8～9	5～10	
└→精车	6～7	1.25～2.5	
└→滚压(或抛光)	6～7	0.04～0.32	
粗车→半精车→磨削	6～7	0.63～1.25	除不宜用于有色金属外,主要适用于淬火钢件的加工
└→粗磨→精磨	5～7	0.16～0.63	
└→超精磨	5	0.02～0.16	
粗车→半精车→精车→金刚石车	5～6	0.04～0.63	主要用于有色金属的加工
粗车→半精车→粗磨→精磨→镜面磨	5 级以上	0.01～0.04	主要用于高精度要求的钢件加工
└→精车→精磨→研磨	5 级以上	0.01～0.04	
└→粗研→抛光	5 级以上	0.01～0.16	

表 4-4   孔加工方案、经济精度和经济表面粗糙度

加 工 方 案	经济精度公差等级 IT	表面粗糙度 $Ra/\mu m$	适 用 范 围
钻	11～13	≥20	加工未淬火钢及铸铁的实心毛坯,也可用于加工有色金属
└→扩	10～11	10～20	
└→铰	8～9	2.5～5	
└→粗铰→精铰	7	1.25～2.5	
└→铰	8～9	2.5～5	
└→粗铰→精铰	7～8	1.25～2.5	

续表

加 工 方 案	经济精度公差等级 IT	表面粗糙度 Ra/μm	适 用 范 围
钻→(扩)→拉	7～9	0.63～1.25	大批大量生产(精度可因拉刀而定)
粗镗(或扩) 　└→半精镗(或精扩) 　　└→精镗(或铰) 　　　└→浮动镗	11～13 8～9 7～8 6～7	10～20 2.5～5 1.25～2.5 0.63～1.25	主要用于加工有色金属
粗镗(或扩)→半精镗→磨削 　　　　　　└→粗磨→精磨	7～8 6～7	0.32～1.25 0.16～0.32	主要用于加工淬火钢,不宜用于加工有色金属
粗镗→半精镗→精镗→金刚镗	6～7	0.08～0.63	主要用于加工精度要求高的有色金属
钻→(扩)粗铰→精铰→珩磨 　└→拉→珩磨 粗镗→半精镗→精镗→珩磨	6～7 6～7 6～7	0.04～0.32 0.04～0.32 0.04～0.32	用于加工精度要求很高的孔,若以研磨代替珩磨,精度可达 6 级以上

表 4-5　平面加工方案、经济精度和经济表面

加 工 方 案	经济精度公差等级 IT	表面粗糙度 Ra/μm	适 用 范 围
粗车 　└→半精车 　　└→精车 　　　└→磨	11～13 8～9 7～8 6～7	≥50 3.20～6.30 0.80～1.60 0.20～0.80	适用于工件的端面加工
粗刨(或粗铣) 　└→精刨(或精铣) 　　└→刮研	11～13 7～9 5～6	≥50 1.60～6.30 0.10～0.80	适用于不淬硬的平面(用端铣加工,可得较低的粗糙度)
粗刨(或粗铣)→精刨(或精铣)→宽刃精刨	6～7	0.20～0.80	批量较大,宽刃精刨效率高
粗刨(或粗铣)→精刨(或精铣)→磨 　　　　　　　└→粗磨→精磨	6～7 5～6	0.20～0.80 0.025～0.40	适用于精度要求较高的平面加工
粗铣→拉	6～9	0.20～0.80	适用于大量生产中加工较小的不淬火平面
粗铣→精铣→磨→研磨 　　　　　└→抛光	5～6 5 以上	0.025～0.20 0.025～0.10	适用于高精度平面的加工

2. 机械加工工序顺序的安排

　　一个零件上往往有几个表面需要加工,这些表面不仅本身有一定的精度要求,而且各表

面间还有一定的位置要求。为了达到这些精度要求,各表面的加工顺序就不能随意安排,而必须遵循如下基本原则。

(1)先加工基准面,再加工其他表面。这条原则有两个含义:一是工艺路线开始安排的加工面应该是作为定位基准的精基准面,然后再以精基准定位来加工其他表面;二是为保证一定的定位精度,当加工面的精度要求很高时,精加工前一般应先精修一下精基准。例如,精度要求较高的轴类零件,如机床主轴、丝杠、汽车发动机曲轴等,其第一道机械加工工序就是铣端面、打中心孔,然后以顶尖孔定位其他表面。再如箱体类零件,如车床主轴箱、汽车发动机中的气缸体、气缸盖、变速器壳体等,也都是先安排定位基准面的加工,再加工其他平面和孔系。箱体类零件的定位基准面多为一个大平面、两个销孔。

(2)一般情况下,先加工平面,后加工孔。这条原则的含义是:当零件上有较大的平面可作为定位基准时,可先加工出来作为定位面,然后加工孔。这样可以保证定位稳定、准确,装夹工件往往也比较方便。另外,在毛坯面上钻孔,容易使钻头引偏,若该平面需要加工,则应在钻孔之前先加工平面。

(3)先加工主要表面,后加工次要表面。这里所说的主要表面是指设计基准面和主要工作面;而次要表面主要指键槽、螺孔等其他表面。次要表面和主要表面之间往往有相互位置要求。因此,一般要在主要表面达到一定的精度之后,再以主要表面定位加工次要表面。要注意的是,后加工的含义并不一定是整个工艺过程的最后环节。

(4)先安排粗加工工序,后安排精加工工序。零件加工时,往往不是依次加工完各个表面,而是将各表面的粗、精加工分开进行,因此,一般都将整个工艺过程划分为粗加工、半精加工、精加工、光整加工等几个加工阶段。①粗加工阶段:在这一阶段中要切除较大量的加工余量,因此主要问题是如何获得高的生产效率。②半精加工阶段:在这一阶段中应为主要表面的精加工做好准备,达到一定的加工精度,保证一定的精加工余量,并完成一些次要表面的加工,如钻孔、攻丝、铣键槽等,一般在热处理之前进行。③精加工阶段:保证各主要表面达到图纸规定的质量要求。④光整加工阶段:对于精度要求很高、表面粗糙度值要求很小(6级及6级以上精度,$Ra \leqslant 0.20~\mu m$)的零件,还要有专门的光整加工阶段。光整加工阶段以提高加工的尺寸精度和减小表面粗糙度为主,一般不能纠正形状精度和位置精度。

划分加工阶段的目的是:①粗加工各表面后,及早发现毛坯的缺陷,进行修补或报废处理,以免继续进行精加工而浪费工时和制造费用;②精加工工序安排在最后,可保护精加工后的表面少受损伤或不受损伤。

3.热处理工序及表面处理工序的安排

热处理工序在工艺过程中的安排是否恰当,是影响零件加工质量和材料使用性能的重要因素。热处理的方法、次数和在工艺过程中的位置,应根据零件材料和热处理的目的而定。

1)退火与正火

为了获得较好的表面质量,减少刀具磨损,需要对毛坯预先进行热处理,以消除组织的不均匀,降低硬度、细化晶粒,提高加工性能。对高碳钢零件用退火降低其硬度,对低碳钢零件却要用正火提高其硬度;对锻造毛坯,因表面硬度不均而不利于切削,通常也要进行正火处理。退火与正火一般应安排在机械加工之前进行。

2）时效处理

为了消除残余应力应进行人工时效和自然时效处理。无论在毛坯制造还是在切削加工过程中都会产生残余应力，不设法消除就会引起工件变形，降低产品质量，甚至造成废品。

对于尺寸大、结构复杂的铸件，需在粗加工之前进行一次时效处理，以消除铸造残余应力；粗加工之后，精加工之前还要安排一次时效处理：一方面可将铸件原有的残余应力消除一部分；另一方面又将粗加工时所产生的残余应力消除，以保证粗加工后所获得的精度稳定。对于一般铸件，只需在粗加工后进行一次时效处理即可，或者在铸造毛坯以后安排一次时效处理。对于精度要求高的铸件，在加工过程中需进行两次时效处理，即粗加工后、半精加工前及半精加工之后、精加工前，均需安排时效处理。例如，坐标镗床箱体的加工工艺路线中即安排两次人工时效处理：铸造→退火→粗加工→人工时效→半精加工→人工时效→精加工。

对于精度高、刚性差的零件，如精密丝杠（6 级精度）的加工，一般安排三次时效处理，分别在粗车毛坯后、粗磨螺纹后、半精密加工螺纹后进行。

3）淬火

淬火可提高材料的硬度和抗拉强度等机械性能。淬火后尚需回火以取得所需要的硬度与组织。由于工件淬火后常产生较大的变形，因此，淬火工序一般安排在精加工阶段的磨削加工之前进行。

4）渗碳

由于渗碳的温度高，容易产生变形，因此一般渗碳工序安排在精加工之前进行。渗碳处理是为了提高零件表面硬度和抗腐蚀性，一般安排在工艺过程的后部分即该表面的最终加工之前。渗碳处理前应进行调质处理。

5）表面处理

为了提高零件的抗腐蚀能力、耐磨性、抗高温能力和导电率等，一般都采用表面处理的方法。如在零件的表面镀上一层金属层（如铬、锌、镍、铜、金、银、钼等）或使零件表面形成一层氧化膜（如钢的发蓝、铝合金的阳极化和镁合金的氧化等）。表面处理工序一般均安排在工艺过程的最后进行。

4. 其他工序的安排

检查、检验工序，去毛刺工序，清洗工序等也是工艺规程的重要组成部分。

检查、检验工序是保证产品质量合格的关键工序之一。每个操作工人在操作过程中和操作结束以后都必须自检。在工艺规程中，下列情况下应安排检查工序：①零件加工完毕之后；②从一个车间转到另一个车间的前后；③工时较长或重要的关键工序的前后。

除了一般性的尺寸误差检查、形位误差检查以外，还有其他的工艺。例如，X 射线检查、超声波探伤检查等多用于工件毛坯内部的质量检查，一般安排在工艺过程的开始阶段；磁力探伤、荧光检验主要用于工件表面质量的检验，通常安排在精加工的前后进行；密封性检验、零件的平衡、零件的质量检验一般安排在工艺过程的最后阶段进行。

工件在切削加工之后，应安排去毛刺工序。工件表层或内部的毛刺，影响装配操作、装配质量，甚至会影响整机性能，因此应给予充分重视。

工件在进入装配之前，一般都应安排清洗。工件的内孔、箱体内腔容易存留切屑，清洗时应给予特别注意。研磨、珩磨、抛光等光整加工工序之后，砂粒等污染物易附着在工件表面上，要认真清洗，否则会加剧零件在使用过程中的磨损。如在平面磨床上用电磁吸盘夹紧工件等采用磁力夹紧工件的工序,工件被磁化,应安排去磁处理,并在去磁后进行清洗。

5. 确定工序集中与分散的程度

工序集中与工序分散是制订工艺路线时,确定工序数目(或工序内容多少)、设备数量与布置的两种不同原则。

1)工序集中

工序集中就是将工件的加工集中在少数几道工序内完成,每道工序的加工内容较多。最大限度的工序集中中,就是在一道工序中完成零件所有表面的加工。工序集中常采用多轴、多面、多工位的专用机床、组合机床、自动机床、数控机床、加工中心和复合刀具的加工方法。

工序集中的优点:

(1)有利于采用高效的专用设备和工艺装备,显著提高生产率;

(2)减少了工序数目,缩短了工艺过程,简化了生产计划和生产组织工作;

(3)减少了设备数量,相应地减少了操作工人人数和生产面积,工艺路线短;

(4)减少了工件装夹次数,不仅缩短了辅助时间,而且一次装夹加工较多的表面,就容易保证它们之间的位置精度。

工序集中的缺点:

(1)专用机床设备、工艺装备的投资大,调整和维修费事,生产准备工作量大,转为新产品的生产也比较困难。

(2)工序过分集中时,切削负荷很大,往往由于工件刚性不足或热变形未及时恢复而影响加工精度。

2)工序分散

工序分散就是将工件的加工分散在较多的工序内进行。每道工序的加工内容很少,最少时每道工序仅一个简单工步,甚至一次走刀。

工序分散的优点:

(1)所使用的机床设备和工艺装备都比较简单,容易调整,生产工人也便于掌握操作技术,容易适应更换产品;

(2)有利于选用最合理的切削用量,减少机动工时;

(3)生产技术准备工作量小而容易,投产期短,易于更换新产品;

(4)能使加工设备合理而均衡地承担任务,使加工中工件变形能逐步消除,便于保证加工质量;

(5)有利于选择最合理的切削用量。

然而,工序分散导致了机床设备数量多、操作工人多、生产面积大、工艺路线长等缺点。

在拟定工艺路线时,工序集中或分散的程度,主要取决于生产规模、零件的结构特点和技术要求,有时还要考虑各工序生产节拍的一致性。一般情况下,单件小批生产时,只能工序集中,在一台普通机床上加工出尽量多的表面;大批大量生产时,既可以采用多刀、多轴等高效、自动机床,将工序集中,也可以将工序分散后组织流水生产。批量生产应尽可能采用效率较高的半自动机床,使工序适当集中,从而有效地提高生产率。

对于重型零件,为了减少工件装卸和运输的劳动量,工序应适当集中;对于刚性差且精度高的精密工件,工序则应适当分散。

据统计,在我国的机械产品中,属于中小批量生产性质的企业已超过了企业总数的90%,单件中小批量生产方式占绝对优势。随着数控技术的普及,多品种中小批量生产中,越来越多地使用加工中心机床,从发展趋势来看,倾向于采用工序集中的方法来组织生产。

工序的集中与分散有着各自的优劣。对一个具体的零件,在制订其工艺规程时,要能恰当地选择集中还是分散以及各自的程度。目前,机械加工的主要发展方向是工序集中,但在实际的加工过程中,其工序的安排既包含着工序的集中,也穿插了工序的分散。

在拟定工艺路线时,选择工序的集中或分散的基本依据为被加工零件的外形尺寸和结构特点、被加工零件的技术要求、被加工零件的生产类型、现场生产条件、产品的发展情况、技术经济分析等。

(1)对重型、大型零件,形状复杂的零件,为减少装夹、找正、运输的麻烦,无论产量大小,应以工序集中为好。

(2)对薄壁零件及带曲面的零件,为减少或消除加工中的变形量,无论产量大小,应以工序分散较好。

(3)位置精度要求高的零件,加工时应尽量采用工序集中的原则,以使有相互位置精度要求的各表面能一次装夹加工,保证其位置精度。

必须指出:工序的分散和集中各有特点,而且是相对的。必须根据生产规模、零件的结构特点、技术要求、机床设备等具体生产条件进行综合分析,以便灵活、合理地运用上述原则来组合工序。

传统的流水线、自动线生产多采用工序分散的组织形式(个别工序亦有相对集中的形式,例如,对箱体类零件采用专用组合机床加工孔系)。这种组织形式可以实现高生产率生产,但产品变更时适应性较差。

采用高效自动化机床,以工序集中的形式组织生产(典型例子是采用加工中心机床组织生产),除具有上述工序集中的优点以外,生产适应性强,转产相对容易,因而虽然设备价格昂贵,但仍然受到越来越多的重视。

零件的加工精度要求比较高,常需要把工艺过程划分为不同的加工阶段,在这种情况下,工序必须比较分散。

例 4-1　图 4-8 所示为某汽油机冷却水泵叶轮的零件图。下面对该叶轮进行机械加工工艺规程设计。

解　(1)零件分析。

该汽油机年产量是 3 万台,属于大批量生产类型。

汽油机冷却水泵的功用是对冷却水加压,是离心式水泵。工作时,叶轮旋转,在离心力的作用下,冷却水在冷却系统中循环流动。

叶轮的主要技术要求是:

①H 面对 G 孔轴线径向圆跳动公差为 0.2 mm。(叶轮回转平稳)

②F 面与 F_1 面对 G 孔轴线在半径 12 mm 处的轴向圆跳动公差为 0.03 mm。

③F 面的表面粗糙度 $Ra=0.4\ \mu m$,在平台上检验,要求接触面积在 95% 以上。(叶轮的轴向密封)

中心孔 G 为非圆孔,其尺寸精度和表面粗糙度均有较高要求,它的轴线是 H、F、F_1 面

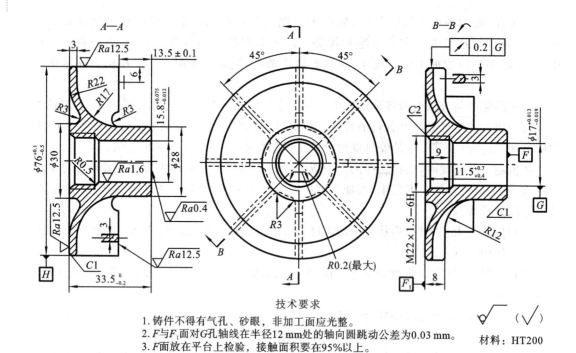

技术要求

1. 铸件不得有气孔、砂眼，非加工面应光整。
2. F 与 F_1 面对 G 孔轴线在半径12 mm处的轴向圆跳动公差为0.03 mm。
3. F 面放在平台上检验，接触面积要在95%以上。
4. 铸造圆角 $R1$。

材料：HT200

图 4-8　叶轮零件图

位置度的设计基准，所以，中心孔 G 的加工就成为安排工艺过程的重点之一。

（2）制订机械加工工艺路线。

①选择定位基准。

由于 G 孔轴线是 H、F、F_1 面位置度的设计基准，所以根据精基准选择的基准重合原则，应选 G 孔为精基准。工序安排原则：先基准，后其他；先面，后孔。第一道工序应安排车大端面，钻 G 孔。第一道工序粗基准的选择：因为在水泵中叶轮为旋转件，所以加工时应追求壁厚均匀（质量均匀）。根据粗基准选择的相互位置要求原则，选择非加工的外圆面为粗基准，以满足壁厚均匀的要求。第二道工序安排拉削中心孔 G，经过一次拉削走刀，使该非圆孔成形并达到技术要求。该工序的定位基准是已钻 G 孔本身，属精基准选择的自为基准原则，以保证拉削余量均匀。此后，就以 G 孔为统一精基准加工其他表面。在加工工序的最后，安排研磨 F 面工序，以达到表面粗糙度 $Ra=0.4$ μm 和接触面积在 95% 以上的技术要求。研磨工序的定位基准也是自为基准。

②选择各表面的加工方法，确定加工路线。

根据各种加工方法的加工经济精度及表面粗糙度，选择叶轮各待加工表面的加工路线如下：

F_1 面：粗车—半精车—精车；

G 孔：钻—拉削加工；

H 面及叶片端面：粗车；

F 面：粗车—半精车—半精磨—粗研。

③安排工艺顺序。

把上述各表面的加工路线,按照工艺顺序的安排原则,得到表 4-6 所示的该叶轮的机械加工工艺路线。

表 4-6　叶轮机械加工工艺路线

工　序　号	工　序　内　容	定　位　基　准	工　艺　装　备
1	粗车、半精车大端面 F_1,钻 G 孔	小端外圆面、F 面	卧式车床、专用夹具
2	拉削 G 孔	G 孔(自为基准)	拉床、专用夹具
3	车叶片外圆面 H,粗车、半精车小端面 F,车叶片端面	G 孔、F_1 面	卧式车床、专用夹具
4	精车大端面 F_1	G 孔、F 面	卧式车床、专用夹具
5	精磨小端面 F	大端面 F_1	平面磨床、电磁吸盘
6	去磁处理		
7	扩孔,倒角	G 孔、F 面	钻床、专用夹具
8	攻螺纹	G 孔、F 面	钻床、专用夹具
9	研磨小端面 F	小端面 F(自为基准)	研磨平台
10	清洗		
11	成品检验、入库		通用量具

4.2.3　加工余量的确定

1. 加工余量的概念

加工余量是指加工过程中所切去的金属层厚度。加工余量可分为工序余量和加工总余量两种,加工总余量即为毛坯余量。工序余量是相邻两工序的工序尺寸之差;加工总余量是毛坯尺寸与零件图样的设计尺寸之差。加工总余量和工序余量的关系可表示为

$$Z_0 = Z_1 + Z_2 + \cdots + Z_n = \sum_{i=1}^{n} Z_i \qquad (4\text{-}1)$$

式中:Z_0 为加工总余量;Z_i 为工序余量;n 为机械加工工序数目。

在式(4-1)中,Z_1 为第一道粗加工工序的加工余量,它与毛坯的制造精度有关,实际上是与生产类型和毛坯的制造方法有关。若毛坯制造精度高,例如大批量生产采用模锻毛坯,则第一道粗加工工序的加工余量小;若毛坯制造精度低,例如单件小批生产采用自由锻毛坯,则第一道粗加工工序的加工余量就大,具体数值可参阅有关的毛坯余量手册。其他机械加工工序余量的大小将在本节稍后进行专门分析。

工序余量还可定义为相邻两工序基本尺寸之差。按照这一定义,工序余量有单边余量和双边余量之分。零件非对称结构的非对称表面,其加工余量为单边余量,如图 4-9(a)所示,可表示为

$$Z_b = l_a - l_b \qquad (4\text{-}2)$$

式中:Z_i 为本道工序的工序余量;l_b 为本道工序的基本尺寸;l_a 为上道工序的基本尺寸。

零件对称结构的对称表面,其加工余量为双边余量。

如图 4-9(b)所示,回转体外圆柱面的加工余量为双边余量,有

$$2Z_b = d_a - d_b \qquad (4\text{-}3)$$

如图 4-9(c)所示,对于内圆表面有

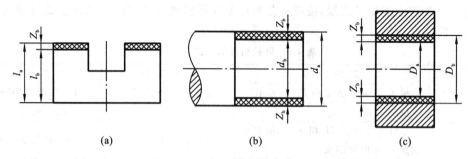

(a)   (b)   (c)

图 4-9　单边余量与双边余量

$$2Z_{\mathrm{b}} = D_{\mathrm{b}} - D_{\mathrm{a}} \tag{4-4}$$

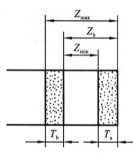

图 4-10　被包容件的加工余量及公差

由于工序尺寸有公差,所以加工余量也必然在某一公差范围内变化。其公差大小等于本道工序的工序尺寸公差与上道工序的工序尺寸公差之和。如图 4-10 所示,工序余量有标称余量(简称余量)、最大余量和最小余量的分别。从图 4-10 可知:被包容件的余量 Z_{b} 包含上道工序的工序尺寸公差,余量公差可表示为

$$T_{\mathrm{z}} = Z_{\max} - Z_{\min} = T_{\mathrm{a}} + T_{\mathrm{b}} \tag{4-5}$$

式中:T_{z} 为工序余量公差;$Z_{\max}$ 为工序最大余量;$Z_{\min}$ 为工序最小余量;T_{b} 为加工面在本道工序的工序尺寸公差;T_{a} 为加工面在上道工序的工序尺寸公差。

一般情况下,工序尺寸的公差按入体原则标注。即对被包容尺寸(轴的外径,实体长、宽、高),其最大加工尺寸就是基本尺寸,上偏差为零。对包容尺寸(孔的直径、槽的宽度),其最小加工尺寸就是基本尺寸,下偏差为零。毛坯尺寸公差按双向对称偏差形式标注。图 4-11 分别表示了被包容件(轴)和包容件(孔)的工序尺寸、工序尺寸公差、工序余量和毛坯余量之间的关系。在图 4-11 中,加工面安排了粗加工、半精加工和精加工。$d_{\text{坯}}(D_{\text{坯}})$、$d_1(D_1)$、$d_2(D_2)$、$d_3(D_3)$ 分别为毛坯,粗、半精、精加工的工序尺寸;$T_{\text{坯}}/2$,T_1、T_2 和 T_3 分别为毛坯,粗、半精、精加工的工序尺寸公差;Z_1、Z_2 和 Z_3 分别为粗、半精、精加工工序标称余量,Z_0 为毛坯余量。

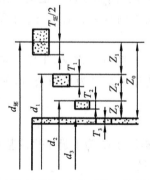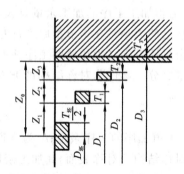

(a)被包容件(轴)的粗、半精、精加工的工序余量　　(b)包容件(孔)的粗、半精、精加工的工序余量

图 4-11　工序余量示意图

2. 加工余量的影响因素

加工余量的影响因素比较复杂,除第一道粗加工工序余量与毛坯制造精度有关外,其他工序的工序余量主要有以下几个方面的影响因素。

(1)上道工序的尺寸公差 T_a。如图 4-10 所示,本道工序的加工余量包含上道工序的工序尺寸公差,即本道工序应切除上道工序可能产生的尺寸误差。

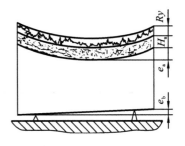

图 4-12　工件表层结构示意图

(2)上道工序产生的表面粗糙度 Ry(轮廓最大高度)和表面缺陷层深度 H_a,如图 4-12 所示。各种加工方法的 Ry 和 H_a 的数值大小可参考表 4-7 中的实验数据。

表 4-7　各种加工方法的表面粗糙度 Ry 和表面缺陷层 D_a 的数值

加 工 方 法	Ra	D_a	加 工 方 法	Ra	D_a
粗车	15~100	40~60	精扩孔	25~100	30~40
精车	5~45	30~40	粗铰	25~100	25~30
磨外圆	1.7~15	15~25	精铰	8.5~25	10~20
钻	45~225	40~60	粗车端面	15~225	40~60
扩钻	25~225	35~60	精车端面	5~54	30~40
粗镗	25~225	30~50	磨端面	1.7~15	15~35
精镗	5~25	25~40	磨内圆	1.7~15	20~30
粗扩孔	25~225	40~60	拉削	1.7~8.5	10~20
粗刨	15~100	40~50	磨平面	1.7~15	20~30
粗插	25~100	50~60	切断	45~225	60
精刨	5~45	25~40	研磨	0~1.6	3~5
精插	5~45	35~50	超级光磨	0~0.8	0.2~0.3
粗铣	15~225	40~60	抛光	0.06~1.6	2~5
精铣	5~45	25~40			

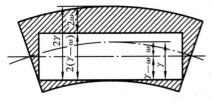

图 4-13　轴线弯曲造成余量不均

(3)上道工序留下的空间误差 e_a。这里所说的空间误差是指图 4-13 所示的轴线直线度误差和如表 4-8 中所列的各种位置误差。形成这些误差的情况各异,有的可能是上道工序加工方法带来的,有的可能是热处理后产生的,也有的可能是毛坯带来的,虽经前道工序加工,但仍未得到完全纠正。因此,其数值大小需根据具体情况进行具体分析。有的可查表确定,有的则需抽样检查,进行统计分析。

(4)本道工序的装夹误差 e_b。由于这项误差会直接影响被加工表面与切削刀具的相对位置,所以加工余量中应包括这项误差。

由于空间误差和装夹误差都是有方向的,所以要采用矢量相加的方法取矢量和的模进行余量计算。

综合上述各影响因素,可有如下余量计算公式。

(1)对于单边余量有

$$Z_{\min} = T_a + Ry + H_a + |e_a + \varepsilon_b| \tag{4-6}$$

（2）对于双边余量有

$$Z_{\min} = T_a/2 + Ry + H_a + |e_a + \varepsilon_b| \tag{4-7}$$

表 4-8　各种位置误差对加工余量的影响

位置精度	简　图	加工余量	位置精度	简　图	加工余量
对称度	$x = L\tan\theta$	$2e$	轴线偏心(e)	$2e$	$2e$
位置度	$x = L\tan\theta$	$x = L\tan\theta$	平行度(a)	$y = a$	$y = a$
	x　$2x$	$2x$	垂直度(b)	x	$x = b$

3. 加工余量的确定

确定加工余量的方法有三种：计算法、查表法和经验法。

（1）查表法。根据各工厂的生产实践和试验研究累计的数据，先制成各种表格，再汇集成手册。确定加工余量时查阅这些手册，再结合工厂的实际情况进行适当修改后确定。目前，我国各工厂广泛采用查表法。

（2）经验估计法。根据实际经验确定加工余量。一般情况下，为防止因余量过小而产生废品，经验估计的数值总是偏大。经验估计法常用于单件小批生产。

（3）分析计算法。根据上述加工余量计算公式和一定的试验资料，对影响加工余量的各种因素进行分析，并计算确定加工余量。这种方法比较合理，但必须有比较全面和可靠的试验资料。目前，只在材料十分贵重以及竣工生产或少数大量生产的工厂中采用。

4.2.4　工艺尺寸的计算

零件图样上的设计尺寸及其公差必须经过各加工工序后得到保证。每道工序的工序尺寸都不相同，它们是逐步向设计尺寸接近的。为了最终保证零件的设计要求，需要规定各工序的工序尺寸及其公差。

工序余量确定之后，就可以计算工序尺寸。而工序尺寸公差的确定，则要依据工序基准或定位基准与设计基准是否重合,采用不同的计算方法。

1. 基准重合时工序尺寸及其公差的计算

基准重合时工序尺寸及其公差的计算指工序基准或定位基准与设计基准重合,表面多次加工时,工序尺寸及其公差的计算。工件上外圆和孔的多工序加工都属于这种情况。此时,工序尺寸及其公差与工序余量的关系如图 4-10 和图 4-11 所示。计算顺序是:先确定各工序余量的基本尺寸,再由后往前逐个工序推算,即由零件上的设计尺寸开始,由最后一道工序开始向前一道工序推算,直到毛坯尺寸。工序尺寸的公差则都按各工序的经济精度确定,并按入体原则确定上、下偏差。

例 4-2　某轴直径为 $\phi50$ mm,其尺寸精度等级要求为 IT5,表面粗糙度要求为 $Ra=0.04\ \mu m$,并要求高频淬火,毛坯为锻件。其工艺路线为:粗车→半精车→高频淬火→粗磨→精磨→研磨。试确定各工序尺寸及其公差。

解　先用查表法确定加工余量。由工艺手册查得:研磨余量为 0.01 mm,精磨余量为 0.1 mm,粗磨余量为 0.3 mm,半精车余量为 1.1 mm,粗车余量为 4.5 mm,由式(4-1)可得加工总余量为 6.01 mm,取加工总余量为 6 mm,把粗车余量修正为 4.49 mm。

计算各加工工序基本尺寸。研磨后工序基本尺寸为 50 mm(设计尺寸),其他各工序基本尺寸依次如下。

精磨为　　　　　　　　　　50 mm+0.01 mm=50.01 mm

粗磨为　　　　　　　　　　50.01 mm+0.1 mm=50.11 mm

半精车为　　　　　　　　　50.11 mm+0.3 mm=50.41 mm

粗车为　　　　　　　　　　50.41 mm+1.1 mm=51.51 mm

毛坯为　　　　　　　　　　51.51 mm+4.49 mm=56 mm

确定各工序的加工经济精度和表面粗糙度。由表 4-3 查得:研磨后精度等级为 IT5,Ra 为 0.04 μm(零件的设计要求);精磨后精度等级选定为 IT6,Ra 为 0.16 μm;粗磨后精度等级选定为 IT8,Ra 为 1.25 μm;半精车后精度等级选定为 IT11,Ra 为 5 μm;粗车后精度等级选定为 IT13,Ra 为 16 μm。

根据上述经济加工精度查公差表,将查得的公差数值按入体原则标注在工序基本尺寸上。查工艺手册可得锻造毛坯公差为 ±2 mm。

为了清楚起见,把上述计算和查表结果汇总于表 4-9 中,供参考。

表 4-9　工序尺寸、公差、表面粗糙度及毛坯尺寸的确定

工序名称	工序间余量/mm	工　序　间		工序间尺寸/mm	工　序　间	
		经济精度/mm	表面粗糙度 $Ra/\mu m$		尺寸、公差/mm	表面粗糙度 $Ra/\mu m$
研磨	0.01	h5(−0.011)	0.04	50	$\phi50-8.011$	0.04
精磨	0.1	h6(−0.016)	0.16	50+0.01=50.01	$\phi50.01-8.016$	0.16
粗磨	0.3	h8(−0.039)	1.25	50.01+0.1=50.11	$\phi50.11-8.039$	1.25
半精车	1.1	h11(−0.16)	2.5	50.11+0.3=50.41	$\phi50.41-8.16$	2.5
粗车	4.49	h13(−0.39)	16	50.41+1.1=51.51	$\phi51.51-8.39$	16
锻造	—	±2	—	51.51+4.49=56	$\phi56\pm2$	

2. 基准不重合时工序尺寸及其公差的计算

工序基准或定位基准与设计基准不重合时,工序尺寸及其公差的计算比较复杂,需用工艺尺寸链来进行分析计算,详见本章工艺尺寸链的介绍。

4.3 工艺尺寸链

在零件的机械加工过程中,各工序的工序尺寸及工序余量在不断地变化,其中一些工序尺寸在零件图上往往不标出或不存在,需要在制定工艺规程时予以确定。而这些不断变化的工序尺寸之间又存在着一定的联系,需要用工艺尺寸链原理去分析它们的内在联系,掌握它们的变化规律,才能正确地计算出各工序的工序尺寸。

4.3.1 工艺尺寸链的定义和特征

在零件加工或机器装配过程中,由相互联系的尺寸按一定顺序首尾相接形成封闭的尺寸组就定义为尺寸链。由单个零件在工艺过程中有关尺寸所形成的尺寸链,称为工艺尺寸链。如图 4-14(a)所示的台阶零件,零件图样上标注设计尺寸 A_1 和 A_0。当用调整法最后加工表面 B 时(其他表面均已加工完成),为了使工件定位可靠和夹具结构简单,常选 A 面为定位基准,按尺寸 A_2 对刀加工 B 面,间接保证尺寸 A_0。这样,尺寸 A_1、A_2 和 A_0 是在加工过程中,由相互连接的尺寸形成封闭的尺寸组,如图 4-14(b)所示,它就是一个尺寸链。

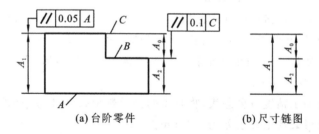

(a) 台阶零件   (b) 尺寸链图

图 4-14   零件加工过程中的尺寸链

可以证明:由于定位基准和设计基准不重合,往往必须同时提高 A_1 和 A_2 的加工精度,才能间接地保证尺寸 A_0 的加工精度。因为,此处尺寸 A_1、A_2 是在加工过程中直接获得的,尺寸 A_0 是间接保证的。由此可见,尺寸链的主要特征如下。

1. 封闭性

尺寸链必须是一组相关尺寸首尾相接构成封闭形式的尺寸。其中,应包含一个间接保证的尺寸和若干个对此有影响的直接获得的尺寸。

2. 关联性

尺寸链中间接保证的尺寸的大小和精度,是受这些直接获得的尺寸和精度所支配的,彼此间具有特定的函数关系,并且间接保证的尺寸的精度必然会低于直接获得的尺寸的精度。

4.3.2 尺寸链的组成和尺寸链图的画法

组成尺寸链的各个尺寸称为尺寸链的环。如图 4-14(b)中的尺寸 A_1、A_2 和 A_0 都是尺寸链的环。这些环又可分为封闭环和组成环两种。

1. 封闭环

根据尺寸链的封闭性,最终被间接保证精度的那个环称为封闭环。例如,尺寸 A_0 就是封闭环。加工工艺尺寸链的封闭环是由零件的加工顺序来确定的。在零件工作图上,零件尺寸链的封闭环确定是图上未标注的尺寸。在机器的装配过程中,凡是在装配后才形成的尺寸,如通常的装配间隙或装配后形成的过盈,就称为装配尺寸链的封闭环,它是由两个零件上的表面或中心线构成的。

2. 组成环

除封闭环以外的其他环都称为组成环。例如,尺寸 A_1、A_2 就是组成环。组成环又可按它对封闭环的影响性质分成增环和减环。

(1)增环。当其余各组成环不变,而这个环增大使封闭环也增大的环,就称为增环。例如,尺寸 A_2 就是增环。为了明确起见,可加标一个向右的箭头,如 $\overrightarrow{A_2}$。

(2)减环。当其余各组成环不变,而这个环增大使封闭环反而减小的环,就称为减环。例如,尺寸 A_1 就是减环。为了明确起见,可加标一个向左的箭头,如 $\overleftarrow{A_1}$。

尺寸链图是将尺寸链中各相应的环按大致比例,用首尾相接的单箭头线顺序画出的尺寸图。尺寸链图的画法可归纳如下。

(1)首先根据工艺过程或加工方法,找出间接保证的尺寸作为封闭环。

(2)从封闭环起,按照零件上表面间的联系,依次画出有关的直接获得的尺寸(大致上按比例),作为组成环,直到尺寸的终端回到封闭环的起端形成一个封闭图形。

(3)按照各尺寸首尾相接的原则,顺着一个方向在各尺寸线终端画箭头。凡箭头方向与封闭环箭头方向相同的尺寸就是减环,箭头方向与封闭环箭头方向相反的尺寸就是增环。

4.3.3 尺寸链的基本计算式

尺寸链的计算,是指计算封闭环与组成环的基本尺寸、公差及极限偏差之间的关系。计算方法分为极值法和概率法。这里介绍极值法。

(1)封闭环的基本尺寸等于各组成环基本尺寸的代数和,即

$$A_0 = \sum_{i=1}^{m} \overrightarrow{A_i} - \sum_{i=m+1}^{n-1} \overleftarrow{A_i} \tag{4-8}$$

式中:A_0 为封闭环的基本尺寸;$\overrightarrow{A_i}$ 为增环的基本尺寸;$\overleftarrow{A_i}$ 为减环的基本尺寸;m 为增环的环数;n 为包括封闭环在内的总环数。

(2)封闭环的公差等于各组成环的公差之和,即

$$T_0 = \sum_{i=1}^{n-1} T_i \qquad\qquad (4\text{-}9)$$

式中：T_0 为封闭环的公差；T_i 为组成环的公差。

(3)封闭环的上偏差等于所有增环的上偏差之和减去所有减环的下偏差之和，即

$$ES_0 = \sum_{p=1}^{m} ES_p - \sum_{q=m+1}^{n-1} EI_q \qquad\qquad (4\text{-}10)$$

式中：ES_0 为封闭环的上偏差；ES_p 为增环的上偏差；EI_q 为减环的下偏差；m 为增环环数。

(4)封闭环的下偏差等于所有增环的下偏差之和减去所有减环的上偏差之和，即

$$EI_0 = \sum_{p=1}^{m} EI_p - \sum_{q=m+1}^{n-1} ES_q \qquad\qquad (4\text{-}11)$$

式中：EI_0 为封闭环的下偏差；EI_p 为增环的下偏差；ES_q 为减环的上偏差。

(5)封闭环的最大极限尺寸等于所有增环的最大极限尺寸之和减去所有减环的最小极限尺寸之和，即

$$A_{0\ max} = \sum_{i=1}^{m} \vec{A}_{i\ max} - \sum_{i=m+1}^{n-1} \overleftarrow{A}_{i\ min} \qquad\qquad (4\text{-}12)$$

(6)封闭环的最小极限尺寸等于所有增环的最小极限尺寸之和减去所有减环的最大极限尺寸之和，即

$$A_{0\ min} = \sum_{i=1}^{m} \vec{A}_{i\ min} - \sum_{i=m+1}^{n-1} \overleftarrow{A}_{i\ max} \qquad\qquad (4\text{-}13)$$

计算尺寸链时，会遇到下列三种形式。

①正计算形式。已知各组成环的基本尺寸、公差及极限偏差，求封闭环的基本尺寸、公差及极限偏差。它的计算结果是唯一的。产品设计的校验工作会常遇到此种形式。

②反计算形式。已知封闭环的基本尺寸、公差及极限偏差，求各组成环的基本尺寸、公差及极限偏差。由于组成环有若干个，所以反计算形式是将封闭环的公差值合理地分配给各组成环，以求得最佳分配方案。产品设计工作会常遇到此种形式。

③中间计算形式。已知封闭环和部分组成环的基本尺寸、公差及极限偏差，求其余组成环的基本尺寸、公差及极限偏差。工艺尺寸链多属此种计算形式。

(7)在计算尺寸链时，会碰到两种比较麻烦的情况。

一种情况是，在求某一组成环的公差时，结果为零值或负值，即其余组成环的公差之和等于或大于封闭环的公差。此时，必须根据工艺可能性重新决定其余组成环的公差，即紧缩它们的制造公差，提高其加工精度。

另一种情况是，在设计中通常根据已给定的封闭环的公差来决定各组成环的公差。解决这类问题可以用以下三种方法。

①按等公差值的原则分配封闭环的公差，即

$$T(\vec{A}_i) = T(\overleftarrow{A}_i) = \frac{T(A_0)}{n-1} \qquad\qquad (4\text{-}14)$$

这种方法在计算上比较方便，但从工艺上讲是不够合理的，只能有选择地使用这种方法。

②按等公差级的原则分配封闭环的公差，即各组成环的公差根据其基本尺寸的大小按

比例分配,或者是按照公差表中的尺寸分段及某一公差等级,规定组成环的公差,使各组成环的公差符合下列条件,即

$$\sum_{i=1}^{m} T(\vec{A_i}) + \sum_{i=m+1}^{n-1} T(\overleftarrow{A_i}) \leqslant T(A_0) \tag{4-15}$$

最后加以适当的调整。这种方法从工艺上讲是比较合理的。

③组成环的公差也可以按照具体情况来分配。这与设计工作经验有关,但实质上仍是从工艺的观点考虑的。

如前所述,减少组成环的环数即可适当放宽组成环的公差,有利于零件的加工。这就要求改变零部件的结构设计,减少零件数目(即从改变装配尺寸链着手,使组成环尽量少),或改变加工工艺方案以改变工艺尺寸链的组成,减少尺寸链的环数。可见,这一措施是经济合理的保证和提高封闭环精度的一种有效方法。

4.3.4　几种工艺尺寸链的分析和解算

下面将由简到繁,通过集中典型的应用实例,分析工艺尺寸链的建立和计算方法。

1. 定位基面与设计基准不重合的工序尺寸换算

采用调整法加工一批零件,若所选的定位基准与设计基准不重合,那么该加工表面的设计尺寸就不能由加工直接得到,这时,就需进行有关的工序尺寸计算以保证设计尺寸的精度要求,并将计算的工序尺寸标注在该工序的工序图上。

例 4-3　加工如图 4-15 所示的零件,设 A 面已加工好,现以 A 面定位加工 B 面和 C 面,其工序简图如图 4-15 所示,试求工序尺寸 H_1 和 H_2。

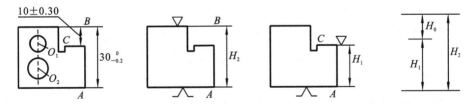

图 4-15　定位基面与设计基准不重合工艺尺寸链

解　由于加工 B 面时定位基准与设计基准重合,因此工序尺寸 H_2 就等于设计尺寸,即

$$H_2 = 30_{-0.2}^{\ 0} \text{ mm}$$

由于加工 C 面时定位基准与设计基准不重合,因此工序尺寸 H_1 需进行换算求得。

H_0 为该尺寸链的封闭环,即

$$H_0 = (10 \pm 0.30) \text{ mm}$$

H_1 为该尺寸链的减环。

H_2 为该尺寸链的增环,即

$$H_2 = 30_{-0.2}^{\ 0} \text{ mm}$$

把上述已知数据代入尺寸链基本计算公式中可得

$$H_1 = 20_{-0.3}^{+0.1} \text{ mm}$$

2. 测量基准和设计基准不重合的工序尺寸换算

如图 4-16(a)所示,已知某车床主轴箱,两孔Ⅲ、Ⅳ中心距为(127±0.07) mm,该尺寸不便直接测量,只能用游标卡尺直接测量两孔内侧或外侧母线之间的距离来间接保证中心距之间的尺寸要求。现采用测量两孔内侧母线的方法决定,则该测量尺寸应为多少才能满足孔心距的要求。

为求得该测量尺寸,需要按照尺寸链的计算步骤计算尺寸链,建立其尺寸链图如图 4-16(b)所示,$L_0 = (127 \pm 0.07)$ mm;$L_3 = 40^{+0.02}_{-0.009}$ mm;L_2 为待求测量尺寸;$L_1 = 32.5^{+0.015}_{0}$ mm。L_1、L_2、L_3 为增环;L_0 为封闭环。

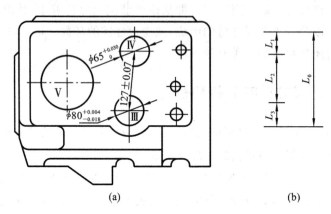

图 4-16 主轴箱箱体轴孔中心距测量尺寸链

把上述已知数据代入尺寸链基本计算公式中可得 $L_2 = 54^{+0.053}_{-0.061}$ mm,只要实测结果在其公差范围之内,就一定能够保证两孔Ⅲ、Ⅳ中心距的设计要求。

必须指出,按上述计算结果,若实测结果超差,却不一定都是废品。这是因为直线尺寸链的极值算法考虑的是极限情况下各环之间的尺寸联系,从保证封闭环的尺寸要求来看,这是一种保守算法,计算结果可靠。但是,正因为保守,计算中便隐含有假废品问题,例如本例中,若两孔的直径尺寸都为公差的上限,即半径尺寸 $L_3 = 40.002$ mm,$L_1 = 32.515$ mm,则 L_2 的尺寸便允许设计成 $L_2 = (54.5 - 0.087)$ mm,因为 $L_1 + L_2 + L_3 = 126.93$ mm,恰好是中心距设计尺寸的下限尺寸。

生产上为了避免假废品的产生,在发现实测尺寸超差时,应实测其他组成环的实际尺寸,然后在尺寸链中重新计算封闭环的实际尺寸,若重新计算结果超出了封闭环设计要求的范围便确认为废品,否则仍为合格品。

由此可见,产生假废品的根本原因在于测量基准和设计基准不重合。组成环的环数越多,公差范围越大,出现假废品的可能性越大。因此,在测量时应尽量使测量基准和设计基准重合。

3. 一次加工满足多个设计尺寸要求的工艺尺寸计算

例如,一带有键槽的内孔要淬火及磨削,其设计尺寸如图 4-17 所示,其键槽的加工顺序是:①镗内孔至 $\phi 39^{+0.10}_{0}$ mm;②插键槽至尺寸 A;③淬火处理;④磨内孔,保证内孔直径 $\phi 40^{+0.05}_{0}$ mm 和键槽深度 $\phi 43.6^{+0.34}_{0}$ mm 两个设计尺寸的要求,求工序尺寸 A。

正确地画出尺寸链图,并正确判定封闭环是求解尺寸链的关键。画尺寸链图时,应按工艺顺序从第一个工艺尺寸的工艺基准出发,逐个画出全部组成环,最后用封闭环封闭尺寸链图。根据题意,画出工艺尺寸链图如图 4-18 所示。

键槽深度的设计尺寸 $\phi 43.6^{+0.34}_{0}$ mm 为封闭环,A 和 $\phi 20^{+0.025}_{0}$ mm 为增环,$\phi 19.8^{+0.05}_{0}$ mm 为减环。把上述已知数据代入尺寸链基本计算公式中可得 $A = 43.4^{+0.315}_{+0.05}$ mm。

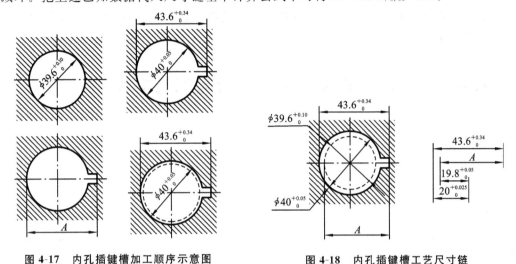

图 4-17　内孔插键槽加工顺序示意图　　　　图 4-18　内孔插键槽工艺尺寸链

注意,在本例中,把镗孔中心线看作是磨孔的定位基准,它是一种近似定位基准,因为磨孔和镗孔是在两次装夹下完成的,存在同轴度误差。只是,当同轴度误差很小时,比其他组成环的公差小一个数量级,才允许用上述的近似计算。若同轴度误差不是很小,则应将同轴度也作为一个组成环画在尺寸链中。

4.渗碳层深度工艺尺寸链计算

例如,如图 4-19 所示的零件,表面 P 要求渗碳处理,渗碳层深度规定为 0.5~0.8 mm,与此有关的加工过程如下:

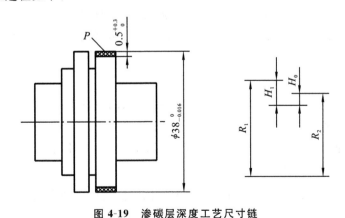

图 4-19　渗碳层深度工艺尺寸链

(1)精车 P 面,保证直径尺寸 $\phi 38.4^{0}_{-0.1}$ mm;

(2)渗碳处理,控制渗碳层深度 H_1;

(3)精磨 P 面,保证直径尺寸 $\phi38_{-0.016}^{0}$ mm。试确定 H_1 的值。

根据工艺过程建立尺寸链如图 4-19 所示,忽略精磨 P 面与精车 P 面的同轴度误差。在该尺寸链中,H_0 是最终的渗碳层深度,是间接保证的,因而是封闭环。根据已知条件,可解出 $H_1=0.7_{+0.008}^{+0.25}$ mm。

从这个例子可以看出,这类问题的分析和前述一次加工需保证多个设计尺寸要求的分析类似。在精磨 P 面时,P 面的设计基准和工艺基准都是轴线,而渗碳层深度的设计基准是磨后 P 面的外圆母线,设计基准和定位基准不重合,才有了上述的工艺尺寸链计算问题。

4.4 工艺过程的技术经济分析与工艺文件

4.4.1 时间定额

1.时间定额的概念

所谓时间定额,是指在一定生产条件下,规定生产一件产品或完成一道工序所消耗的时间。它是安排作业计划、进行成本核算、确定设备数量、人员编制及规划生产的重要根据。因此,时间定额是工艺规程的重要组成部分。合理制定时间定额对保证产品质量、提高劳动生产率、降低生产成本都是十分重要的。

2.时间定额的组成

1)基本时间 $t_{基}$

直接改变生产对象的尺寸、形状、相对位置,表面状态或材料性质等工艺过程所消耗的时间称为基本时间。它包括刀具的趋近、切入、切削加工和切出等时间。

2)辅助时间 $t_{辅}$

为实现工艺过程所必须进行的各种辅助动作所消耗的时间称为辅助时间。如装卸工件、启动和停开机床、改变切削用量、测量工件等所消耗的时间。

基本时间和辅助时间的总和称为作业时间 $t_{作}$。它是直接用于制造产品或零部件所消耗的时间。

3)布置工作地时间 $t_{布}$

为使加工正常进行,工人照管工作地(如更换刀具、润滑机床、清理切屑、收拾工具等)所消耗的时间称为布置工作地时间。

$t_{布}$ 很难精确估计,一般按操作时间 $t_{作}$ 的百分数 α(取 2~7)来计算。

4)休息和自然需要时间 $t_{休}$

休息和自然需要时间是指工人在工作班时间内为恢复体力和满足生理上的需要所消耗的时间。$t_{休}$ 也按操作时间的百分数 β(一般取 2)来计算。

所有上述时间的总和称为单件时间,即

$$t_{单件} = t_{基} + t_{辅} + t_{布} + t_{休} = (t_{基} + t_{辅})\left(1 + \frac{\alpha + \beta}{100}\right) = \left(1 + \frac{\alpha + \beta}{100}\right)t_{作} \tag{4-16}$$

5)准备终结时间 $t_{准终}$

工人为了生产一批产品或零部件,进行准备和结束工作所消耗的时间称为准备终结时间。如熟悉工艺文件、领取毛坯、安装刀具和夹具、调整机床,以及在加工一批零件终结后所需要拆下和归还工艺装备、发送成品等所消耗时间。

准备终结时间对一批零件只需要一次,零件批量 $N_{零}$ 越大,分摊到每个工件上的准备终结时间越小。为此,成批生产时的单件时间定额为

$$t_{定额} = t_{单件} + \frac{t_{准终}}{N_{零}} = (t_{基} + t_{辅})\left(1 + \frac{\alpha + \beta}{100}\right) + \frac{t_{准终}}{N_{零}} \tag{4-17}$$

大批大量生产时,因为零件批量 $N_{零}$ 很大,$\frac{t_{准终}}{N_{零}}$ 就可以忽略不计,故这时的单件时间定额为

$$t_{定额} = (t_{基} + t_{辅})\left(1 + \frac{\alpha + \beta}{100}\right) = t_{单件} \tag{4-18}$$

4.4.2　工艺过程的技术经济分析

一个零件的机械加工工艺过程,往往可以拟订出几个不同的方案,这些方案都能满足该零件的技术要求,其中有些方案可具有很高的生产效率,但设备和工装夹具方面的投资较大,另一些方案则可能投资较节省,但生产效率较低。因此,不同的方案就有不同的经济效果。为了选取在给定的生产条件下最经济合理的方案,对不同的工艺方案进行技术经济分析和评比就具有重要意义。

经济分析就是比较不同方案的生产成本的多少。生产成本最少的方案就是最经济的方案。生产成本是制造一个零件或一台产品所必需的一切费用的总和。在分析工艺方案的优劣时,只需分析与工艺过程直接有关的生产费用,这部分生产费用就是工艺成本。工艺成本又可分为可变费用和不变费用两大类。零件生产成本的组成情况如图 4-20 所示。

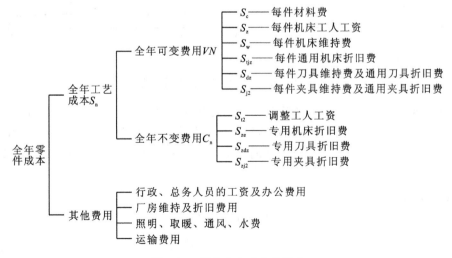

图 4-20　零件生产成本的组成

注:有些费用是随生产批量而变化的,如调整费、用于在制品占用资金等,在一般情况下不予单列。

从图 4-20 可以看出,可变费用,如材料费、通用机床折旧费等,是与年产量有关,并与年产量成正比例的费用,用 V 表示;不变费用,如专用机床折旧费等,是与年产量的变化没有直接关系的费用,用 C_n 表示。由于专用机床是专为某零件的某加工工序所用,它不能被用于其他工序的加工,当产量不足、负荷不满时,就只能闲置不用。由于设备的折旧年限(或年折旧费用)是确定的,因此专用机床的全年费用不随年产量的变化而变化。

零件(或工序)的全年工艺成本 S_n 为

$$S_n = VN + C_n \qquad (4-19)$$

式中:V 为单个零件的可变费用,单位为元/件;N 为零件的年产量,单位为件;C_n 为全年的不变费用,单位为元。

图 4-21(a)所示的直线 Ⅰ、Ⅱ 与 Ⅲ 分别表示三种加工方案。方案 Ⅰ 采用通用机床加工,方案 Ⅱ 采用数控机床加工,方案 Ⅲ 采用专用机床加工。三种方案的全年不变费用 C_n 依次递增,而每件零件的可变费用 V 则依次递减。

单个零件(或单个工序)的工艺成本 S_d 应为

$$S_d = V + \frac{C_n}{N} \qquad (4-20)$$

单个零件(或单个工序)的工艺成本与年产量之间的关系为一双曲线,如图 4-21(b)所示。

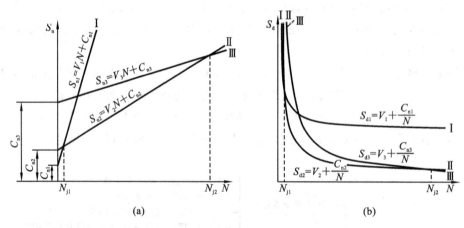

(a)   (b)

图 4-21 工艺成本与年产量之间的关系

对加工内容相同的几种工艺方案进行经济评比时,一般可分为下列两种情况。

(1)当需评比的工艺方案均采用现有设备或其基本投资相近时,工艺成本即可作为衡量各种工艺方案经济性的依据。各种方案的取舍与加工零件的年生产纲领有密切关系,如图 4-21(a)所示。

临界年产量 N_j 由计算可得

$$S_n = V_1 N_j + C_{n1} = V_2 N_j + C_{n2} \qquad (4-21)$$

$$N_j = \frac{C_{n2} - C_{n1}}{V_1 - V_2} \qquad (4-22)$$

可以看出,当 $N < N_{j1}$ 时,宜采用通用机床;当 $N > N_{j2}$ 时,宜采用专用机床;而数控机床介于两者之间。

当工件的复杂程度增加时,如具有复杂型面的零件,则不论年产量为多少,采用数控机床加工在经济上都是合理的,如图 4-22 所示。当然,在同一用途的各种数控机床之间,仍然需要进行经济上的比较与分析。

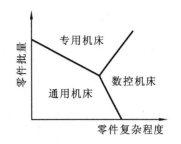

图 4-22　工件复杂程度与机床选择

(2)当需要评比的工艺方案基本投资差额较大时,单纯比较其工艺成本是难以全面评定其经济性的,必须同时考虑不同方案的基本投资差额的回收期。回收期是指第二方案多花费的投资,需要多长时间才能由于工艺成本的降低而收回来。投资回收期可用下式求得

$$\tau = \frac{K_2 - K_1}{S_{n1} - S_{n2}} = \frac{\Delta K}{\Delta S_n} \tag{4-23}$$

式中:τ 为投资回收期,单位为年;ΔK 为基本投资差额(又称为追加投资),单位为元;ΔS_n 为全年生产费用节约额(又称为追加投资年度补偿额),单位为元/年。

投资回收期必须满足以下要求:①回收期应小于所采用设备或工艺装备的使用年限;②回收期应小于该产品由于结构性能或市场需求等因素所决定的生产年限;③回收期应小于国家所规定的标准回收期,例如采用新夹具的标准回收期常定为 2～3 年,采用新机床的标准回收期常定为 4～6 年。

因此,考虑追加投资后的临界年产量 N'_j 应由下列关系式计算求得

$$S_n = V_1 N'_j + C_{n1} = V_2 N'_j + C_{n2} + \Delta S_n \tag{4-24}$$

$$N'_j = \frac{(C_{n2} + \Delta S_n) - C_{n1}}{V_1 - V_2} \tag{4-25}$$

4.4.3　工艺文件

为了保证加工质量和生产效率,把所拟定工艺过程的各项内容进行经济性分析、计算,经方案评比、论证后,确定成指导工人操作和用于生产、工艺管理等的各种技术文件,就称为工艺文件。其中,规定产品或零部件机械加工工艺过程和操作方法等的工艺文件称为机械加工工艺规程。生产规模的大小、工艺水平的高低,以及解决各种工艺问题的方法和手段都要通过机械加工工艺规程来体现。因此,机械加工工艺规程设计是一项重要而又严肃的工作。它要求设计者必须具备丰富的生产实践经验和广博的机械制造工艺基础理论知识。

通常,机械加工工艺规程被填写成表格(卡片)的形式,虽然我国对机械加工工艺规程的表格没有作统一的规定,但各机械制造厂使用各表的基本内容是相同的。机械加工工艺规程的详细程度与生产类型、零件的设计精度和工艺过程的自动化程度有关。一般来说,采用普通加工方法的单件小批生产,只需填写简单的机械加工工艺过程卡片(见表 4-10)。在中批生产中,多采用较详细的机械加工工艺卡(见表 4-11);大批大量生产类型要求有严密、细致的组织工作,因此各工序都要填写工序卡(见表 4-12),对有调整要求的工序要有调整卡,检验工序要有检验卡。对于技术要求高的关键零件的关键工序,即使是普通加工方法的单件小批生产也应制定较详细的机械加工工艺规程(包括填写工序卡和检验卡等),以确保产品质量。若机械加工工艺过程中有数控工序或全部由数控工序组成,则不管生产类型如何都必须对数控工序做出详细规定,并要填写数控加工工序卡、刀具卡等与编程有关的工艺文

件，以利于编程。

表 4-10　机械加工工艺过程卡片

(工厂名)	机械加工工艺过程卡片	产品名称及型号			零件名称			零件图号			
		材料	名称		毛坯	种类		零件质量/kg	毛重		第　页
			牌号			尺寸			净重		共　页
			性能		每料件数			每台件数		每批件数	

工序号	工序内容	加工车间	设备名称及编号	工艺装备名称及编号			技术等级	时间定额/min	
				夹具	刀具	量具		单件时间	准备—终结时间

更改内容									
编制		抄写		校对		审核		批准	

表 4-11　机械加工工艺卡片

(工厂名)	机械加工工艺卡片	产品名称及型号			零件名称			零件图号			
		材料	名称		毛坯	种类		零件质量/kg	毛重		第　页
			牌号			尺寸			净重		共　页
			性能		每料件数			每台件数		每批件数	

工序	安装	工步	工序内容	同时加工零件数	切削用量				设备名称及编号	工艺装备名称及编号			技术等级	工时定额/min	
					背吃刀量/mm	切削速度/(m·min^{-1})	主轴转速/(r·min^{-1})或双行程数/(n·min^{-1})	进给量/(mm·r^{-1})或(mm·min^{-1})		夹具	刀具	量具		单件时间	准备—终结时间

更改内容									
编制		抄写		校对		审核		批准	

表 4-12　机械加工工序卡片

（工厂名）	机械加工工序卡片	产品名称及型号	零件名称	零件图号	工序名称	工序号	第　页
							共　页

车间	工段	材料名称	材料牌号	力学性能

同时加工件数	每料件数	技术等级	单件时间/min	准备—终结时间/min

设备名称	设备编号	夹具名称	夹具编号	工作液

（画工序简图处）

更改内容	

工步号	工步内容	计算数据/mm			工作行程数	切削用量				工时定额/min			刀具量具及辅助工具			
		直径或长度	进给长度	单边余量		背吃刀量/mm	进给量/(mm·r⁻¹)或/(mm·min⁻¹)	切削速度/(r·min⁻¹)或双行程数/(n·min⁻¹)	切削速度/(m·min⁻¹)	基本时间	辅助时间	工作地点服务时间	工步号	名称	规格	编号	数量

编制		抄写		校对		审核		批准	

思考复习题 4

4-1　什么是机械加工工艺规程？工艺规程在生产中起何作用？

4-2　如何理解结构工艺性的概念？

4-3　分析如图 4-23 所示的零件有哪些结构工艺性问题，并提出正确的改进意见。

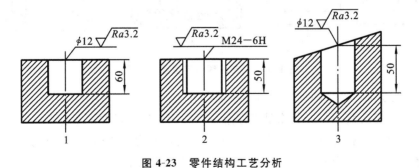

图 4-23　零件结构工艺分析

4-4　应该怎样选择毛坯类型和制造方法？

4-5　精、粗定位基准的选择原则各有哪些？如何分析这些原则之间出现的矛盾？

4-6　如图 4-24 所示零件的 A、B、C 面，$\phi 10^{+0.027}_{0}$ mm 及 $\phi 30^{+0.033}_{0}$ mm 孔均已加工完成。分析加工 $\phi 12^{+0.018}_{0}$ mm 孔时，选用哪些表面定位最合理？为什么？

4-7　如图 4-25 所示的车床主轴箱体的一个视图，图中 1 孔为主轴孔，是重要孔，加工时希望余量均匀。请选择加工主轴孔的粗、精基准。

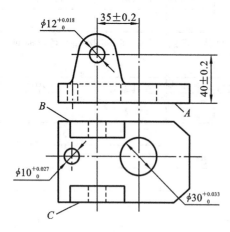

图 4-24　零件表面定位的选择

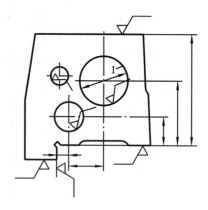

图 4-25　主轴孔粗、精基准的选择

4-8　如图 4-26 所示，床身的主要工序如下。

(1)加工导轨面 A、B、C、D、E、F：粗铣、半精刨、粗磨、精磨。

(2)加工底面 J：粗铣、半精刨、精刨。

(3)加工压板及齿条安装面 G、H、I：粗刨、半精刨。

(4)加工床头箱安装面 K、L：粗铣、精铣、精磨。

(5)其他：画线，人工时效，导轨面高频淬火。

试将上述各工序安排合理的工艺路线，并指出各工序的定位基准。（零件为小批量生产类型）

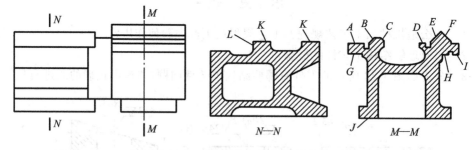

图 4-26　工艺路线与定位基准练习

4-9　什么是加工经济精度？如何选择加工方法？

4-10　什么是毛坯余量？什么是工序余量？影响工序余量的因素有哪些？

4-11　欲在某工件上加工 $\phi 72.5^{+0.03}_{0}$ mm 孔，其材料为 45 钢，加工工序为：扩孔 → 粗镗孔 → 半精镗 → 精镗孔 → 精磨孔。已知各工序尺寸及公差如下：

精磨为 $\phi 72.5^{+0.03}_{0}$ mm；精镗为 $\phi 71.8^{+0.046}_{0}$ mm；半精镗为 $\phi 70.5^{+0.19}_{0}$ mm；粗镗为 $\phi 68^{+0.3}_{0}$ mm；扩孔为 $\phi 64^{+0.46}_{0}$ mm；模锻孔为 $\phi 59^{+1}_{-2}$ mm。

试计算各工序的加工余量及余量公差。

4-12　有一小轴,毛坯为热轧棒料,大批量生产的工艺路线为:粗车→半精车→淬火→粗磨→精磨。外圆设计尺寸为 $\phi 30_{-0.013}^{0}$ mm,已知各工序的加工余量和经济精度,试确定各工序尺寸及偏差、毛坯尺寸及粗车余量,并填入表 4-13(余量为双边余量)。

表 4-13　热轧棒料大批量生产时各工序尺寸的相关数据

工 序 名 称	工 序 余 量	经 济 精 度	工序基本尺寸	工序尺寸及偏差
精磨	0.1	IT6,$T=0.013$		
粗磨	0.4	IT8,$T=0.033$		
半精车	1.1	IT10,$T=0.084$		
粗车		IT12,$T=0.21$		
毛坯尺寸	4(总余量)			

4-13　如图 4-27 所示的工件,成批生产以端面 B 定位加工表面 A,保证尺寸 $10_{0}^{+0.2}$ mm,试标注铣此缺口时的工序尺寸及公差。

4-14　如图 4-28 所示,工件的部分工艺过程为:以端面 B 及外面定位粗车断面 A,留精车余量 0.4 mm,镗内孔至 C 面。然后以尺寸 $60_{-0.05}^{0}$ mm 定距装刀精车端面 A。孔的深度要求为 (22 ± 0.10) mm。试标出粗车端面 A,并计算镗内孔深度的工序尺寸 L_1、L_2 及其公差。

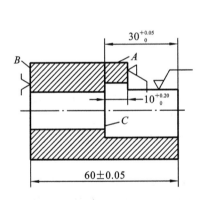

图 4-27　工序尺寸及公差练习(一)

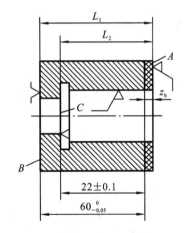

图 4-28　工序尺寸及公差练习(二)

4-15　加工如图 4-29 所示的零件,要求保证尺寸 (6 ± 0.10) mm。由于该尺寸不便测量,只好通过测量尺寸 L 来间接保证。试求测量尺寸 L 及其上、下偏差,并分析有无假废品现象存在?有什么办法解决假废品的存在?

4-16　什么是时间定额?什么是单件时间?如何计算单件时间?

4-17　什么是生产成本与工艺成本?两者有何区别?比较不同工艺方案的经济性时,需要考虑哪些因素?

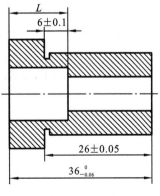

图 4-29　零件尺寸计算

第 5 章 机器装配工艺基础

机器是由许多零件装配而成,装配是整个机器制造过程中的最后一个阶段,它包括装配、调整、检验和试验等工作。机器的质量是以工作性能和寿命等综合指标来评定的,机器的质量最终是通过装配保证的,装配的质量在很大程度上决定了机器的最终质量。另外,通过机器的装配过程,可以发现机器设计和零件加工质量等方面存在的问题,并加以改进,进一步提高机器的质量。本章阐述机器装配工艺基础知识,主要包括装配尺寸链、装配方法和装配工艺规程。

5.1 概述

5.1.1 机器装配的基本概念

按规定的技术要求,将零件、套件、组件、部件进行配合和连接,使之成为半成品和产品的过程称为装配。为保证有效地进行装配工作,通常将机器划分为若干能进行独立装配的部分,分别称为套件、组件、部件,它们都是装配单元。零件是组成机器的最小单元,但直接装入机器的零件并不太多。

套件是在一个基准零件上,装上一个或若干个零件而构成的。它是最小的装配单元。如图 5-1 所示的装配式齿轮套件,由于制造工艺的原因,分成两个零件,在基准零件 1 上套装齿轮 3 并用铆钉 2 固定。为此而进行的装配工作称为套装。

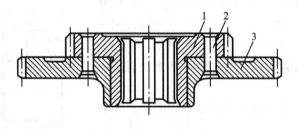

图 5-1 装配式齿轮套件

1—基准零件;2—铆钉;3—齿轮

组件是在一个基准零件上,装上若干套件及零件而构成的。如机床主轴箱中的主轴,在基准轴件上装上齿轮、套、垫片、键及轴承的组合件称为组件。为此而进行的装配工作称为组装。

部件是在一个基准零件上,装上若干组件、套件和零件而构成的。部件在机器中能完成一定的、完整的功能。把零件装配成为部件的过程称为部装。例如车床的主轴箱装配就是部装。主轴箱箱体为部装的基准零件。

在一个基准零件上,装上若干部件、组件、套件和零件就成为整部机器。把零件和部件装配成最终产品的过程,称为总装。例如,卧式车床就是以床身为基准零件,装上主轴箱、进给箱、床鞍、溜板箱等部件及其他组件、套件、零件而组成的。

5.1.2　机器装配的精度

装配精度是装配工艺的质量指标,装配精度不仅影响产品的质量,而且还影响制造的经济性。它是确定零部件精度要求和制定装配工艺规程的一项重要依据。在设计产品时,可根据用户提出的要求,结合实际情况,用类比法确定装配精度。对于一些系列化、通用化、标准化的产品,如通用机床和减速机等,可根据国家标准或部颁标准确定其装配精度。通用机床的精度要求,应符合相应的国家标准规定的各项要求。如对精密车床,就规定了 22 项装配精度的检验标准,主要项目摘录如表 5-1 所示。

表 5-1　精密车床精度标准摘录

检验项目	允差/mm			
(1)床鞍移动在垂直平面内的直线度	在床鞍每 1 m 行程上:0.02/1000 导轨只许向机床后方凸			
(3)床鞍移动在水平面内的直线度	在床鞍每 1 m 行程上:0.01/1000 导轨只许向机床后方凸			
(5)尾座移动对床鞍移动的平行度	上母线	床鞍行程	500	0.01
		床鞍全行程		0.02
	侧母线	床鞍行程	500	0.005
		床鞍全行程		0.01
(6)主轴锥孔轴线的径向跳动	近主轴端			0.005
	高于主轴端 300 mm 处			0.01
(7)床鞍移动对主轴锥孔轴线的平行度	测量长度	200	上母线	0.01
			侧母线	0.007
	检验棒伸出端只许向上偏和向前偏			
(11)主轴定心轴颈的径向跳动	0.005			
(12)床鞍移动对尾座顶尖套锥孔轴线的平行度	测量长度	200	上母线	0.015
			侧母线	0.015
	检验棒伸出端只许向上偏和向前偏			
(15)主轴锥孔轴线和尾座顶尖套锥孔轴线对床身导轨的等高度	只许尾座高 0.02			
(17)丝杠两轴承轴线和开合螺母轴线对床身导轨的等距离	在丝杠每 1 m 长度上为		上母线	0.07
			侧母线	0.07

续表

检 验 项 目	允差/mm		
(20)精车外圆的形状精度	圆度为 0.0025，圆柱度在每 150 mm 测量长度上为 0.01		
(21)精车端面的平面度	在每 200 mm 直径上为 0.01，端面只许凹		
(22)精车螺纹的螺距精度	测量长度上的累积误差	25	0.009
		100	0.012
		300	0.018

归纳起来，机床装配精度的主要内容包括零部件间的尺寸精度、相互位置精度、相对运动精度和接触精度。

零部件之间的尺寸精度包括配合精度和距离精度。配合精度是指配合面间达到规定的间隙或过盈的要求。距离精度是指零部件之间的轴向间隙、轴向距离和轴线间距离等。

零部件之间的位置精度包括平行度、垂直度、同轴度和各种跳动等。如机床轴肩支承面的跳动、主轴锥孔轴线的径向圆跳动等。

相对运动精度是指有相对运动的零部件在运动方向和运动位置上的精度。运动方向上的精度包括零部件相对运动时的直线度、平行度和垂直度等。如机床溜板移动在水平面内的直线度、尾座移动对溜板移动的平行度等。

接触精度是指两配合表面、接触表面间达到规定的接触面积大小与接触点分布情况。它影响接触刚度和配合质量的稳定性。如锥体配合、齿轮啮合和导轨面之间均有接触精度要求。

必须指出，各种装配精度之间存在一定的关系。接触精度和配合精度是距离精度和位置精度的基础，而位置精度又是相对运动精度的基础。

5.1.3　装配精度与零件精度及装配方法的关系

机器、部件、组件等是由零件装配而成的，因此零件的制造精度是保证装配精度的基础，而装配工艺是保证装配精度的方法和手段。

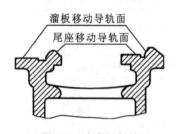

图 5-2　床身导轨简图

如图 5-2 所示，车床溜板移动在水平面内的直线度，主要与床身导轨本身的直线度和几何形状有关，其次与溜板和床身导轨面间的配合接触质量有关。尾座移动相对溜板移动的平行度要求，主要取决于床身上的溜板导轨和尾座导轨之间的平行度，也与导轨面间的配合接触质量有关。可见，这些精度基本上都是由床身这个基础件来保证的。所以，零件的制造精度是保证装配精度的基础。

但是，当遇到有些要求较高的装配精度，如果完全靠相关零件的加工精度来直接保证，则零件的加工精度将会很高，给加工带来很大困难。这时生产中常按加工经济精度来确定零件的精度要求，使之易于加工。而在装配中，则采用一定的工艺措施，如修配、调整等来保证装配精度。如图 5-3 所示，车床精度标准中要求床头和尾座两顶尖为等高度，只有采用修配底板的工艺措施来保证其装配精度。所以，装配工艺是保证装配精度的方法和手段。

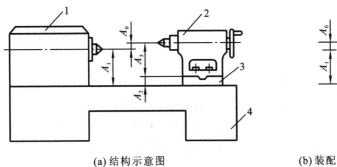

(a) 结构示意图　　　　　　　　(b) 装配尺寸链图

图 5-3　车床床头和尾座两顶尖等高度的调整

1—主轴箱；2—尾座；3—底板；4—床身

　　要合理地保证装配精度，必须从机器的设计、零件的加工、机器的装配及检验等全过程来综合考虑。在机器设计过程时，应合理地规定零件的尺寸公差和技术条件，计算并校核零部件的配合尺寸及公差是否协调。在制定装配工艺、确定装配工序内容时，应采取相应的工艺措施，合理地确定装配方法，以保证机器性能和重要部位的装配精度要求。

5.1.4　装配尺寸链的基本概念

　　装配尺寸链是以某项装配精度指标或装配要求作为封闭环，查找所有与该项精度指标或装配要求有关零件的尺寸或位置要求作为组成环而形成的尺寸链。图 5-4 所示为装配尺寸链，小齿轮在装配后要求与箱壁之间保证一定的间隙 A_0，与此间隙有关零件的尺寸为箱体内壁尺寸 A_1、齿轮宽度尺寸 A_2 及 A_3，这组尺寸 A_1、A_2、A_3、A_0 即组成一装配尺寸链，其中 A_0 为封闭环，其余为组成环，A_1 为增环，A_2、A_3 为减环。注意，封闭环不是一个零件或一个部件上的尺寸，而是不同零件或部件的表面或轴心线之间的相对位置尺寸，它是装配后形成的。

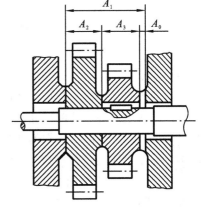

　　各组成环都有加工误差，所有组成环的误差累积就形成封闭环的误差。因此，应用装配尺寸链就便于揭示累积误差对装配精度的影响，并可列出计算公式，进行定量分析，确定合理的装配方法和零件的公差。

图 5-4　装配尺寸链

　　装配尺寸链可以按各环的几何特征和所处空间位置分为长度尺寸链、角度尺寸链、平面尺寸链及空间尺寸链。图 5-4 所示的全部环为长度尺寸的尺寸链就是长度尺寸链。

▌5.2　建立装配尺寸链的方法

　　建立装配尺寸链是在完整的装配图或示意图上进行的。建立装配尺寸链就是根据封闭环——装配精度，查找组成环——相关零件的设计尺寸，并画出尺寸链图，判别组成环的性质。下面通过实例，由易到难先介绍长度尺寸链的建立方法，再分析角度尺寸链的建立方法。

5.2.1 长度尺寸链

1. 建立长度尺寸链的实例和步骤

例 5-1 图 5-5(a)所示为某减速器的齿轮轴组件装配示意图。齿轮轴在两个滑动轴承中转动,两轴承又分别压入左箱体和右箱体的孔内,装配要求是齿轮轴台肩和轴承端面间的轴向间隙为 $0.2\sim0.7$ mm,试建立轴向间隙为装配精度的尺寸链。

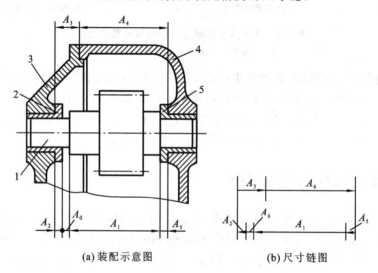

(a) 装配示意图   (b) 尺寸链图

图 5-5 齿轮轴组件的装配尺寸链

1—齿轮轴;2—左滑动轴承;3—左箱体;4—右箱体;5—右滑动轴承

解 一般按下列步骤建立尺寸链。

(1)确定封闭环。装配尺寸链的封闭环是装配精度要求 $A_0 = 0.2\sim0.7$ mm。

(2)查找组成环。装配尺寸链的组成环是相关零件的相关尺寸。所谓相关尺寸,是指相关零件上的相关设计尺寸,它的变化会引起封闭环的变化。本例中的相关零件是齿轮轴、左滑动轴承、左箱体、右箱体和右滑动轴承。确定相关零件以后,应遵守尺寸链环数最少原则,确定相关尺寸。它们的相关尺寸是 A_1、A_2、A_3、A_4 和 A_5,它们是以 A_0 为封闭环的装配尺寸链中的组成环。

注意 尺寸链环数最少是建立装配尺寸链时应遵循的一个重要原则,它要求装配尺寸链中所包括的组成环数目为最少,即每一个有关零件仅以一个组成环列入。装配尺寸链若不符合该原则,将使装配精度降低或给装配和零件加工增加困难。

(3)画出尺寸链图,并确定组成环的性质。根据封闭环和所找到的组成环画出尺寸链图,如图 5-5(b)所示。组成环中与封闭环箭头方向相同的环是减环,即 A_1、A_2 和 A_5 是减环,组成环中与封闭环箭头方向相反的环是增环,即 A_3、A_4 是增环。

上述尺寸链的组成环都是长度尺寸,有时长度尺寸链中还会出现形位公差环和配合间隙环。

例 5-2 图 5-6 所示为普通卧式车床床头和尾座两顶尖对床身平导轨面等高要求的装

配尺寸链。按规定,当最大工件回转直径为 $D_a \leq 400$ mm 时,等高要求为 $0 \sim 0.06$ mm(只许尾座高),试建立其装配尺寸链。

解　(1)确定封闭环。装配尺寸链的封闭环是装配精度要求 $A_0 = 0 \sim 0.06$ mm(只许尾座高)。

(2)查找组成环。从图 5-6 所示结构示意图中,按照装配基准查找到相关零件是尾座底板和床身,而主轴箱和尾座不是相关零件,而是相关部件。用相关部件或组件代替多个相关零件,有利于减少尺寸链的环数。若要进一步查找相关部件中的相关零件,就需要从完整的部件装配示意图中找到相关零件。

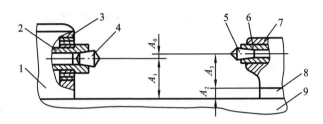

图 5-6　车床两顶尖等高度要求的结构示意图

1—主轴箱体;2—主轴;3—轴承;4—前顶尖;5—后顶尖;6—尾座套筒;7—尾座体;8—尾座底板;9—床身

从图 5-6 中可以看出,主轴箱部件的装配关系是:前顶尖装在主轴锥孔中,主轴以其轴颈作为装配基准装在轴承内环的孔中,轴承内环的外滚道通过滚柱装在轴承外环的内滚道上,轴承外环装在主轴箱体的轴承孔内,主轴箱体装在床身的导轨面上。尾座部件的装配关系是:后顶尖装在尾座套筒的锥孔中,尾座套筒以其外圆柱面为装配基准装在尾座体的导向孔内,尾座体装在尾座底板上。因此,本装配尺寸链的相关零件有前顶尖、主轴、轴承内环、滚柱、轴承外环、主轴箱体、床身、尾座底板、尾座体、尾座套筒和后顶尖等。

相关零件确定后,进一步确定其相关尺寸。本例中各相关零件的装配基准大多是圆柱面(孔和轴)和平面,因而装配基准之间的关系大多是轴线间的位置尺寸和形位公差,如同轴度、平行度和平面度等,以及轴和孔的配合间隙所引起的轴线偏移量。若轴和孔是过盈配合,则可认为轴线偏移量等于零。

由于前、后顶尖和两锥孔都是过盈配合,故它们的轴线偏移量等于零,因此可以把主轴锥孔的轴线和尾座套筒的轴线作为前、后顶尖的轴线。同样,主轴轴承的外圈和主轴箱体的孔也是过盈配合,故主轴轴承外圈的外圆轴线和主轴箱体孔的轴线重合。同时,考虑到前顶尖中心位置的确定是取其跳动量的平均值,即主轴回转轴线的平均位置,它就是轴承外圈内滚道的轴线位置。因此,前顶尖前后锥的同轴度、主轴锥孔对主轴前后轴颈的同轴度、轴承内圈孔对外滚道的同轴度,以及滚柱的不均匀性等都可不计入装配尺寸链中。此时,尺寸链中虽然仍有尺寸 A_1 和 A_3,但它们的含义已不是部件尺寸,而是相应零件的相关尺寸。

(3)画出尺寸链图。根据上述分析,可画出如图 5-7 所示的装配尺寸链图。图 5-7 中的组成环如下:①A_1 为主轴箱体的轴承孔轴线至底面的尺寸;②A_2 为尾座底板厚度尺寸;③A_3 为尾座体孔轴线至底面的尺寸;④e_1 为主轴轴承外圈内滚道(或主轴前锥孔)轴线与外圈外圆(即主轴箱体的轴承孔)轴线的同轴度;⑤e_2 为尾座套筒锥孔轴线与其外圆轴线的同轴度;⑥e_3 为尾座套筒与尾座体孔间隙配合所引起的轴线偏移量;⑦e_4 为床身上安装主轴箱体和

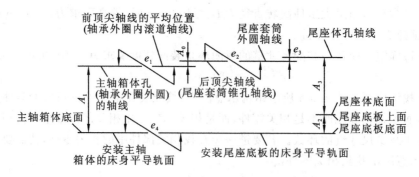

图 5-7　车床两顶尖等高度要求的装配尺寸链图

安装尾座底板的平导轨面之间的平面度。

2. 形位公差环和配合间隙环的特点

上述尺寸链的组成环中,除有长度尺寸环外,还有形位公差环和配合间隙环。如何判别形位公差环和配合间隙环的性质,就成为解决这类装配尺寸链的关键。现分别阐述它们的特点。

(1)形位公差环的特点。形位公差环可看作基本尺寸为零的尺寸环。若形位公差的上、下偏差对称分布,如同轴度、对称度等,那么无论把该环定为增环还是减环,它们对封闭环的影响将是相同的。因此,上、下偏差对称分布的形位公差环,不必判定其是增环还是减环,可任意假定。若形位公差的上、下偏差虽是对称分布,但实际上在尺寸链中只允许单向偏差的环,那么就必须判定其是增环还是减环,并限制其出现另一方向的偏差。判定方法见后述角度尺寸链。

(2)配合间隙环的特点。配合间隙环是指间隙配合时,因轴比孔小,引起轴的轴线和孔的轴线的偏移量。因为轴和孔的基本尺寸相同,所以配合间隙环的基本尺寸为零。判别配合间隙环性质的方法取决于作用力的方向,按实际偏移方向画出该环,再按一般长度尺寸环的判别方法确定其性质。在图 5-7 所示的尺寸链中,e_3 是尾座套筒与尾座体孔间隙配合时的偏移量,因重力的作用使尾座套筒外圆的轴线在下方,尾座体孔的轴线在上方,再按判别一般长度尺寸环的方法,就能判别 e_3 是减环。

若实际偏移方向是对称分布的,例如轴线垂直安置时,轴线可在孔内向任意方向偏移,则该配合间隙环的上偏差为 $+e_{max}$,下偏差为 $-e_{max}$。此时,与上、下偏差对称分布的形位公差环一样,不必判别配合间隙环的性质,可任意假定。

实际上,配合间隙环本身就是轴和孔的直径组成的封闭环。该封闭环通过使轴线产生偏移又成为另一装配尺寸链的组成环,这种尺寸链之间通过封闭环的联系形式,在机器的装配尺寸链中常会遇到。在《尺寸链　计算方法》(GB/T 5847—2004)中,把这类轴和孔配合的尺寸链称为派生尺寸链;另一尺寸链(本例中是两顶尖等高度为封闭环的装配尺寸链)称为基本尺寸链。解答这类尺寸链的方法可参照配合间隙环的分析方法。

3. 查找组成环的原则

建立装配尺寸链的关键是查找组成环。通过上述分析,归纳起来,查找组成环有如下四个原则。

(1)封闭原则。以封闭环两端为起点查找,一直查到基准件后形成封闭的尺寸组为止。

（2）环数最少原则。以零件的装配基准为联系查找相关零件,相关零件上装配基准间的每个相关零件上只有一个组成环。在加工和装配中采取一定措施后,也可用组件或部件的相关尺寸替代若干个相关零件的相关尺寸,从而减少组成环的环数。

（3）精确原则。当装配精度要求较高时,组成环中除了长度尺寸环外,还会有形位公差环和配合间隙环。

（4）多方向原则。在同一装配结构中,不同的位置方向都有装配精度要求时,应按不同方向分别建立装配尺寸链。例如,蜗杆副传动结构的装配中,为保证正确啮合,要同时保证蜗杆轴线与蜗轮中间平面的重合精度、蜗杆副两轴线间的距离精度和蜗杆副两轴线间的垂直度精度,因而需要在三个不同方向分别建立尺寸链。

5.2.2　角度尺寸链

1. 建立角度尺寸链的步骤

全部环为角度的尺寸链称为角度尺寸链。建立角度尺寸链的步骤与建立长度尺寸链的步骤一样,也是先确定封闭环,再查找组成环,最后画出尺寸链图。

常见的形位公差环有垂直度公差环、平行度公差环、直线度公差环和平面度公差环等,它们都是角度尺寸链中的环,其中垂直度相当于角度为 $90°$ 的环,平行度相当于角度为 $0°$ 的环,直线度或平面度相当于角度为 $0°$ 或 $180°$ 的环。

图 5-8 所示为立式铣床主轴回转轴线对工作台面的垂直度的装配尺寸链,在机床的横向垂直平面内为 $0.025/300(\beta_0 \leqslant 90°)$ 的装配尺寸链。图中所示字母的含义如下:

（1）β_0 为封闭环,主轴回转轴线对工作台面的垂直度(在机床横向垂直平面内);

（2）β_1 为组成环,工作台台面对其导轨面在前后方向的平行度;

（3）β_2 为组成环,床鞍上、下导轨面在前后方向上的平行度;

（4）β_3 为组成环,升降台水平导轨面与立导轨面的垂直度;

（5）β_4 为组成环,床身大圆面对立导轨面的平行度;

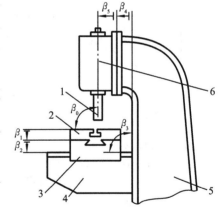

图 5-8　立式铣床主轴回转轴线对工作台面的垂直度的装配尺寸链

1—主轴;2—工作台;3—床鞍;
4—升降台;5—床身;6—立铣头

（6）β_5 为组成环,立铣头主轴回转轴线对立铣头回转面的平行度(组件相关尺寸)。

2. 判断角度尺寸链组成环性质的方法

下面介绍几种常用的判别角度尺寸链组成环性质的方法。

1）直观法

直接在角度尺寸链的平面图中,根据角度尺寸链组成环的增加或减少,来判别其对封闭环的影响,从而确定其性质的方法称为直观法。

现以图 5-8 所示的角度尺寸链为例,具体分析用直观法判别组成环的性质。

垂直度环的增加或减少能从尺寸链图中明显看出,所以判别垂直度环的性质比较方便。本例中的垂直度环 β_3 属于增环。

由于平行度环的基本角度为 $0°$,因而该环在任意方向上的变化,都可以看成角度在增加。为了判别平行度环的性质,必须先有一个统一的准则来规定平行度环的增加或减少。统一的准则是把平行度看成角度很小的环,并约定角度顶点的位置。一般角顶取在尺寸链中垂直度环角顶较多的一边。本例中平行度环 β_1、β_2 的角度顶点取在右边,β_5、β_4 的角度顶点取在下边。根据这一约定,可判别 β_1、β_2、β_5、β_4 是减环,β_3 是增环,则角度尺寸链方程式为

$$\beta_0 = \beta_3 - (\beta_1 + \beta_2 + \beta_4 + \beta_5)$$

2)公共角顶法

公共角顶法是把角度尺寸链的各环画成具有公共角顶形式的尺寸链图,进而再判别其组成环的性质。

由于角度尺寸链一般都具有垂直度环,而垂直度环都有角顶,所以常以垂直度环的角顶作为公共角顶,尺寸链中的平行度环也可以看成角度很小的环,并约定公共角顶作为平行度环的角顶。

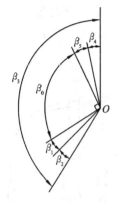

图 5-9 具有公共角顶形式的尺寸链图

下面以图 5-9 所示的角度尺寸链为例,介绍具有公共角顶形式的尺寸链的绘制方法。

首先取垂直度环 β_0 的角顶作为公共角顶,并画出 $\beta_0 = 90°$,然后按相对位置依次以小角度画出平行度环 β_1 和 β_2(往下方向),以及平行度环 β_4 和 β_5(往右方向),最后用垂直度环 β_3 封闭整个尺寸链图,从而形成图 5-9 所示的具有公共角顶形式的尺寸链图,再用类似长度尺寸链的方法写出角度尺寸链方程式为

$$\beta_0 = \beta_3 - (\beta_1 + \beta_2 + \beta_4 + \beta_5)$$

并可断定:β_3 是增环,β_1、β_2、β_4 和 β_5 是减环。

图 5-9 所示的角度尺寸链中的垂直度环都在同一象限(第二象限)内,因而具有公共角顶的角度尺寸链图就能封闭。当两个垂直度环不在同一象限内时,可借助于一个 $180°$ 角进行转化。

3)角度转化法

直观法和公共角顶法都是把角度尺寸链中的平行度环转化成小角度环,再判别组成环的性质。但是,在实际测量时,常和上述情况相反,是用直角尺把垂直度转化成平行度来测量的。这样把尺寸链中的垂直度都转化成平行度,就能画出平行度关系的尺寸链图。

如图 5-10(a)所示,立式铣床主轴回转轴线对工作台面的垂直度要求用角度转化法建立尺寸链,在工作台、床鞍和升降台上各放置一直角尺后,就能把原角度尺寸链中的垂直度环 β_0 和 β_3 转化成平行度环。同时,为了使尺寸链中所有环都能按同方向的平行度环来处理,故也把原角度尺寸链中的平行度环 β_1 和 β_2 也转过 $90°$,最后形成如图 5-10(b)所示的全部为平行度环的尺寸链图。

3. 角度尺寸链的线性化

上述介绍的判别组成环性质的方法,都是希望用类似长度尺寸链的方法来解决角度尺寸链的问题。一般将角度尺寸链中常见的垂直度和平行度用规定长度上的偏差值来表示,

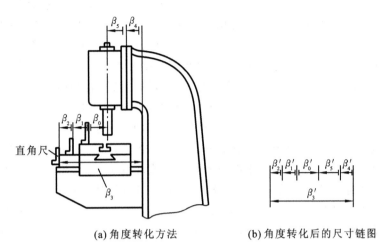

(a) 角度转化方法　　　　　　　　(b) 角度转化后的尺寸链图

图 5-10　立式铣床主轴回转轴线对工作台面垂直度要求用角度转化法建立尺寸链

如规定在 300 mm 长度上,偏差不超过 0.02 mm 或公差带宽度为 0.02 mm,即用"0.02/300"表示,而且全部环都用同一规定长度来表示,那么角度尺寸链的各环都可直接用偏差值或公差值进行计算,最后在计算结果上再注明同一规定长度即可。这样处理的结果,把角度尺寸链的计算也变为与长度尺寸链一样方便。在实际生产中,角度尺寸链线性化的方法应用非常广泛。

5.2.3　平面尺寸链

平面尺寸链是由按角度关系布置的长度尺寸构成,且处于同一或彼此平行的平面内。图 5-11(a)、(b)分别为保证齿轮传动中心距 A_0 的装配尺寸联系示意图及尺寸链图。在生产中,A_0 是通过装配时钻铰定位销孔来保证的。

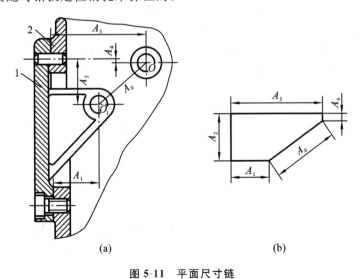

(a)　　　　　　　　　　　　(b)

图 5-11　平面尺寸链

1—盖板;2—箱体

161

必须指出,装配尺寸链的计算基本与第 4 章工艺尺寸链的计算理论相似。更重要的是,装配方法与装配尺寸链的计算方法密切相关。同一项装配精度要求采用不同装配方法时,其装配尺寸链的计算方法也不同。装配尺寸链的计算分为正计算和反计算。已知与装配精度有关的各组成零件的基本尺寸及偏差,求解装配精度要求(封闭环)的基本尺寸及偏差的计算称为正计算,它用于对已设计的图样进行校核验算。已知装配精度要求(封闭环)的基本尺寸及偏差,求解与该项装配精度有关的各零部件基本尺寸及偏差的计算称为反计算,它主要用于产品设计过程之中,以确定各零部件的尺寸和加工精度。

装配尺寸链的计算方法有极值法和概率法两种。极值法的优点是简单可靠,由于它是根据极大极小的极端情况下推导出来的封闭环与组成环的关系式,所以在封闭环为既定值的情况下,计算得到的组成环公差过于严格。特别是当封闭环精度要求高,组成环数目多时,由极值法计算出的组成环公差甚至无法用机械加工来保证。在大批大量生产且组成环数目较多时,可用概率法来计算尺寸链,这样可扩大零件的制造公差,降低制造成本。

5.3 保证装配精度的装配方法

在生产中常用的保证装配精度的装配方法有互换装配法、分组装配法、修配装配法和调整装配法。选择装配方法的实质,就是在满足装配精度要求的条件下,选择相应的经济合理的解装配尺寸链的方法。

5.3.1 互换装配法

按互换程度的不同,互换装配法分为完全互换装配法与大数互换装配法。

1. 完全互换装配法(极值法)

在全部产品中,装配时各组成环零件不需挑选或改变其大小或位置,装入后即能达到封闭环的公差要求,这种装配方法称为完全互换装配法。完全互换装配法的实质就是用控制零件加工误差来保证装配精度的一种方法。

选择完全互换装配法时,采用极值公差公式计算。为保证装配精度要求,尺寸链中封闭环的极值公差应小于或等于封闭环的公差要求值,即

$$T_{0L} \geqslant \sum_{i=1}^{m} |\xi_i| T_i \tag{5-1}$$

式中:T_{0L} 为求得的封闭环的极值公差;T_i 为第 i 个组成环的公差;ξ_i 为第 i 个组成环的传递系数;m 为组成环的环数。

对于长度尺寸链,$|\xi_i| = 1$,则

$$T_{0L} \geqslant \sum_{i=1}^{m} T_i = T_1 + T_2 + \cdots + T_m \tag{5-2}$$

在进行装配尺寸链反计算形式时,即已知封闭环要求的公差 T_0,分配各组成环(有关零件)的公差 T_i 时,可按等公差原则先求出各组成环的平均极值公差 T_{avL},即

$$T_{avL} \geqslant \frac{T_0}{\sum\limits_{i=1}^{m} |\xi_i|} \tag{5-3}$$

对于长度尺寸链,$|\xi_i|=1$,则

$$T_{avL} = \frac{T_0}{m} \tag{5-4}$$

然后根据生产经验,考虑到各组成环尺寸的大小和加工难易程度进行适当调整。在调整时可参照下列原则:

(1)组成环是标准件尺寸,如轴承或弹性挡圈等时,其公差值及其分布在相应标准中已有规定,应为确定值;

(2)组成环是几个尺寸链的公共环时,其公差值及其分布由其中要求最严的尺寸链先行确定,对其余尺寸链则应成为确定值;

(3)尺寸相近、加工方法相同的组成环,其公差值相等;

(4)难加工或难测量的组成环,其公差可取较大数值;

(5)易加工、易测量的组成环,其公差取较小数值。

在确定各组成环极限偏差时,对属于外尺寸(如轴)的组成环,按基轴制决定其极限偏差和分布;对属于内尺寸(如孔)的组成环,按基孔制决定其公差分布,孔中心距的尺寸极限偏差按对称分布选取。

但是,当各组成环都按上述原则确定其公差时,按式(5-2)计算的封闭环极限偏差常常不符合要求。为此,就需选取一个组成环,其公差与分布需经计算后最后确定,以便与其他组成环相协调,最后满足封闭环的精度要求。这个事先选定的在尺寸链中起协调作用的组成环,称为协调环。不能选取标准件或公共环作为协调环,可选取易加工的零件作为协调环,而将加工困难的零件的尺寸公差从宽选取;也可选取加工困难的零件作为协调环,而将易于加工的零件的尺寸公差从严选取。

这种装配方法的特点是:装配质量稳定可靠,装配过程简单,生产效率高,易于实现装配机械化、自动化,有利于产品的维护和零件的更换。但是,当装配精度要求较高,尤其是组成环数目较多时,零件难以按经济精度进行加工。这种装配方法常用于高精度的少环尺寸链或低精度多环尺寸链的大批大量生产装配中。

2. 大数互换装配法(概率法)

完全互换装配法是根据极大极小的极端情况来建立封闭环与组成环的关系式,当封闭环为既定值时,各组成环所获得的公差过于严格,常使零件加工较为困难。由数理统计原理可知:①在一个稳定的工艺系统中进行大批大量加工时,零件加工误差出现极值的可能性很小;②在装配时,各零件的误差同时为极大极小的极值组合的可能性更小。在组成环的环数多,各环公差较大的情况下,装配时零件出现极值组合的机会就更加微小,实际上可以不予考虑。这样,完全互换装配法用严格零件加工精度的代价换取装配时不发生或极少出现的极端情况,既不科学也不经济。

在绝大多数产品中,装配时各组成环不需挑选或改变其大小或位置,装配后即能达到装配精度的要求,但少数产品有出现废品的可能性,这种装配方法称为大数互换装配法或部分互换法。

这种装配方法的特点是:零件所规定的公差比完全互换装配法所规定的公差大,零件加工经济,装配过程与完全互换装配法一样简单、方便。在装配时,采取适当工艺措施,便可以排除个别产品因超出公差而产生废品的可能性。这种装配方法适用于大批大量生产,且组

成环较多、装配精度要求又较高的场合。

采用大数互换装配法时,装配尺寸链采用统计公差公式计算。在长度尺寸链中,各组成环通常是相互独立的随机变量,而封闭环又是各组成环的代数和。根据概率论原理可知,封闭环的均方根 σ_0 与各独立随机变量(组成环)的均方根 σ_i 的关系可用下式表示,即

$$\sigma_0 = \sqrt{\sum_{i=1}^{m} \sigma_i^2}$$

当尺寸链各组成环均为正态分布时,其封闭环也为正态分布。此时,各组成环的尺寸误差分散范围 w_i 与其均方根偏差 σ_i 的关系为

$$w_i = 6\sigma_i$$

即

$$\sigma_i = \frac{1}{6} w_i$$

当误差分散范围等于公差值,即 $w_i = T_i$ 时,则

$$T_0 = \sqrt{\sum_{i=1}^{m} T_i^2} \tag{5-5}$$

若尺寸链为非长度尺寸链,且各组成环的尺寸分布为非正态分布时,上式适用范围可推广到一般情况,但需引入传递系数 ξ_i 和相对分布系数 k_i,若 $A_0 = f(A_1, A_2, \cdots, A_m)$,则

$$\xi_i = \frac{\partial f}{\partial A_i}$$

$$k_i = \frac{6\sigma_i}{w_i}$$

即

$$\sigma_i = \frac{1}{6} k_i w_i$$

则封闭环的统计公差与各组成环的公差的关系为

$$T_{0s} = \frac{1}{k_0} \sqrt{\sum_{i=1}^{m} \xi_i^2 k_i^2 T_i^2} \tag{5-6}$$

式中:k_0 为封闭环的相对分布系数;k_i 为第 i 个组成环的相对分布系数。

对于长度尺寸链,$|\xi_i| = 1$,则

$$T_{0s} = \frac{1}{k_0} \sqrt{\sum_{i=1}^{m} k_i^2 T_i^2} \tag{5-7}$$

若取各组成环的公差相等,则组成环平均统计公差为

$$T_{avs} = \frac{k_0 T_0}{\sqrt{\sum_{i=1}^{m} \xi_i^2 k_i^2}} \tag{5-8}$$

对于长度尺寸链,$|\xi_i| = 1$,则

$$T_{avs} = \frac{k_0 T_0}{\sqrt{\sum_{i=1}^{m} k_i^2}} \tag{5-9}$$

计算的方法是以一定置信水平 $P(\%)$ 为依据。置信水平 $P(\%)$ 代表装配后合格产品的百分数,$1 - P$ 代表超差产品的百分数。通常,封闭环近似正态分布,取置信水平 $P =$

99.73%,这时相对分布系数 $k_0=1$,产品装配后不合格率为 0.27%。在某些生产条件下,要求适当放大组成环公差时,可取较低的 P 值,装配产品不合格率则大于 0.27%,P 与 k_0 相应数值如表 5-2 所示。

表 5-2 置信水平 $P(\%)$ 与相对分布系数 k_0 的关系

置信水平 $P/(\%)$	99.73	99.5	99	98	95	90
相对分布系数 k_0	1	1.06	1.16	1.29	1.52	1.82

组成环尺寸为不同分布形式时,对应不同的相对分布系数 k 和不对称系数 α 请参阅第 2 章的表 2-5。

当各组成环具有相同的非正态分布,且各组成环分布范围相差又不太大时,只要组成环数在 5 个以上,封闭环亦趋近正态分布。此时,$k_0=1$,$k_i=k$,则封闭环当量公差 T_{0e} 为统计公差 T_{0s} 的近似值,即

$$T_{0e} = k\sqrt{\sum_{i=1}^{m}\xi_i^2 T_i^2} \tag{5-10}$$

此时,各组成环平均当量公差为

$$T_{ave} = \frac{T_0}{k\sqrt{\sum_{i=1}^{m}\xi_i^2}} \tag{5-11}$$

对于长度尺寸链,$|\xi_i|=1$,则

$$T_{0e} = k\sqrt{\sum_{i=1}^{m}T_i^2}, \quad T_{ave} = \frac{T_0}{k\sqrt{m}} \tag{5-12}$$

当各组成环在其公差内呈正态分布时,封闭环亦呈正态分布,此时 $k_0=k_i=1$,则封闭环平方公差为

$$T_{0q} = \sqrt{\sum_{i=1}^{m}\xi_i^2 T_i^2} \tag{5-13}$$

各组成环平均平方公差为

$$T_{avq} = \frac{T_0}{\sqrt{\sum_{i=1}^{m}\xi_i^2}} \tag{5-14}$$

对于长度尺寸链,$|\xi_i|=1$,则

$$T_{0q} = \sqrt{\sum_{i=1}^{m}T_i^2}, \quad T_{avq} = \frac{T_0}{\sqrt{m}} \tag{5-15}$$

例 5-3 如图 5-12(a)所示的齿轮部件装配,轴固定不动,齿轮在轴上回转,要求齿轮与挡圈的轴向间隙为 $0.1\sim0.35$ mm,已知 $A_1=30$ mm,$A_2=5$ mm,$A_3=43$ mm,$A_4=3_{-0.05}^{0}$ mm(标准件),$A_5=5$ mm,现采用互换装配法进行装配,试确定各组成环公差和极限偏差。请注意,本例为装配尺寸链反计算。

解 首先画出装配尺寸链图,校验各环基本尺寸。依题意,轴向间隙为 $0.1\sim0.35$ mm,则封闭环 $A_0=0_{+0.1}^{+0.35}$ mm,封闭环公差 $T_0=0.25$ mm。装配尺寸链如图 5-12(b)所示,A_3 为增环,A_1、A_2、A_4、A_5 为减环,则 $\xi_3=+1$,$\xi_1=\xi_2=\xi_4=\xi_5=-1$;封闭环基本尺寸为

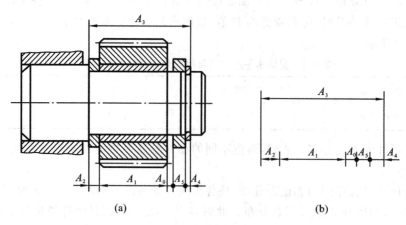

图 5-12　齿轮与轴的装配关系

$$A_0 = \sum_{i=1}^{m} \xi_i A_i = A_3 - (A_1 + A_2 + A_4 + A_5)$$
$$= [43 - (30 + 5 + 3 + 5)]\ \text{mm} = 0\ \text{mm}$$

由计算可知,各组成环基本尺寸无错误。

采用完全互换装配法的解法如下。

(1)确定各组成环公差和极限偏差。

计算各组成环平均极值公差

$$T_{\text{avL}} = \frac{T_0}{\sum\limits_{i=1}^{m} |\xi_i|} = \frac{T_0}{m} = \frac{0.25}{5}\ \text{mm} = 0.05\ \text{mm}$$

以平均极值公差为基础,根据各组成环尺寸和零件加工的难易程度,确定各组成环公差。A_5 为一垫片,易于加工和测量,故选 A_5 为协调环。A_4 为标准件,$A_4 = 3_{-0.05}^{0}$ mm,故有 $T_4 = 0.05$ mm。其余各组成环根据其尺寸和加工难易程度选择公差分别为:$T_1 = 0.06$ mm、$T_2 = 0.04$ mm、$T_3 = 0.07$ mm,各组成环公差等级约为 IT9 级。

A_1、A_2 为外尺寸,按基轴制确定极限偏差:$A_1 = 30_{-0.06}^{0}$ mm,$A_2 = 5_{-0.04}^{0}$ mm;A_3 为内尺寸,按基孔制确定其极限偏差:$A_3 = 43_{0}^{+0.07}$ mm。

封闭环的中间偏差 Δ_0 为

$$\Delta_0 = \frac{\text{ES}_0 + \text{EI}_0}{2} = \frac{0.35 + 0.10}{2}\ \text{mm} = 0.225\ \text{mm}$$

各组成环的中间偏差分别为

$$\Delta_1 = -0.03\ \text{mm};\quad \Delta_2 = -0.02\ \text{mm};\quad \Delta_3 = 0.035\ \text{mm};\quad \Delta_4 = -0.025\ \text{mm}$$

(2)计算协调环极值公差和极限偏差。

协调环 A_5 的极值公差为

$$T_5 = T_0 - (T_1 + T_2 + T_3 + T_4)$$
$$= [0.25 - (0.06 + 0.04 + 0.07 + 0.05)]\ \text{mm} = 0.03\ \text{mm}$$

协调环 A_5 的中间偏差为

$$\Delta_5 = \Delta_3 - \Delta_0 - \Delta_1 - \Delta_2 - \Delta_4$$
$$= [0.035 - 0.225 - (-0.03) - (-0.02) - (-0.025)] \, \text{mm} = -0.115 \, \text{mm}$$

协调环 A_5 的极限偏差 ES_5、EI_5 分别为

$$\text{ES}_5 = \Delta_5 + \frac{T_5}{2} = \left(-0.115 + \frac{0.03}{2}\right) \text{mm} = -0.10 \, \text{mm}$$

$$\text{EI}_5 = \Delta_5 - \frac{T_5}{2} = \left(-0.115 - \frac{0.03}{2}\right) \text{mm} = -0.13 \, \text{mm}$$

所以,协调环 A_5 的尺寸和极限偏差为

$$A_5 = 5^{-0.10}_{-0.13} \, \text{mm}$$

采用完全互换装配法,最后得到的各组成环尺寸分别为

$A_1 = 30^{\ 0}_{-0.06} \, \text{mm}$; $\quad A_2 = 5^{\ 0}_{-0.04} \, \text{mm}$; $\quad A_3 = 43^{+0.07}_{\ 0} \, \text{mm}$; $\quad A_4 = 3^{\ 0}_{-0.05} \, \text{mm}$; $\quad A_5 = 5^{-0.10}_{-0.13} \, \text{mm}$

采用大数互换装配法的解法如下。

(1)确定各组成环公差和极限偏差。

假设该产品在大批大量生产条件下,工艺过程稳定,各组成环尺寸趋近正态分布,此时 $k_0 = k_i = 1$,$\alpha_0 = \alpha_i = 0$,则各组成环的平均平方公差为

$$T_{\text{avq}} = \frac{T_0}{\sqrt{m}} = \frac{0.25}{\sqrt{5}} \, \text{mm} = 0.11 \, \text{mm}$$

A_3 为轴类零件,较其他零件加工难度大一些,故选 A_3 为协调环。以平均平方公差为基础,参考各零件尺寸和加工难易程度,从严选取各组成环的公差,分别为

$T_1 = 0.14 \, \text{mm}$,$T_2 = T_5 = 0.08 \, \text{mm}$,其公差等级为 IT11 级。$A_4 = 3^{\ 0}_{-0.05} \, \text{mm}$,则 $T_4 = 0.05 \, \text{mm}$(标准件),由于 A_1、A_2、A_5 皆为外尺寸,其极限偏差按基轴制(h)确定,则 $A_1 = 30^{\ 0}_{-0.14} \, \text{mm}$,$A_2 = 5^{\ 0}_{-0.08} \, \text{mm}$,$A_5 = 5^{\ 0}_{-0.08} \, \text{mm}$。各环中间偏差分别为

$\Delta_1 = 0.225 \, \text{mm}$;$\Delta_2 = -0.07 \, \text{mm}$;$\Delta_3 = -0.04 \, \text{mm}$;$\Delta_4 = -0.025 \, \text{mm}$;$\Delta_5 = -0.04 \, \text{mm}$

(2)计算协调环公差和极限偏差,有

$$T_3 = \sqrt{T_0^2 - (T_1^2 + T_2^2 + T_4^2 + T_5^2)}$$
$$= \sqrt{0.25^2 - (0.14^2 + 0.08^2 + 0.05^2 + 0.08^2)} \, \text{mm} = 0.16 \, \text{mm}(只舍不进)$$

协调环 A_3 的中间偏差为

$$\Delta_3 = \sum_{i=1}^{5} \xi_i \Delta_i = \Delta_0 + (\Delta_1 + \Delta_2 + \Delta_4 + \Delta_5)$$
$$= [0.225 + (-0.07 - 0.04 - 0.025 - 0.04)] \, \text{mm} = +0.05 \, \text{mm}$$

协调环 A_3 的上、下偏差 ES_3、EI_3 分别为

$$\text{ES}_3 = \Delta_3 + \frac{T_3}{2} = \left(0.05 + \frac{0.16}{2}\right) \text{mm} = 0.13 \, \text{mm}$$

$$\text{EI}_3 = \Delta_3 - \frac{T_3}{2} = \left(0.05 - \frac{0.16}{2}\right) \text{mm} = -0.03 \, \text{mm}$$

所以,协调环 $A_3 = 43^{+0.13}_{-0.03} \, \text{mm}$。

采用大数互换装配法,最后得到的各组成环尺寸分别为

$A_1 = 30^{\ 0}_{-0.14} \, \text{mm}$;$A_2 = 5^{\ 0}_{-0.08} \, \text{mm}$;$A_3 = 43^{+0.13}_{-0.03} \, \text{mm}$;$A_4 = 3^{\ 0}_{-0.05} \, \text{mm}$;$A_5 = 5^{\ 0}_{-0.08} \, \text{mm}$

为了比较在组成环尺寸和公差相同条件下,分别采用完全互换装配法和大数互换装配法所获装配精度的差别,现采用例 5-3 中采用完全互换装配法的计算结果为已知条件,进行

正计算,求解此时采用大数互换装配法所获得的封闭环公差及其分布。

例 5-4 装配关系如图 5-12(a)所示,已知 $A_1 = 30_{-0.06}^{0}$ mm,$A_2 = 5_{-0.04}^{0}$ mm,$A_3 = 43_{0}^{+0.07}$ mm,$A_4 = 3_{-0.05}^{0}$ mm,$A_5 = 5_{-0.13}^{-0.10}$ mm。现采用大数互换装配法装配,求封闭环公差及其分布。

解 (1)封闭环基本尺寸为

$$A_0 = \sum_{i=1}^{m} \xi_i A_i = A_3 - (A_1 + A_2 + A_4 + A_5)$$
$$= [43 - (30 + 5 + 3 + 5)] \text{ mm} = 0 \text{ mm}$$

(2)封闭环平方公差为

$$T_{0q} = \sqrt{\sum_{i=1}^{5} \xi_i^2 T_i^2} = \sqrt{\sum_{i=1}^{5} T_i^2} = \sqrt{T_1^2 + T_2^2 + T_3^2 + T_4^2 + T_5^2}$$
$$= \sqrt{0.06^2 + 0.04^2 + 0.07^2 + 0.05^2 + 0.03^2} \text{ mm} = 0.116 \text{ mm}$$

(3)封闭环中间偏差为

$$\Delta_0 = \sum_{i=1}^{m} \xi_i \Delta_i = \Delta_3 - (\Delta_1 + \Delta_2 + \Delta_4 + \Delta_5)$$
$$= [0.035 - (-0.03 - 0.02 - 0.025 - 0.115)] \text{ mm} = 0.225 \text{ mm}$$

(4)封闭环上、下偏差为

$$ES_0 = \Delta_0 + \frac{T_0}{2} = \left(0.225 + \frac{0.116}{2}\right) \text{ mm} = 0.283 \text{ mm}$$
$$EI_0 = \Delta_0 - \frac{T_0}{2} = \left(0.225 - \frac{0.116}{2}\right) \text{ mm} = 0.167 \text{ mm}$$

封闭环 $A_0 = {}_{+0.167}^{+0.283}$ mm。

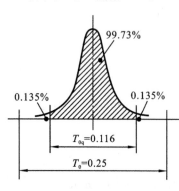

图 5-13 大数互换装配法与完全互换装配法的比较

比较例 5-3 与例 5-4 的计算结果可知:在装配尺寸链中,在各组成环基本尺寸、公差及其分布固定不变的条件下,采用极值公差公式(用完全互换装配法)计算的封闭环极值公差 $T_0 = 0.25$ mm;采用统计公差公式(用大数互换装配法)计算的封闭环平方公差 $T_{0q} = 0.116$ mm,显然 $T_0 > T_{0q}$。但是 T_0 包括了装配中封闭环所能出现的一切尺寸,取 T_0 为装配精度时,所有装配结果都是合格的,即装配之后封闭环尺寸出现在 T_0 范围内的概率为 100%。而当 T_{0q} 在正态分布下取值 $6\sigma_0$ 时,装配结果尺寸出现在 T_{0q} 范围内的概率为 99.73%,仅有 0.27% 的装配结果超出 T_{0q},即当装配精度为 T_{0q} 时,仅有 0.27% 的产品可能成为废品,如图 5-13 所示。

采用大数互换装配法装配时,各组成环公差远大于完全互换装配法时各组成环的公差,其组成环平均公差将扩大 $\sqrt{m}$ 倍。本例中,$\frac{T_{avq}}{T_{avL}} = \frac{0.116}{0.05} = \sqrt{5} \approx 2.2$。由于零件平均公差扩大两倍多,使零件加工精度由 IT9 级下降为 IT11 级,故使加工成本有所降低。

5.3.2　分组装配法

当尺寸链环数较少而装配精度要求高时,采用互换装配法解尺寸链,得出的组成环公差非常小,易造成加工困难而又不经济。因此,在零件加工时,常将各组成环的公差相对互换装配法所要求的数值放大数倍,使其尺寸能按经济精度加工,再按实际测量尺寸将零件分为若干组,按对应组分别进行装配,以达到装配精度的要求,这种方法称为分组装配法。在分组装配法中,采用极值公差公式计算,同组内零件可以互换。例如,滚动轴承的装配、发动机气缸活塞环的装配、活塞销与连杆小头孔的装配、活塞与活塞销的装配、精密机床中某些精密部件的装配等都采用分组装配法。

现以发动机中活塞销与活塞销孔的装配为例,说明分组装配法的原理和装配过程。

图 5-14(a)所示为活塞销与活塞的装配关系,按技术要求,销轴直径 d 与销孔直径 D 在冷态装配时,应有 0.002 5～0.007 5 mm 的过盈量 Y,即

$$Y_{min} = d_{min} - D_{max} = 0.002\ 5\ \text{mm}$$
$$Y_{max} = d_{max} - D_{min} = 0.007\ 5\ \text{mm}$$

此时封闭环的公差为

$$T_0 = Y_{max} - Y_{min} = (0.007\ 5 - 0.002\ 5)\ \text{mm} = 0.005\ 0\ \text{mm}$$

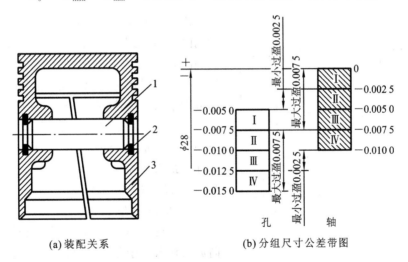

(a) 装配关系　　　　　　　(b) 分组尺寸公差带图

图 5-14　活塞销与活塞的装配

1—活塞销;2—卡簧;3—活塞

如果采用互换装配法装配,则销与孔的平均公差仅为 0.002 5 mm。由于销轴是外尺寸,按基轴制(h)确定极限偏差,以销孔为协调环,则

$$d = 28_{-0.002\ 5}^{\ 0}\ \text{mm}, \quad D = 28_{-0.007\ 5}^{-0.005\ 0}\ \text{mm}$$

显然,制造这样精度的销轴与销孔既困难又不经济。在实际生产中,采用分组装配法,可将销轴与销孔的公差在相同方向上采取上偏差不动,将下偏差放大 4 倍,即

$$d = 28_{-0.010}^{\ 0}\ \text{mm}, \quad D = 28_{-0.015}^{-0.005}\ \text{mm}$$

这样,活塞销可用无心磨床加工,活塞销孔用金刚镗床加工,然后用精密量具测量其尺寸,并按尺寸大小分成 4 组,以便进行分组装配,具体分组情况如表 5-3 所示。

表 5-3　活塞销和活塞销孔的分组尺寸　　　　　　　　单位:mm

组　别	标 志 颜 色	活塞销直径 $d=\phi28_{-0.010}^{0}$	活塞销孔直径 $D=\phi28_{-0.015}^{-0.005}$	配 合 情 况	
				最小过盈	最大过盈
Ⅰ	红	$\phi28_{-0.0025}^{0}$	$\phi28_{-0.0075}^{-0.0050}$		
Ⅱ	白	$\phi28_{-0.0050}^{-0.0025}$	$\phi28_{-0.0100}^{-0.0075}$	0.0025	0.0075
Ⅲ	黄	$\phi28_{-0.0075}^{-0.0050}$	$\phi28_{-0.0125}^{-0.0100}$		
Ⅳ	绿	$\phi28_{-0.0100}^{-0.0075}$	$\phi28_{-0.0150}^{-0.0125}$		

正确使用分组装配法的关键是,保证分组后各对应组的配合性质和配合精度仍能满足原装配精度的要求,为此,应满足如下条件。

(1)为保证分组后各组的配合性质及配合精度与原装配要求相同:要求配合件的公差范围应相等,公差应同方向增加,增大的倍数应等于以后的分组数。

从上例销轴与销孔配合来看,它们原来的公差相等:$T_{轴}=T_{孔}=T=0.0025$ mm。采用分组装配法后,销轴与销孔的公差同时在相同方向上放大 $n=4$ 倍:$T_{轴}=T_{孔}=nT=0.01$ mm,加工后再将它们按尺寸大小分为 $n=4$ 组。装配时,大销配大孔(Ⅰ组),小销配小孔(Ⅳ组),从而各组内都保证销与孔配合的最小过盈量与最大过盈量皆符合装配精度要求,如图 5-14(b)所示。

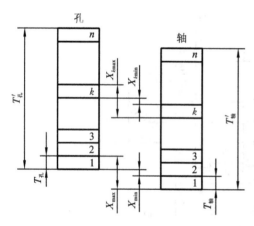

图 5-15　轴与孔分组装配图

现取任意的轴、孔间隙配合加以说明。设轴、孔的公差分别为 $T_{轴}$、$T_{孔}$,且 $T_{轴}=T_{孔}=T$。轴、孔为间隙配合,其最大间隙为 X_{max},最小间隙为 X_{min}。现采用分组装配法,把轴、孔公差在相同方向上放大 n 倍,则轴、孔公差为 $T'_{轴}=T'_{孔}=nT=T'$。零件加工后,按轴、孔尺寸大小分为 n 组,则每组轴、孔公差仍为 $T'/n=T$。任取第 k 组计算最大间隙与最小间隙,由图 5-15 可知:

$$X_{k max}=X_{max}+(k-1)T_{孔}-(k-1)T_{轴}=X_{max}$$
$$X_{k min}=X_{min}+(k-1)T_{孔}-(k-1)T_{轴}=X_{min}$$

由此可见,若配合件的公差相等时,公差同向放大倍数等于分组数,可保证任意组内配合性质与精度不变。若配合件的公差不等时,则配合性质发生改变。如 $T_{孔}>T_{轴}$,则配合间隙增大,因此在生产上应用不多。

(2)为保证零件分组后数量相匹配,应使配合件的尺寸分布为相同的对称分布(如正态分布)曲线。如果分布曲线不相同或为不对称分布曲线,将会使各组相配零件数量不等,造成一些零件的积压浪费,如图 5-16 所示。图 5-16 中第 2 组与第 4 组中的轴与孔零件数量相差较大,在生产实际中,常常专门加工一批与剩余零件相配的零件,以解决零件配套问题。

(3)配合件的表面粗糙度、相互位置精度和形状精度不能随尺寸精度放大而任意放大,应与分组公差相适应,否则,将不能达到要求的配合精度及配合质量。

(4)分组数不宜过多,零件尺寸公差只要放大到经济加工精度即可,否则,就会因零件的测量、分类、保管工作量的增加而使生产组织工作变得复杂,甚至造成生产过程混乱。

分组装配法还有两种类似的形式:直接选择装配法和复合选择装配法。

(1)直接选择装配法。直接选择装配法是先将组成环的公差相对于互换装配法所求值进行放大,但不需预先测量分组,而是直接从待装配的零件中选择合适的零件进行装配,满足装配精度要求。例如,发动机中的活塞与活塞环的装配,为了避免活塞环可能在活塞的环槽内卡住,装配工人可凭经验直接挑选合适的活塞环进行装配。这种方法的优点是能达到很高的装配精度,其缺点是装配精度在很大程度上取决于工人的技术水平,而且装配工时也不稳定。因此,这种方法常用于

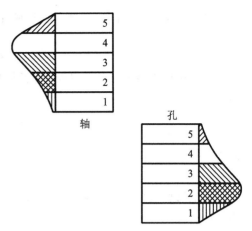

图 5-16 各组数量不等举例

封闭环公差要求不太严格、产品的生产批量不大或生产节拍要求不严格的成批生产中。另外,采用直接选择装配法装配,一批零件严格按同一精度要求装配时,最后可能出现无法满足要求的剩余零件,当各零件加工误差分布规律不同时,剩余零件可能会更多。

(2)复合选择装配法。复合选择装配法是分组装配法和直接选择装配法的复合形式。它是先将组成环的公差相对于互换装配法所求值进行放大,零件加工后预先测量、分组,装配时工人将在各对应组内进行选择装配。因此,这种方法吸取了前两种方法的特点,既能提高装配精度,又不必过多增加分组数。但是,装配精度仍然要依赖工人的技术水平,工时也不稳定。这种方法常用于相配件公差不等时,作为分组装配法的一种补充形式。例如,发动机中的气缸与活塞的配合多采用本方法。

必须指出,上述几种装配方法,无论是完全互换装配法、大数互换装配法、还是分组装配法,其特点都是零件能够互换,这一点对于大批大量生产的装配来说是非常重要的。

5.3.3 修配装配法

在成批生产或单件小批生产中,当装配精度要求较高,组成环的数目又较多时,若按互换装配法,对组成环的公差要求过严,从而造成加工困难。而采用分组装配法又因生产零件数量少、种类多而难以分组。这时,常采用修配装配法来保证装配精度的要求。

修配装配法是将尺寸链中各组成环按经济加工精度制造,装配时,通过改变尺寸链中某一预先确定的组成环尺寸的方法来保证装配精度。装配时,进行修配的零件称为修配件,该组成环称为修配环。由于这一组成环的修配是为补偿其他组成环的累积误差以保证装配精度,故又称为补偿环。采用修配法装配时的关键是正确选择补偿环和确定其尺寸及极限偏差。

选择补偿环一般应满足以下要求:

(1)便于装拆,零件形状比较简单,易于修配,如果采用刮研修配时,刮研面积要小;

(2)不为公共环,即该件只与一项装配精度有关,而与其他装配精度无关,否则修配后,虽然保证了一个尺寸链的要求,却又难以满足另一尺寸链的要求。

采用修配装配法装配时,补偿环被去除材料的厚度称为补偿量(或修配量)F。

设用完全互换装配法计算的各组成环公差分别为 $T_1,T_2,\cdots,T_m$,则封闭环公差为

$$T_{0L} = \sum_{i=1}^{m} |\xi_i| T_i = T_0$$

现采用修配装配法进行装配,将各组成环公差在上述基础上放大为 $T'_1,T'_2,\cdots,T'_m$,则

$$T'_{0L} = \sum_{i=1}^{m} |\xi_i| T'_i$$

显然,$T'_{0L} > T_{0L}$,此时最大补偿量为

$$F_{max} = T'_{0L} - T_{0L} = T'_{0L} - T_0$$

采用修配装配法解装配尺寸链的主要问题是:在保证补偿量足够且最小的原则下,计算补偿环的尺寸。

补偿环被修配后对封闭环尺寸变化的影响有两种情况:一是使封闭环尺寸变大;二是使封闭环尺寸变小。因此,用修配装配法解装配尺寸链时,可分别根据这两种情况来进行计算。

1. 补偿环被修配后封闭环尺寸变大

现仍以图 5-12 所示齿轮与轴的装配关系为例加以说明。

例 5-5 已知 $A_1 = 30$ mm,$A_2 = 5$ mm,$A_3 = 43$ mm,$A_4 = 3_{-0.05}^{0}$ mm(标准件),$A_5 = 5$ mm,装配后齿轮与挡圈的轴向间隙为 0.10~0.35 mm。现采用修配装配法进行装配,试确定各组成环的公差及其分布。

解 (1)选择补偿环。从装配图可以看出,组成环 A_5 为一垫圈,此件装拆较为容易,又不是公共环,修配也很方便,故选择 A_5 作为补偿环。从尺寸链可以看出,A_5 为减环,修配后封闭环尺寸变大。由已知条件,封闭环为

$$A_0 = 0_{+0.10}^{+0.35} \text{ mm}, \quad T_0 = 0.25 \text{ mm}$$

(2)确定各组成环的公差。按经济精度分配各组成环公差,各组成环公差相对完全互换装配法可进行放大,选择为

$$T'_1 = T'_3 = 0.20 \text{ mm}, \quad T'_2 = T'_5 = 0.10 \text{ mm}$$

A_4 为标准件,其公差仍为确定值 $T_4 = 0.05$ mm,各加工件公差约为 IT11 级,可以经济加工。

(3)计算补偿环 A_5 的最大补偿量。

$$T'_{0L} = \sum_{i=1}^{m} |\xi_i| T'_i = T'_1 + T'_2 + T'_3 + T'_4 + T'_5$$
$$= (0.20 + 0.10 + 0.20 + 0.05 + 0.10) \text{ mm} = 0.65 \text{ mm}$$
$$F_{max} = T'_{0L} - T_0 = (0.65 - 0.25) \text{ mm} = 0.40 \text{ mm}$$

(4)确定各组成环(除补偿环外)的极限偏差。A_3 为内尺寸,取 $A_3 = 43_{0}^{+0.20}$ mm;A_1、A_2 为外尺寸,取 $A_1 = 30_{-0.20}^{0}$ mm,$A_2 = 5_{-0.10}^{0}$ mm;A_4 为标准件,取 $A_4 = 3_{-0.05}^{0}$ mm,各组成环中间偏差为

$\Delta_1 = -0.10$ mm,$\Delta_2 = -0.05$ mm,$\Delta_3 = 0.10$ mm,$\Delta_4 = -0.025$ mm,$\Delta_0 = 0.225$ mm

(5)计算补偿环 A_5 的极限偏差。

$$\Delta_0 = \sum_{i=1}^{5} \xi_i \Delta_i = \Delta_3 - (\Delta_1 + \Delta_2 + \Delta_4 + \Delta_5)$$

$$\Delta_5 = \Delta_3 - (\Delta_1 + \Delta_2 + \Delta_4) - \Delta_0$$
$$= [0.10 - (-0.10 - 0.05 - 0.025) - 0.225] \text{ mm} = 0.05 \text{ mm}$$

补偿环 A_5 的极限偏差为

$$\text{ES}_5 = \Delta_5 + \frac{T_5}{2} = \left(0.05 + \frac{0.10}{2}\right) \text{ mm} = 0.10 \text{ mm}$$

$$\text{EI}_5 = \Delta_5 - \frac{T_5}{2} = \left(0.05 - \frac{0.10}{2}\right) \text{ mm} = 0 \text{ mm}$$

所以补偿环 A_5 的尺寸为

$$A_5 = 5^{+0.10}_{0} \text{ mm}$$

(6)验算装配后封闭环极限偏差。

$$\text{ES}'_0 = \Delta_0 + \frac{T'_{0L}}{2} = \left(0.225 + \frac{0.65}{2}\right) \text{ mm} = 0.55 \text{ mm}$$

$$\text{EI}'_0 = \Delta_0 - \frac{T'_{0L}}{2} = \left(0.225 - \frac{0.65}{2}\right) \text{ mm} = -0.10 \text{ mm}$$

由题意已知,封闭环极限偏差应为

$$\text{ES}_0 = 0.35 \text{ mm}, \quad \text{EI}_0 = 0.10 \text{ mm}$$

则
$$\text{ES}'_0 - \text{ES}_0 = (0.55 - 0.35) \text{ mm} = 0.20 \text{ mm}$$
$$\text{EI}'_0 - \text{EI}_0 = (-0.10 - 0.10) \text{ mm} = -0.20 \text{ mm}$$

故补偿环 A_5 的极限偏差需改为 ± 0.20 mm,才能保证装配精度不变。

(7)确定补偿环 A_5 的尺寸。在本例题中,补偿环 A_5 为减环,被修配后,齿轮与挡环的轴向间隙变大,即封闭环尺寸变大。

所以,只有装配后封闭环的实际最大尺寸 $A'_{0\max} = A_0 + \text{ES}'_0$ 不大于封闭环要求的最大尺寸 $A_{0\max} = A_0 + \text{ES}_0$ 时,才可能进行装配,否则不能进行修配。故应满足下列不等式:

$$A'_{0\max} \leqslant A_{0\max}$$

即
$$\text{ES}'_0 \leqslant \text{ES}_0$$

根据修配量足够且最小原则,则

$$A'_{0\max} = A_{0\max}$$

即
$$\text{ES}'_0 = \text{ES}_0$$

本例题应为 $\text{ES}'_0 = \text{ES}_0 = 0.35$ mm。

当补偿环 $A_5 = 5^{+0.10}_{0}$ mm 时,装配后封闭环 $\text{ES}'_0 = 0.55$ mm。只有 A_5(减环)增大后,封闭环才能减小,为满足上述等式,补偿环 A_5 应增加 0.20 mm,封闭环将减小 0.20 mm,才能保证 $\text{ES}_0 = 0.35$ mm,使补偿环具有足够的补偿量。

所以,补偿环最终尺寸为

$$A_3 = (5 + 0.2)^{+0.10}_{0} \text{ mm} = 5.2^{+0.10}_{0} \text{ mm}$$

2. 补偿环被修配后封闭环尺寸变小

例 5-6　现以本章图 5-3(a)所示的卧式车床装配为例加以说明。在装配时,要求尾座中心线比主轴中心线高 0～0.06 mm,已知 $A_1 = 202$ mm,$A_2 = 46$ mm,$A_3 = 156$ mm,现采用修配装配法进行装配,试确定各组成环公差及其分布。

解　(1)建立装配尺寸链。依题意可建立装配尺寸链,如图 5-3(b)所示。其中,封闭环 $A_0 = 0^{+0.06}_{0}$ mm,$T_0 = 0.06$ mm,A_1 为减环,$\xi_1 = -1$,A_2、A_3 为增环,$\xi_2 = \xi_3 = +1$。

校核封闭环尺寸,有

$$A_0 = \sum_{i=1}^{m} \xi_i A_i = (A_1 + A_2) - A_1 = (46 + 156 - 202)\ \text{mm} = 0\ \text{mm}$$

按完全互换装配法的极值公式计算各组成环平均公差

$$T_{\text{avL}} = \frac{T_0}{m} = \frac{0.06}{3}\ \text{mm} = 0.02\ \text{mm}$$

显然,各组成环的公差太小,零件加工困难。现采用修配装配法进行装配,确定各组成环公差及其极限偏差。

(2)选择补偿环。从装配图可以看出,组成环 A_2 为尾座底板,其表面积不大,工件形状简单,便于刮研和拆装,故选择 A_2 作为补偿环。A_2 为增环,修配后封闭环尺寸变小。

(3)确定各组成环的公差。根据各组成环加工方法,按经济精度确定各组成环公差,A_1、A_3 可采用镗模镗削加工,取 $T_1 = T_3 = 0.10\ \text{mm}$。底板采用半精刨加工,取 A_2 的公差 $T_2 = 0.15\ \text{mm}$。

(4)计算补偿环 A_2 的最大补偿量。

$$T'_{\text{0L}} = \sum_{i=1}^{m} |\xi_i| T'_i = T'_1 + T'_2 + T'_3 = (0.10 + 0.15 + 0.10)\ \text{mm} = 0.35\ \text{mm}$$

$$F_{\text{max}} = T'_{\text{0L}} - T_0 = (0.35 - 0.06)\ \text{mm} = 0.29\ \text{mm}$$

(5)确定各组成环(除补偿环外)的极限偏差。

A_1、A_3 都是表示孔位置的尺寸,公差常选为对称分布,即

$$A_1 = (202 \pm 0.05)\ \text{mm}, \quad A_3 = (156 \pm 0.05)\ \text{mm}$$

各组成环的中间偏差为

$$\Delta_1 = 0\ \text{mm}, \quad \Delta_3 = 0\ \text{mm}, \quad \Delta_0 = 0.03\ \text{mm}$$

(6)计算补偿环 A_2 的极限偏差。补偿环 A_2 的中间偏差为

$$\Delta_0 = \sum_{i=1}^{m} \xi_i \Delta_i = \Delta_2 + \Delta_3 - \Delta_1$$

$$\Delta_2 = \Delta_0 + \Delta_1 - \Delta_3 = (0.03 - 0 - 0)\ \text{mm} = 0.03\ \text{mm}$$

补偿环 A_2 的极限偏差为

$$\text{ES}'_2 = \Delta_2 + \frac{T'_2}{2} = \left(0.03 + \frac{0.15}{2}\right)\ \text{mm} = 0.105\ \text{mm}$$

$$\text{EI}'_2 = \Delta_2 - \frac{T'_2}{2} = \left(0.03 - \frac{0.15}{2}\right)\ \text{mm} = -0.045\ \text{mm}$$

所以补偿环 A_2 的尺寸为

$$A_2 = 46^{+0.105}_{-0.045}\ \text{mm}$$

(7)验算装配后封闭环的极限偏差。

$$\text{ES}'_0 = \Delta_0 + \frac{T'_{\text{0L}}}{2} = \left(0.03 + \frac{0.35}{2}\right)\ \text{mm} = 0.205\ \text{mm}$$

$$\text{EI}'_0 = \Delta_0 - \frac{T'_{\text{0L}}}{2} = \left(0.03 - \frac{0.35}{2}\right)\ \text{mm} = -0.145\ \text{mm}$$

由题意可知:封闭环要求的极限偏差为

$$\text{ES}_0 = 0.06\ \text{mm}, \quad \text{EI}_0 = 0\ \text{mm}$$

则有
$$ES'_0 - ES_0 = (0.205 - 0.06)\ \text{mm} = 0.145\ \text{mm}$$
$$EI'_0 - EI_0 = (-0.145 - 0) \ \text{mm} = -0.145\ \text{mm}$$

故补偿环需改变 ± 0.145 mm,才能保证原装配精度不变。

(8)确定补偿环 A_2 的尺寸。在本例题中,补偿环底板 A_2 为增环,被修配后,底板尺寸减小,尾座中心线降低,即封闭环尺寸变小。

所以,只有装配后封闭环实际最小尺寸 $A'_{0\min} = A_0 + EI'_0$ 不小于封闭环要求的最小尺寸 $A_{0\min} = A_0 + EI'_0$ 时,才可能进行修配,否则,即使修配也不能达到装配精度要求。故应满足如下不等式:
$$A'_{0\min} \geqslant A_{0\min}$$

即
$$EI'_0 \geqslant EI_0$$

根据修配量足够且最小原则,则
$$A'_{0\min} = A_{0\min}$$

即
$$EI'_0 = EI_0$$

本例题则应为 $EI'_0 = EI_0 = 0$ mm。

为满足上述等式,补偿环 A_2 应增加 0.145 mm,封闭环最小尺寸 $A_{0\min}$ 才能从 -0.145 mm(尾座中心低于主轴中心)增加到 0(尾座中心与床头主轴中心等高),以保证具有足够的补偿量。所以,补偿环 A_2 的最终尺寸为
$$A_2 = (46 + 0.145)^{+0.105}_{-0.045}\ \text{mm} = 46^{+0.25}_{+0.10}\ \text{mm}$$

由于本装配有特殊工艺要求,即底板的底面在总装时必须留有一定的修刮量,而上述计算是按 $A'_{0\min} = A_{0\min}$ 条件求出 A_2 尺寸的。此时最大修刮量为 0.29 mm,符合总装要求,但最小修刮量为 0 mm,这不符合总装要求,故必须再将 A_2 尺寸放大些,以保留最小修刮量。从底板修刮工艺来说,最小修刮量可留 0.1 mm 即可,所以修正后 A_2 的实际尺寸应再增加 0.1 mm,即
$$A_2 = (46 + 0.10)^{+0.25}_{+0.10}\ \text{mm} = 46^{+0.35}_{+0.20}\ \text{mm}$$

3. 修配的方法

实际生产中,通过修配来达到装配精度的方法很多,最常见的方法有以下三种。

1)单件修配法

单件修配法是在多环装配尺寸链中,选定某一固定的零件作为修配件(补偿环),装配时,用去除金属层的方法改变其尺寸,以满足装配精度的要求。例如:例 5-4 齿轮与轴装配中以轴向垫圈为修配件,来保证齿轮的轴向间隙;例 5-6 车床尾座与主轴箱装配中,以尾座底板为修配件,来保证尾座中心线与主轴中心线的等高性,这种修配方法在生产中应用最广。

2)合并加工修配法

合并加工修配法是将两个或更多的零件合并在一起再进行加工修配,合并后的尺寸可看作一个组成环,这样就减少了装配尺寸链组成环的数目,并可以相应减少修配的工作量。例如,例 5-6 车床尾座与主轴箱装配时,也可以采用合并修配法,即把尾座体 A_3 与底板 A_2 相配合的平面分别加工好,并配刮横向小导轨,然后把两零件装配为一体,再以底板的底面为定位基准,镗削加工套筒孔,这样 A_2 与 A_3 合并成为一环,此环公差可放大,而且可以给底板面留有较小的刮研量,使整个装配工作变得更加简单。

合并加工修配法由于零件合并后再加工和装配,给组织装配生产带来很多不便,因此这种方法多用于单件小批生产中。

3)自身加工修配法

在机床制造中,有些装配精度要求较高,若单纯依靠限制各零件的加工误差来保证,势必要求各零件有很高的加工精度,甚至无法加工,而且不易选择适当的修配件。此时,在机床总装时,用机床本身来加工自己的方法来保证机床的装配精度,这种修配法称为自身加工法。

例如,牛头刨床总装后,用自刨的方法加工工作台表面,这样就可以较容易地保证滑枕运动方向与工作台面平行度的要求。又如图 5-17 所示的转塔车床,并不用修刮 A_3 的方法来保证主轴中心线与转塔上各孔中心线的等高要求,而是在装配后,在车床主轴上安装一把镗刀,转塔作纵向进给运动,依次镗削转塔上的六个孔。这种自身加工方法可以方便地保证主轴中心线与转塔上的六个孔中心线的等高性。此外,平面磨床用本身的砂轮磨削机床工作台面也属于这种修配方法。

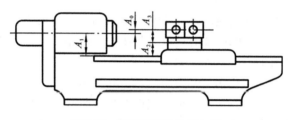

图 5-17　转塔车床的自身加工

5.3.4　调整装配法

对于精度要求高而组成环又较多的产品或部件,在不能采用互换装配法装配时,除了可用修配装配法外,还可以采用调整装配法来保证装配精度。

在装配时,用改变产品中可调整零件的相对位置或选用合适的调整件以达到装配精度的方法称为调整装配法。

调整装配法与修配装配法的实质相同,即各零件公差仍按经济精度的原则来确定,并且仍选择一个组成环作为调整环(此环的零件称为调整件),但在改变补偿环尺寸的方法上有所不同:修配装配法采用机械加工的方法去除补偿环零件上的金属层;调整装配法采用改变补偿环零件的位置或更换新的补偿环零件的方法来满足装配精度的要求。两者的目的都是补偿由于各组成环公差放大后所产生的累积误差,以最终满足封闭环的要求。最常见的调整方法有固定调整法、可动调整法和误差抵消调整法三种。

1. 固定调整法

在装配尺寸链中,选择某一零件为调整件,根据各组成环形成累积误差的大小来更换不同尺寸的调整件,以保证装配精度要求,这种方法即为固定调整法。常用的调整件有轴套、垫片、垫圈等。

采用固定调整法时要解决如下三个问题:

(1)选择调整范围;

(2)确定调整件的分组数;

(3)确定每组调整件的尺寸。

现仍以图 5-12 所示的齿轮与轴的装配关系为例加以说明。

例 5-7　如图 5-12 所示的齿轮与轴的装配关系。已知 $A_1 = 30$ mm，$A_2 = 5$ mm，$A_3 = 43$ mm，$A_4 = 3_{-0.05}^{0}$ mm(标准件)，$A_5 = 5$ mm，装配后齿轮与挡圈的轴向间隙为 $0.1 \sim 0.35$ mm。现采用固定调整法装配，试确定各组成环的尺寸偏差，并求调整件的分组数及尺寸系列。

解　(1)画尺寸链图、校核各环基本尺寸与例 5-1 中的尺寸相同。

(2)选择调整件。A_5 为一垫圈，其加工比较容易、装卸方便，故选择 A_5 作为调整件。

(3)确定各组成环的公差。按经济精度确定各组成环的公差：$T_1 = T_3 = 0.20$ mm，$T_2 = T_5 = 0.10$ mm，A_4 为标准件，其公差仍为已知数 $T_4 = 0.05$ mm。各加工件公差约为 IT11 级。

(4)计算调整件 A_5 的调整量。

$$T_{0L} = \sum_{i=1}^{m} |\xi_i| T_i = T_1 + T_2 + T_3 + T_4 + T_5$$
$$= (0.20 + 0.10 + 0.20 + 0.05 + 0.10) \text{ mm} = 0.65 \text{ mm}$$

调整量 F 为

$$F = T_{0L} - T_0 = (0.65 - 0.25) \text{ mm} = 0.40 \text{ mm}$$

(5)确定各组成环的极限偏差。按入体原则确定各组成环的极限偏差：$A_1 = 30_{-0.20}^{0}$ mm，$A_2 = 5_{-0.10}^{0}$ mm，$A_3 = 43_{0}^{+0.20}$ mm，$A_4 = 3_{-0.05}^{0}$ mm，则 $\Delta_1 = -0.10$ mm，$\Delta_2 = -0.05$ mm，$\Delta_3 = 0.10$ mm，$\Delta_4 = -0.025$ mm，$\Delta_0 = 0.225$ mm。

(6)计算调整件 A_5 的极限偏差。调整件 A_5 的中间偏差为

$$\Delta_0 = \sum_{i=1}^{m} \xi_i \Delta_i = \Delta_3 - (\Delta_1 + \Delta_2 + \Delta_4 + \Delta_5)$$
$$\Delta_5 = \Delta_3 - \Delta_0 - (\Delta_1 + \Delta_2 + \Delta_4)$$
$$= [0.10 - 0.225 - (-0.10 - 0.05 - 0.025)] \text{ mm} = 0.05 \text{ mm}$$

调整件 A_5 的极限偏差为

$$\text{ES}_5 = \Delta_5 + \frac{T_5}{2} = \left(0.05 + \frac{0.10}{2}\right) \text{ mm} = 0.10 \text{ mm}$$

$$\text{EI}_5 = \Delta_5 - \frac{T_5}{2} = \left(0.05 - \frac{0.10}{2}\right) \text{ mm} = 0 \text{ mm}$$

所以，调整件 A_5 的尺寸为

$$A_5 = 5_{0}^{+0.10} \text{ mm}$$

(7)确定调整件的分组数 Z。取封闭环公差与调整件公差之差作为调整件各组之间的尺寸差 S，则

$$S = T_0 - T_5 = (0.25 - 0.10) \text{ mm} = 0.15 \text{ mm}$$

调整件的组数 Z 为

$$Z = \frac{F}{S} + 1 = \frac{0.40}{0.15} + 1 = 3.66 \approx 4$$

分组数不能为小数,取 $Z=4$。当实际计算的 Z 值和圆整数相差较大时,可通过改变各组成环公差或调整件公差的方法,使 Z 值近似为整数。另外,为了便于组织生产,分组数不宜过多,一般分组数 Z 取 $3\sim4$ 为宜。由于分组数随调整件公差的减小而减少,因此,如有可能,应使调整件公差尽量小些。

(8)确定各组调整件的尺寸。在确定各组调整件尺寸时,可根据以下原则来计算。

①当调整件的分组数 Z 为奇数时,预先确定的调整件尺寸是中间的一组尺寸,其余各组尺寸相应增加或减少各组之间的尺寸差 S。

②当调整件的组数 Z 为偶数时,则以预先确定的调整件尺寸为对称中心,再根据尺寸差 S 确定各组尺寸。

本例中分组数 $Z=4$,为偶数,故以 $A_5=5^{+0.10}_{0}$ mm 为对称中心,各组尺寸差 $S=0.15$ mm,则各组尺寸的平均值分别为 $A_5=\left(5-\frac{0.15}{2}-0.15\right)^{+0.10}_{0}$ mm $=5^{-0.125}_{-0.225}$ mm; $\left(5-\frac{0.15}{2}\right)^{+0.10}_{0}$ mm $=5^{+0.025}_{-0.075}$ mm; $\left(5+\frac{0.15}{2}\right)^{+0.10}_{0}$ mm $=5^{+0.175}_{+0.075}$ mm; $\left(5+\frac{0.15}{2}+0.15\right)^{+0.10}_{0}$ mm $=5^{+0.325}_{+0.225}$ mm。

固定调整法装配多用于大批大量生产中。在生产批量大、装配精度要求高的生产中,固定调整件可以采用多件组合的方式,如预先将调整垫做成不同的厚度(1 mm、2 mm、5 mm、10 mm),再做一些更薄的金属片(0.01 mm、0.02 mm、0.05 mm、0.10 mm 等),装配时根据尺寸组合原理(同块规使用方法相同),把不同厚度的垫片组成各种不同尺寸,以满足装配精度的要求。这种调整方法比较简便,它在汽车、拖拉机生产中被广泛应用。

2. 可动调整法

采用改变调整件的相对位置来保证装配精度的方法称为可动调整法。

在机械产品的装配中,零件可动调整的方法很多,图 5-18 所示为卧式车床中可动调整的一些实例。图 5-18(a)是通过调整套筒的轴向位置来保证齿轮的轴向间隙;图 5-18(b)表示机床中滑板采用调整螺钉使楔块上下移动来调整丝杠和螺母的轴向间隙;图 5-18(c)是主轴箱用螺钉来调整端盖的轴向位置,最后达到调整轴承间隙的目的;图 5-18(d)表示小滑板上通过调整螺钉来调节镶条的位置来保证燕尾导轨副的配合间隙。

可动调整法有很多优点:除了能按经济加工精度加工零件外,装配也较为方便,可以获得比较高的装配精度。在使用期间,可以通过调整件来补偿由于磨损、热变形所引起的误差,使之恢复原来的精度要求。可动调整法的缺点是增加了一定的零件数及要求较高的调整技术。由于可动调整法的优点突出,因而使用较为广泛。

3. 误差抵消调整法

在产品或部件装配时,通过调整有关零件的相互位置,使其加工误差相互抵消一部分,以提高装配的精度,这种方法称为误差抵消调整法。这种方法在机床装配时应用较多,如在装配机床主轴时,通过调整前后轴承的径向圆跳动方向来控制主轴的径向圆跳动;在滚齿机工作台分度蜗轮装配中,采用调整两者偏心方向来抵消误差,最终提高分度蜗轮的装配精度。

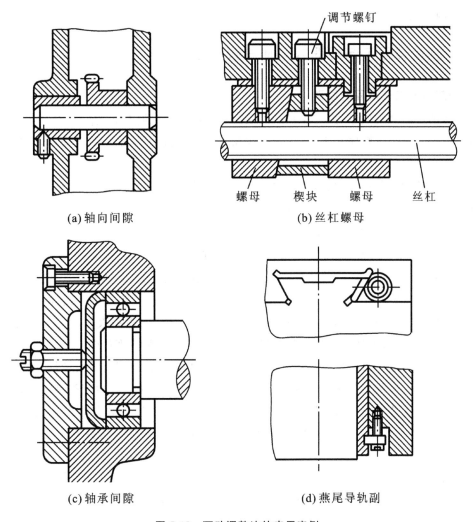

(a) 轴向间隙　　　　　　(b) 丝杠螺母

(c) 轴承间隙　　　　　　(d) 燕尾导轨副

图 5-18　可动调整法的应用实例

5.4　装配工艺规程的制定

装配工艺规程是指导装配生产的主要技术文件,制定装配工艺规程是生产技术准备工作中的一项重要工作。制定装配工艺规程的目的是保证装配质量、提高装配生产效率、缩短装配周期、减轻装配工人的劳动强度、缩小装配占地面积和降低成本等。

装配工艺规程的主要内容包括以下几点:

(1)根据产品图样,划分装配单元,确定装配方法;

(2)拟定装配顺序,划分装配工序;

(3)计算装配时间定额;

(4)确定各工序装配技术要求、质量检查方法和检查工具;

(5)确定装配时零、部件的输送方法及所需要的设备和工具；

(6)选择和设计装配过程中所需的工具、夹具和专用设备。

5.4.1　制定装配工艺规程的原则与原始资料

1. 制定装配工艺规程的原则

(1)保证产品装配质量,力求提高产品质量,以延长产品的使用寿命。

(2)合理安排装配顺序和工序,尽量减少钳工的手工劳动量,缩短装配周期,提高装配效率。

(3)尽量减少装配占地面积,提高单位面积的生产效率。

(4)要尽量减少装配工作所占的成本。

2. 制定装配工艺规程的原始资料

在制定装配工艺规程前,需要具备以下原始资料。

(1)产品的装配图及验收技术标准。产品的装配图应包括总装图和部件装配图,并能清楚地表示出:所有零件相互连接的结构视图和必要的剖视图;零件的编号;装配时应保证的尺寸;配合件的配合性质及精度等级;装配的技术要求;零件的明细表等。为了在装配时对某些零件进行补充机械加工和核算装配尺寸链,有时还需要某些零件图。

产品的验收技术条件、检验内容和方法也是制定装配工艺规程的重要依据。

(2)产品的生产纲领。生产纲领决定了产品的生产类型,不同的生产类型将导致装配生产的组织形式、工艺方法、工艺过程的划分、手工劳动的比例、工艺装备的多少、装备通用化与自动化水平等均有很大不同。例如,大批大量生产的产品应尽量选择专用的装配设备和工具,采用流水装配方法。现代装配生产中则大批大量采用机器人,组成自动装配线。对于成批生产、单件小批生产,则多采用固定装配方式,手工操作比重大。在现代柔性装配系统中,已开始采用机器人装配单件小批产品。各种生产类型的传统装配工艺特征如表5-4所示。

(3)生产条件。如果是在现有条件下来制定装配工艺规程时,应了解现有工厂的装配工艺设备、工人技术水平、装配车间面积、机械加工条件及各种工艺资料和标准等。如果是新建厂,则应适当选择先进的装备和工艺方法。

表 5-4　各种生产类型装配工作的特征

生产类型	大批大量生产	成批生产	单件小批生产
基本特性	产品固定,生产活动长期重复,生产周期一般较短	产品在系列化范围内变动,分批交替投产或多品种同时投产,生产活动在一定时期内重复	产品经常变换,不定期重复生产,生产周期一般较长

续表

生产类型		大批大量生产	成批生产	单件小批生产
装配工作特点	组织形式	多采用流水装配线：有连续移动、间歇移动及可变节奏等移动方式，还可采用自动装配机或自动装配线	笨重、批量不大的产品多采用固定流水装配，批量较大时采用流水装配，多品种平行投产时多品种可变节奏流水装配	多采用固定式装配或固定式流水装配进行总装，同时对批量较大的部件亦可采用流水作业线装配
	装配工艺方法	按互换装配法装配，允许有少量简单的调整，精密偶件成对供应或分组供应装配，无任何修配工作	主要采用互换装配法装配，但灵活运用其他保证装配精度的装配工艺方法，如调整装配法、修配装配法及合并法，以节约加工费用	以修配装配法及调整装配法为主，互换件比例较少
	工艺过程	工艺过程划分很细，力求达到高度的均衡性	工艺过程的划分应适合于批量的大小，尽量使生产均衡	一般不制定详细的工艺文件，工序可适当调度，工艺也可灵活掌握
	工艺装备	专业化程度高，宜采用专用高效工艺装备，易于实现机械化、自动化	通用设备较多，但也采用一定数量的专用工具、夹具或量具，以保证装配质量和提高工效	一般为通用设备及通用工具、夹具或量具
	手工操作要求	手工操作比重小，熟练程度容易提高，便于培养新工人	手工操作比重较大，技术水平要求较高	手工操作比重大，要求工人有高的技术水平和多方面工艺知识
应用实例		汽车、拖拉机、内燃机、滚动轴承、手表、缝纫机、电气开关	机床、机车车辆、中小型锅炉、矿山采掘机械	重型机床、重型机器、汽轮机、大型内燃机、大型锅炉

5.4.2　制定装配工艺规程的步骤

根据上述原则和原始资料，可以按下列步骤制定装配工艺规程。

1. 研究产品的装配图及验收技术条件

审核产品图样的完整性、正确性；分析产品的结构工艺性；审核产品装配的技术要求和验收标准；研究设计者所确定的装配方法，进行必要的产品装配尺寸链分析与计算。

2. 确定装配方法与组织形式

装配的方法和组织形式主要取决于产品的结构特点（尺寸和质量等）和生产纲领，并应考虑现有的生产技术条件和生产设备。

装配的组织形式主要分为固定式装配和移动式装配两种。固定式装配是全部装配工作在固定的地点完成，多用于单件小批生产或质量大、体积大的成批生产中。移动式装配是将零部件用输送带或输送小车按装配顺序从一个装配地点移动到下一装配地点,分别完成一部分装配工作,各装配地点工作的总和就完成了产品的全部装配工作。根据零部件移动的方式不同又分为连续移动、间歇移动和变节奏移动三种方式。移动式装配常用于产品的大批大量生产中,以组成流水作业线和自动作业线,应注意采用装配新工艺和新技术。

3. 划分装配单元,确定装配顺序

将产品划分为套件、组件及部件等装配单元是制定工艺规程中最重要的一个步骤,这对大批大量生产结构复杂的产品尤为重要。无论哪一级装配单元,都要选定某一零件或比它低一级的装配单元作为装配基准件。装配基准件通常应是产品的基体或主干零部件。基准件应有较大的体积和质量,有足够的支承面,以满足陆续装入零部件时的作业要求和稳定要求。如床身零件是床身组件的装配基准零件;床身组件是床身部件的装配基准组件;床身部件是机床产品的装配基准部件。

划分装配单元、确定装配基准零件以后,即可安排装配顺序,并以装配系统图的形式表示出来。具体来说,装配顺序一般是先难后易、先内后外、先下后上,预处理工序在最前面。

为了清晰表示装配顺序,常用装配单元系统图来表示。如图 5-19(a)所示为产品装配单元系统图;图 5-19(b)所示为部件装配单元系统图。

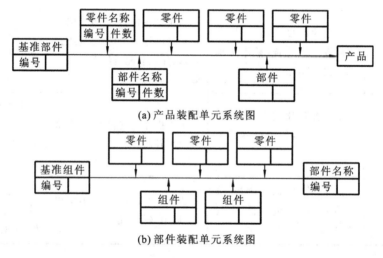

(a) 产品装配单元系统图

(b) 部件装配单元系统图

图 5-19　装配单元系统图

在装配单元系统图上加注所需的工艺说明,如焊接、配钻、配刮、冷压、热压和检验等,就形成装配工艺系统图。装配工艺系统图比较清楚而全面地反映了装配单元的划分、装配顺序和装配工艺方法。它是装配工艺规程制定中的主要文件之一,也是划分装配工序的依据。例如,如图 5-20 所示为卧式车床床身装配简图,图 5-21 所示为卧式车床床身部件的装配工艺系统图。

4. 划分装配工序

装配顺序确定后,就可将装配工艺过程划分为若干工序,其主要工作如下。

(1)确定工序集中与工序分散的程度。

(2)划分装配工序,确定工序内容。

(3)确定各工序所需的设备和工具,如需专用夹具与设备,则应拟定设计任务书。

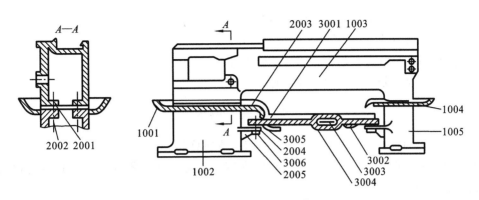

图 5-20　卧式车床床身装配简图

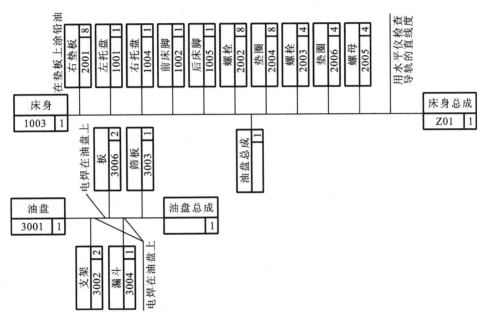

图 5-21　卧式车床床身部件的装配工艺系统图

（4）制定各工序装配操作规范,如过盈配合的压入力、变温装配的装配温度及紧固件的力矩等。

（5）制定各工序装配质量要求与检测方法。

（6）确定工序时间定额,平衡各工序节拍。

5. 编制装配工艺文件

单件小批生产时,通常只绘制装配系统图。装配时,按产品装配图及装配系统图工作。

成批生产时,通常还制定部件、总装的装配工艺卡,写明工序次序,简要工序内容,设备名称,工夹具名称与编号,工人技术等级和时间定额等项目。

在大批大量生产中,不仅要制定装配工艺过程卡,而且要制定装配工序卡,以直接指导工人进行产品装配。此外,还应按产品图样要求,制定装配检验及试验卡片。

必须指出,在实际生产过程中,产品装配完毕,还应按产品技术性能和验收技术条件制订检测与试验规范。它包括以下几方面的内容:

(1)检测和试验的项目及检验质量指标;

(2)检测和试验的方法、条件与环境要求;

(3)检测和试验所需工艺装备的选择或设计;

(4)质量问题的分析方法和处理措施。

思考复习题 5

5-1 何谓零件、套件、组件和部件?何谓机器的总装?

5-2 何谓装配精度?它一般包括哪些内容?装配精度与零件的加工精度有何区别?它们之间又有何关系?

5-3 装配尺寸链与工艺尺寸链有何区别?

5-4 装配尺寸链是如何构成的?装配尺寸链封闭环是如何确定的?

5-5 在查找装配尺寸链时应注意哪些原则?

5-6 说明装配尺寸链中的封闭环、协调环、补偿环和公共环的含义,各有何特点?

5-7 保证装配精度的方法有哪几种?各适用于什么装配场合?

5-8 机械结构的装配工艺性包括哪些主要内容?试举例说明。

5-9 装配工艺规程包括哪些主要内容?经过哪些步骤制订的?

※ 以下各计算题若无特殊说明,各参与装配的零件加工尺寸均为正态分布,且分布中心与公差带中心重合。

5-10 现有一轴、孔配合,配合间隙要求为 0.26 mm,已知轴的尺寸为 $\phi 50_{-0.10}^{0}$ mm,孔的尺寸为 $\phi 50_{0}^{+0.20}$ mm。若用完全互换装配法进行装配,能否保证装配精度要求?用大数互换装配法装配能否保证装配精度要求?

5-11 设有一轴、孔配合,若轴的尺寸为 $\phi 80_{-0.10}^{0}$ mm,孔的尺寸为 $\phi 80_{0}^{+0.20}$ mm,试用完全互换装配法和大数互换装配法进行装配,分别计算其封闭环公称尺寸、公差和分布位置。

5-12 如图 5-22 所示的齿轮与轴的装配关系,已知 $A_1=30$ mm,$A_2=5$ mm,$A_3=43$ mm,$A_4=3_{-0.05}^{0}$ mm(标准件),$A_5=5$ mm,装配后齿轮与挡圈的轴向间隙为 0.1~0.35 mm。现采用完全互换装配法和大数互换装配法进行装配,试确定各组成环的公差及其分布。

5-13 图 5-23 所示为双联转子泵,装配时要求冷态下的装配间隙为 $A_0=0.05~0.15$ mm。

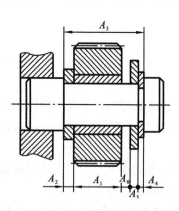

图 5-22 齿轮与轴的装配关系

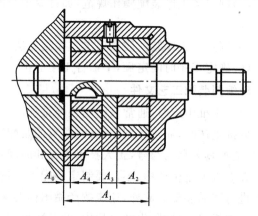

图 5-23 双联转子泵

各组成环基本尺寸为：$A_1=41$ mm，$A_2=A_4=17$ mm，$A_3=7$ mm。

(1)分别采用完全互换装配法和大数互换装配法装配时，试确定各组成环尺寸公差及极限偏差。

(2)采用修配装配法装配时，A_2、A_4按 IT9 级精度制造，A_1按 IT10 级精度制造，选 A_3 为修配环。试确定修配环的尺寸及上、下偏差，并计算可能出现的最大修配量。

(3)采用调整装配法装配时，A_1、A_2、A_4均按上述精度制造，选 A_3 为固定补偿环，取 $T_3=0.02$ mm，试计算垫片尺寸系列。

5-14　图 5-24 所示为一活塞部件，支架端面距缸体左端面的尺寸 $A_1=50_{-0.62}^{~0}$ mm，缸体内孔长度 $A_2=31_{~0}^{+0.62}$ mm，活塞长度 $A_3=19_{-0.52}^{~0}$ mm，支架长度 $A_4=40_{-0.62}^{~0}$ mm，试分别按极值公差公式和统计公差公式计算活塞行程的极限尺寸。

5-15　图 5-25 所示为曲轴颈与齿轮的装配图。结构设计采用固定调整法保证间隙 $A_0=0.01\sim0.06$ mm。已知 $A_1=38.5_{-0.07}^{~0}$ mm，$A_2=2.5_{-0.04}^{~0}$ mm，$A_3=43.5_{+0.05}^{+0.10}$ mm，$A_4=18_{~0}^{+0.2}$ mm，$A_5=20_{~0}^{+0.1}$ mm，$A_6=41_{-0.5}^{~0}$ mm，$A_7=1.5_{~0}^{+0.2}$ mm，$A_8=35_{-0.2}^{~0}$ mm，调整件的制造公差 $T_k=0.01$ mm。若选择 A_k 为调整件，试求调整件的组数及各组尺寸。

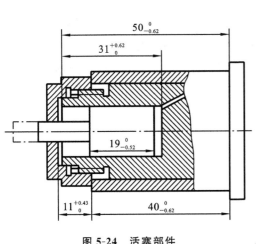

图 5-24　活塞部件

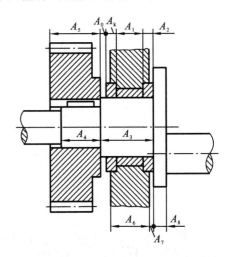

图 5-25　曲轴颈与齿轮的装配图

5-16　图 5-26 所示为牙嵌离合器齿轮轴部装配图。为保证齿轮转动灵活，要求装配后轴套与隔套的轴向间隙为 0.05～0.20 mm。试合理确定并标注各组成环(零件)的有关尺寸及其偏差。

5-17　图 5-27 所示为传动轴装配图。现采用调整装配法装配，以右端垫圈为调整环 A_k，装配精度要求 $A_0=0.05\sim0.20$ mm(双联齿轮的端面圆跳动量)。试采用固定调整法确定各组成零件的尺寸及公差，并计算加入调整垫片的组数及各组垫片的尺寸及公差。

5-18　图 5-28 所示为 CA6140 车床主轴前支承结构。根据技术要求，主轴前端法兰盘与主轴箱体端面间隙应为 0.38～0.95 mm，试建立该装配精度的装配尺寸链，并分别用极值法和统计法求出各有关尺寸及其极限偏差。

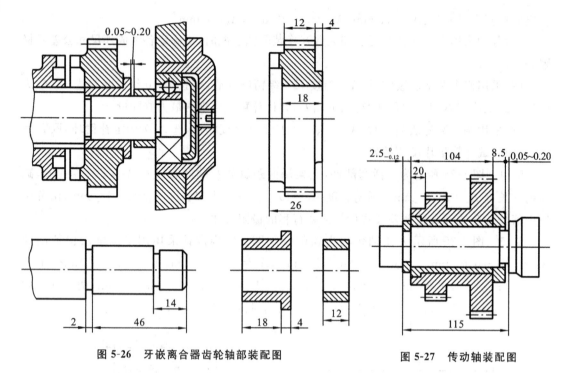

图 5-26　牙嵌离合器齿轮轴部装配图

图 5-27　传动轴装配图

5-19　图 5-29 所示为镗孔夹具简图,要求定位面到孔轴线的距离为 $A_0=(155\pm0.015)$mm,单件小批生产用修配装配法保证该装配精度,并选取定位板 $A_1=20$ mm 作为修配件。根据生产条件,在定位板上最大修配量以不超过 0.3 mm 为宜,试确定各组成环尺寸及其极限偏差。

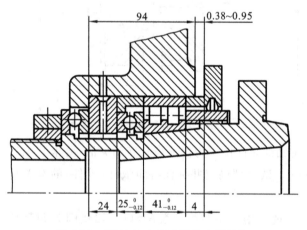

图 5-28　CA6140 车床主轴前支承结构

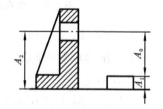

图 5-29　镗孔夹具简图

第6章　夹具设计

在机床上加工工件时，为了保证工件的形状、位置及尺寸要求，通常在加工前，首先需确定好工件相对于刀具和机床的位置。机床夹具就是用来准确地确定工件位置，并将其牢固夹紧的工艺装备。采用这种工艺装备，能保证工件的加工精度，提高加工效率，减轻劳动强度，充分发挥和扩大机床的工艺性能。因此，机床夹具在机械制造中占有很重要的地位，机床夹具的设计也是从事机械加工工艺工作中不可缺少的内容。

6.1　机床夹具的基本组成和类型

6.1.1　机床夹具的基本组成

机床夹具的种类和结构虽然繁多，各不相同，但它们的组成均可概括为以下几个部分，这些组成部分既相互独立又相互联系。

1. 定位元件

定位元件保证工件在夹具中处于正确的位置。如图 6-1 所示的后盖零件图，钻后盖上

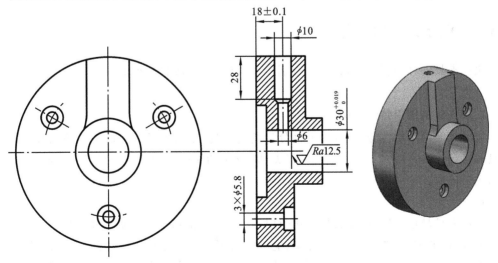

图 6-1　后盖零件图

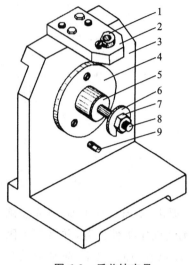

图 6-2　后盖钻夹具

1—钻套；2—钻模板；3—夹具体；

4—支承板；5—圆柱销；6—开口垫圈；

7—螺母；8—螺杆；9—菱形销

的 $\phi 10$ mm 孔，其钻夹具如图 6-2 所示。夹具上的圆柱销、菱形销和支承板都是定位元件，通过它们使工件在夹具中占据正确的位置。

2. 夹紧装置

夹紧装置的作用是将工件压紧夹牢，保证工件在定位时所占据的位置，并在加工过程中受到外力（如切削力等）作用时不发生变化（即位移及振动）。如图 6-2 中的螺杆（与圆柱销合成一个零件）、螺母和开口垫圈就起到了上述作用。

3. 对刀或导向装置

对刀或导向装置用于确定刀具相对于定位元件的正确位置。如图 6-2 中钻套和钻模板组成的导向装置，确定了钻头轴线相对定位元件的正确位置。铣床夹具上用对刀块和塞尺作为对刀装置。

4. 连接元件

连接元件是确定夹具在机床上正确位置的元件。如图 6-2 中夹具体的底面为安装基面，保证了钻套的轴线垂直于钻床工作台以及圆柱销的轴线平行于钻床工作台。因此，夹具体可兼做连接元件。车床夹具上的过渡盘、铣床夹具上的定位键都是连接元件。

5. 夹具体

夹具体是机床夹具的基础件，如图 6-2 中的夹具体，通过它将夹具的所有元件连接成一个整体。

6. 其他装置或元件

其他装置或元件是指夹具中因特殊需要而设置的装置或元件。

6.1.2　机床夹具的分类

机床夹具的种类很多，形状千差万别。为了设计、制造和管理的方便，往往按某一属性进行分类。

1. 按夹具的通用特性分类

按夹具的通用特性分类，可将夹具分为通用夹具、专用夹具、可调夹具、成组夹具、组合夹具和自动线夹具等六大类。它反映了夹具在不同生产类型中的通用特性，因此是选择夹具的主要依据。

1）通用夹具

通用夹具是指结构、尺寸已规格化，且具有一定通用性的夹具，如三爪自定心卡盘、四爪单动卡盘、台虎钳、万能分度头、中心架、电磁吸盘等。其特点是适用性强、不需调整或稍加调整即可装夹一定形状范围内的各种工件。这类夹具已商品化，且成为机床附件。采用这类夹具可缩短生产准备周期，减少夹具品种，从而降低生产成本。其缺点是夹具的加工精度不高,生产效率也较低,且难以装夹形状复杂的工件,故适用于单件小批生产中。

2)专用夹具

专用夹具是针对某一工件的某一工序的加工要求而专门设计和制造的夹具。其特点是针对性极强,没有通用性。在产品相对稳定、批量较大的生产中,常用各种专用夹具,可获得较高的生产效率和加工精度。专用夹具的设计制造周期较长,随着现代多品种及中小批生产的发展,专用夹具在适应性和经济性等方面已产生许多问题。

3)可调夹具

可调夹具是针对通用夹具和专用夹具的缺陷而发展起来的一类新型夹具。对不同类型和尺寸的工件,只需调整或更换原来夹具上的个别定位元件和夹紧元件便可使用。可调夹具的通用范围大,适用性广,加工对象不太固定,在小批多品种生产中得到广泛应用。

4)成组夹具

成组夹具是在成组加工技术基础上发展起来的一类夹具。它是根据成组加工工艺的原则,针对一组形状相近的零件专门设计的,也是具有通用基础件和可更换调整元件组成的夹具。这类夹具从外形上看,它与可调夹具不易区别。但它与可调夹具相比,具有使用对象明确、设计科学合理、结构紧凑、调整方便等优点。

5)组合夹具

组合夹具是一种模块化的夹具,并已商品化。标准的模块元件具有较高精度和耐磨性,可组装成各种夹具,夹具用完即可拆卸,留待组装新的夹具。使用组合夹具可缩短生产准备周期,其元件能重复多次使用,并具有可减少专用夹具数量等优点。组合夹具在单件、中小批多品种生产和数控加工中,是一种较经济的夹具。

6)自动线夹具

自动线夹具一般分为两种:一种为固定式夹具,它与专用夹具相似;另一种为随行夹具,使用中夹具随着工件一起运动,并将工件沿着自动线从一个工位移至下一个工位进行加工。

2. 按夹具使用的机床分类

这是专用夹具设计所用的分类方法。按使用的机床分类,可把夹具分为车床夹具、铣床夹具、钻床夹具、镗床夹具、磨床夹具、齿轮机床夹具、数控机床夹具等。

3. 按夹具动力源分类

按夹具夹紧动力源分类,可将夹具分为手动夹具和机动夹具两大类。为减轻劳动强度和确保安全生产,手动夹具应有扩力机构与自锁性能。常用的机动夹具有气动夹具、液压夹具、气液夹具、电动夹具、电磁夹具、真空夹具和离心力夹具等。

6.2　工件的定位和夹具的定位设计

6.2.1　常用定位元件及其选择

工件在夹具中的定位,主要是通过各种类型的定位元件实现的。在机械加工中,虽然被加工工件的种类繁多,形状各异,但从它们的基本结构来看,不外乎是由平面、圆柱面、圆锥面及各种成型表面组成。工件在夹具中定位时,可根据各自的结构特点和工序加工精度要求,选取平面、圆柱面、圆锥面和它们之间的组合表面作为定位基准。为此,在工件定位中可根据需要选用不同类型的定位元件进行定位。

1. 工件以平面定位

箱体、床身、机座、支架类零件的加工,常以平面作为定位基准。以平面定位的主要形式是支承定位,常用的定位元件有以下几种。

1)固定支承

固定支承有支承钉和支承板两种形式。

图 6-3 所示为国家标准《机床夹具零件及部件 支承钉》(JB/T 8029.2—1999)规定的三种支承钉,其中 A 型为平头支承钉,多用于支承工件上精基准面的定位;B 型为球头支承钉,多用于未加工的粗基准面的定位;C 型为网纹顶面的支承钉,多用于未经加工过的侧面或顶面定位。支承钉与夹具体的配合可用 $\frac{H7}{r6}$ 或 $\frac{H7}{n6}$。

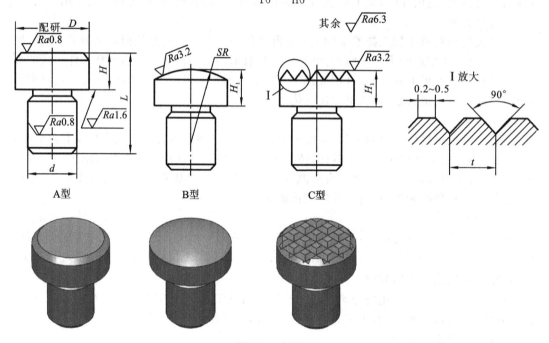

图 6-3 支承钉

图 6-4 所示为国家标准《机床夹具零件及部件 支承板》(JB/T 8029.1—1999)规定的两种支承板。支承板常用于经过较精密加工的平面基准定位,其中 B 型易于清屑,应用较多,常用于底面定位;A 型支承板,结构简单、制造方便,但由于埋头螺钉处积屑不易清除,故常用于侧面或顶面定位。

2)可调支承

在夹具中,定位支承点的位置可调节的定位元件,称为可调支承。可调支承主要用于下列情况:当毛坯质量不高,特别是不同批次的毛坯尺寸差别较大时,往往在加工每批毛坯的最初几件时,需要按划线来找正工件的位置;或者在产品系列化的情况下,可用同一夹具加工结构相同而尺寸规格不同的零件,这时在夹具上常采用可调支承。图 6-5 所示为常用的几种可调支承结构。这几种可调支承都是通过螺钉和螺母来调节定位支承点位置的,图 6-5(a)所示结构中,用手拧动滚花螺母以调节支承的高低位置,适用于轻型工件;图 6-5(b)所示结构中,需用扳手调节,适用于较重的工件;图 6-5(c)所示结构,适用于侧面定位支承点的调节。支承调到合适的高度后,必须用锁紧螺母锁紧,防止松动。

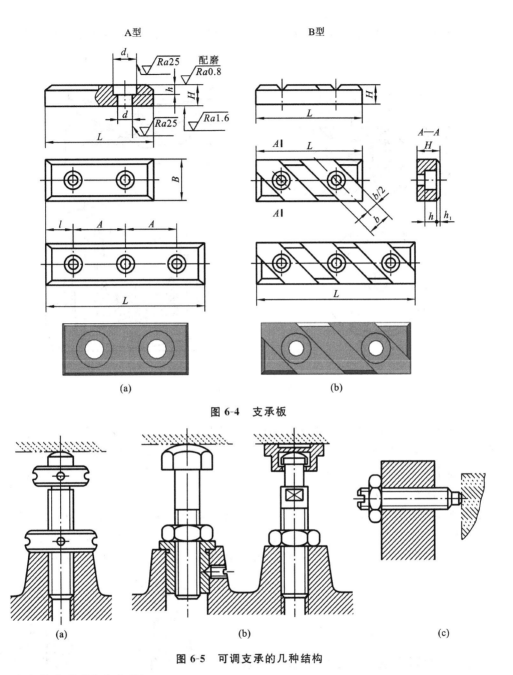

图 6-4 支承板

图 6-5 可调支承的几种结构

3）自位支承（浮动支承）

自位支承是指支承本身的角向位置在工件定位过程中能随工件定位基准面的位置变化而自动与之适应。这种支承一般具有两个以上的支承点，各点间相互有联系，其上放置工件后，若压下其中一点，就迫使其余的点上升，直至各点全部与工件接触为止。其定位作用只限制一个自由度，相当于一个固定支承钉。图 6-6 所示为几种典型的自位支承。图 6-6（a）所示为球面式，与工件有三点接触；图 6-6（b）所示为杠杆式，与工件有两点接触；图 6-6（c）与图 6-6（b）相同，适用于基准为阶梯面的定位。自位支承与工件的接触点数目增加，有利于提高工件的定位稳定性和支承刚性，通常用于毛坯平面及阶梯平面的定位。

采用自位支承时,夹紧力和切削力不要正好作用在支承点上,应尽可能位于活动工作点的中心。

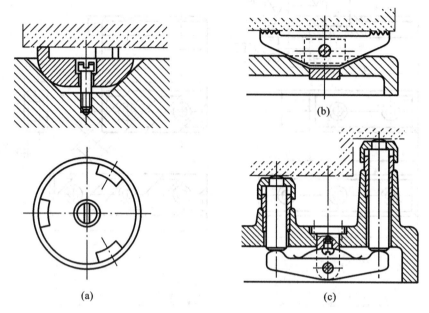

图 6-6　自位支承

4)辅助支承

辅助支承是在夹具中对工件不起限制自由度作用的支承。它主要用于提高工件的支承刚性,防止工件因受力产生变形。如图 6-7 所示,工件以平面 A 作为定位基准,由于被加工表面位于离主要基面较远的地方,在切削力作用下会产生变形和振动,因此需要增设辅助支承,这样可提高工件的支承刚性。

辅助支承不能确定工件在夹具上的位置,因此只有当工件按定位元件定好位并夹紧后,再调节辅助支承使其与工件密切接触。这样每装卸工件一次,必须重新调节辅助支承。

辅助支承的结构形式很多,图 6-8 所示为其中的两种结构。图 6-8(a)中的结构最简单,

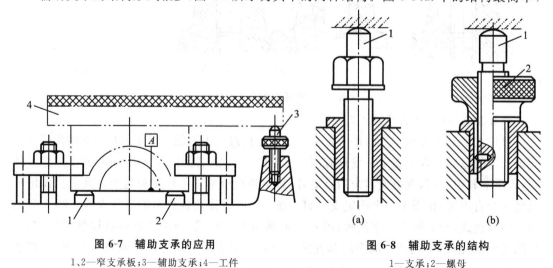

图 6-7　辅助支承的应用

1、2—窄支承板;3—辅助支承;4—工件

图 6-8　辅助支承的结构

1—支承;2—螺母

但在转动支承时,有可能因摩擦力矩带动工件而破坏定位;图 6-8(b)中的结构避免了上述缺点,转动螺母时,支承只作上下直线移动。这两种结构动作较慢,转动支承时用力不当会破坏工件的既定位置。为提高辅助支承的操作效率和控制其对已定位工件的作用力,可采用图 6-9 所示的自引式和升托式辅助支承。这两种辅助支承,均可承受工件质量及加工时的切削分力,而其中的升托式辅助支承则可承受更大的载荷。

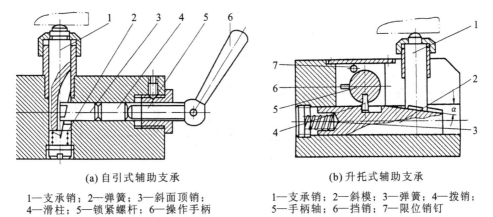

(a) 自引式辅助支承　　　　　　　　(b) 升托式辅助支承

1—支承销;2—弹簧;3—斜面顶销;　　　1—支承销;2—斜模;3—弹簧;4—拨销;
4—滑柱;5—锁紧螺杆;6—操作手柄　　　5—手柄轴;6—挡销;7—限位销钉

图 6-9　自引式和升托式辅助支承

2. 工件以圆柱孔定位

当工件上的圆柱孔为定位基准时,其基本特点是定位孔和定位元件(或装置)之间处于配合状态,并要求确保孔中心线与夹具的轴线相重合。孔定位经常与平面定位组合使用。下面重点讨论两类常用的孔定位方式。

1)心轴定位

心轴定位广泛应用在各种机床上,下面介绍几种典型的心轴结构。

(1)圆锥心轴。如图 6-10 所示,圆锥心轴一般具有很小的锥度 K,通常 $K=1:5000 \sim 1:1000$。对于磨床用的圆锥心轴,其锥度可以更小,如 $K=1:10000 \sim 1:5000$。装夹时,以轴向力将工件均衡楔入,依靠孔与心轴接触表面的均匀弹性变形,使工件楔紧在心轴的锥面上。加工时靠摩擦力带动工件运动。

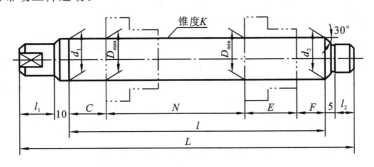

图 6-10　圆锥心轴

采用圆锥心轴,孔、轴间的间隙得以消除,定心精度较高,可达 $0.005 \sim 0.01$ mm。但一般要求工件定位孔的精度不应低于 IT7 级,否则定位孔径由 D_{max} 变到 D_{min} 时,将使轴向位置变化较大,如图 6-10 所示的尺寸 N,这样会使心轴总长 L 增大,造成心轴刚性降低,加工调整不方便。在车削或磨削同心度要求较高的盘类零件时,多采用这类心轴。另外,工件宽度也不应过窄,以免它在安装时产生歪斜。

(2)刚性心轴。在成批生产时,为了克服圆锥心轴定位时工件轴向位置不固定的缺点,经常采用刚性心轴。如图 6-11 所示,刚性心轴由导向部分、定位部分及传动部分组成。导向部分的作用是使工件能快速正确地套在心轴的定位部分上,其直径尺寸按间隙配合选取。心轴两端设有顶尖孔,其左端传动部分被铣扁,以便能迅速放入车床主轴上带有长方槽孔的拨盘中。刚性心轴也可设计成带有莫氏锥柄的结构,使用时直接插入主轴前锥孔内。

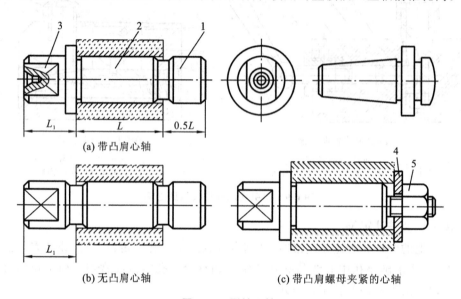

图 6-11　刚性心轴

1—导向部分;2—定位部分;3—传动部分;4—开口垫圈;5—螺母

如图 6-11(a)、(b)所示,工件与心轴为过盈配合,定心精度高,常用配合种类为 r、s、u。图 6-11(a)中的心轴可同时加工外圆及一个端面;图 6-11(b)中的心轴则可加工外圆及两个端面。图 6-11(c)中的心轴为常用的另一种形式,工件与心轴为间隙配合,常用的配合种类为 h、g、f。这种心轴装卸工件方便,但定位精度不够高。若工件孔带有花键或平键,则心轴也应做成相应形式,此时可适当减少其过盈量。

(3)弹性心轴。为了提高定心精度,而又使工件装卸方便,常常采用弹性心轴。图 6-12 所示为弹性心轴。为了使薄壁弹性套容易变形,其轴向开有数条槽。当拉杆向后推时,拉杆上的前锥体的后锥迫使弹性套涨开,而使工件既定位又夹紧。当拉杆向前推时,使薄壁弹性套松开而拆卸工件。为了防止弹性套有时卡住,套上装有螺钉,当拉杆向右推时,它上面的槽的左侧可推动螺钉迫使薄壁弹性套松开。弹性心轴一般的定心精度为 0.01~0.02 mm。这种心轴类型多样,应用也较广,其有关计算可在手册上查到。

(4)定心心轴。当定位孔为粗基准,或定位孔很大时,常采用定心心轴。图 6-13 所示为定心心轴的典型结构。当拧动螺母时,杆上的锥面 B 及套上的锥面 A 相向移动,使两组共六个撑爪推出,而使工件定心并夹紧。每组撑爪相当于一个短销,再加上止推端面,共限制 5 个自由度。

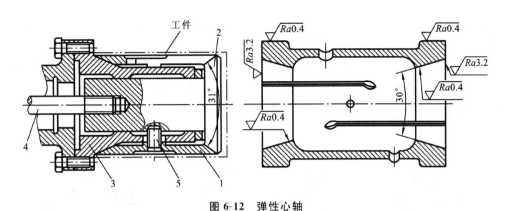

图 6-12　弹性心轴

1—弹性套；2—薄壁弹性套；3—前锥体；4—拉杆；5—螺钉

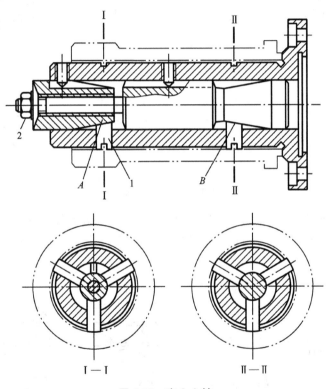

图 6-13　定心心轴

1—撑爪；2—螺母

2）定位销

定位销的结构形式有很多种，按定位销与夹具体的链接关系分为固定式定位销、可换式定位销和定位锥销三种。按定位销限制自由度的数目不同，又可将定位销分为长定位销和短定位销，当 $L/d \geqslant 0.8 \sim 1.0$ 时为长销，限制 4 个自由度，当 $L/d < 0.8 \sim 1.0$ 时为短销，限制 2 个自由度，短削边销限制 1 个自由度。定位销的典型结构已标准化，详见 JB/T 8014.1—1999、JB/T 8014.2—1999 和 JB/T 8014.3—1999。图 6-14 所示为国家标准规定的圆柱定位销，其中图 6-14(a)、(b)、(c)所示为三种固定式定位销，直接压入夹具体（采用过盈配合 $\dfrac{\text{H7}}{\text{r6}}$），定位销头部均有 15°倒角，以便引导工件套入。当定位销的工作部分直径 $d \leqslant$

10 mm 时,为了增加刚性,通常在工作部分的根部倒成大圆角 R(见图 6-14(a)),然后在夹具体上锪出沉头孔,将圆角部分埋入体内,不妨碍定位。

在大批大量生产条件下,由于工件装卸次数频繁,定位销容易磨损而降低其定位精度,为了便于更换,常常采用图 6-14(d)所示的可换式定位销,夹具中压入衬套,定位销装入衬套中(采用间隙配合 $\frac{H7}{h6}$)并用螺母固定。

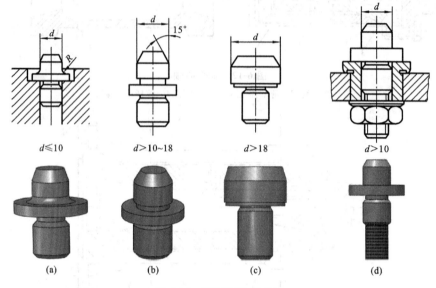

图 6-14 圆柱定位销结构

图 6-15(a)所示为削边销的标准结构,图 6-15(b)、(c)所示为工件以圆孔在圆锥销上定位的情况,限制了工件 3 个移动自由度,其中图 6-15(b)多用于毛坯孔定位,图 6-15(c)多用于光孔定位。

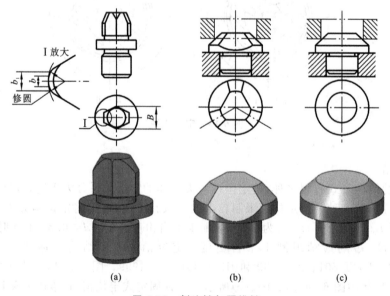

图 6-15 削边销与圆锥销

3. 工件以外圆柱表面定位

工件以外圆定位也是常见的一种定位方式,它广泛应用在车、磨、铣、钻等加工中,外圆定位有两种基本形式:一种是定心定位,常用各种自定心卡盘、弹簧夹头及定位套;另一种是支承定位,常用支承板和 V 形块。

1) 自动定心定位

由于外圆柱面具有对称性,很容易采用自动定心装置而将其轴线确定在要求的位置上。常见的定心装置为卡盘及卡头。

图 6-16(a)所示为气动三爪卡盘。三个卡爪固定在滑块上,而三个滑块又通过 T 形槽与斜槽盘连接,其上的三个 T 形槽均与轴线倾斜 15°,当活塞通过螺钉而拉动斜槽盘向左移动时,靠斜面作用使三个滑块同时向中心移动,而使工件定心夹紧,反之,活塞反向运动时,卡盘放松。

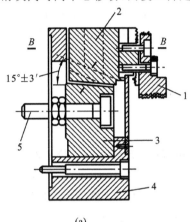
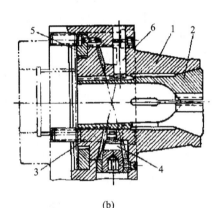

(a)

(b)

1—卡爪;2—滑块;3—斜槽盘;4—夹具体;
5—螺钉

1—夹具体;2—弹性套;3—大锥齿轮;
4—小锥齿轮;5—限位块;6—销

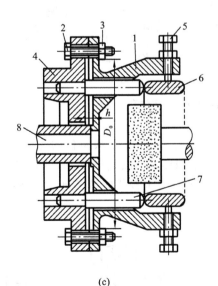
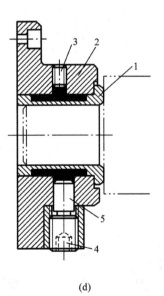

(c)

(d)

1—弹性盘;2、5—螺钉;3—螺母;
4—夹具体;6—工件;7—顶杆;8—推杆

1—弹性套;2—夹具体;3—定位螺钉;
4—螺钉;5—柱塞

图 6-16 定心卡盘和卡头

图 6-16(b)所示为一种弹簧筒夹卡盘结构,靠带槽的弹性套变形,使外圆柱面定心夹紧。弹性套向左移动,靠套端的锥面作用,迫使弹性套收缩,而使工件定心夹紧;弹性套反向移动时,则可放松。弹性套的尾端有梯形螺纹,与大锥齿轮的中孔螺纹连接。当用卡盘扳手拧动小锥齿轮时,即可带动大锥齿轮回转,而使弹性套左右移动,实现工件的夹紧或放松,挡销可限制弹性套的回转。

图 6-16(c)所示为弹性鼓膜式定心夹紧装置,多用在磨削加工中。鼓膜盘是一个弹性元件,它靠螺钉螺母固定在夹具体上。其圆周方向上带有 6～8 个卡爪,卡爪端部的螺钉用来定心并夹紧工件,它们可限制 2 个自由度,工件端面靠在挡销上,限制 3 个自由度。因气缸作用,推动弹性套可使鼓膜盘变形而中部凸起,其上的卡爪也随之张开,此时可以拆卸工件。加工时,弹性套向后退回,靠鼓膜的弹性而使工件夹紧。为了保证足够的夹紧力,卡爪在工件直径方向的预紧量一般为 0.4 mm 左右,鼓膜的厚度 h 随其直径 D_0 的变化而变化。

在一批工件加工之初,应调整螺钉使工件同心,调好后用螺母锁紧。为进一步提高定心精度,还可用本机床将卡爪螺钉头轻磨一刀。这种夹具定心精度很高,可达 0.003～0.005 mm,常用在定心精度要求高的内圆磨床上。

图 6-16(d)所示为液性塑料筒夹,其作用原理与液性塑料心轴类似。拧动螺钉通过销即可利用塑料传力,从而使弹性套变形而将工件定心夹紧。

2)定位套

图 6-17 所示为各种常见的定位套。图 6-17(a)所示为短定位套和长定位筒,其内孔分别限制 2 个自由度和 4 个自由度。图 6-17(b)所示为锥面定位套,限制 3 个自由度。图 6-17(c)所示为便于装卸工件的半圆定位套,限制的自由度视其长短而定。

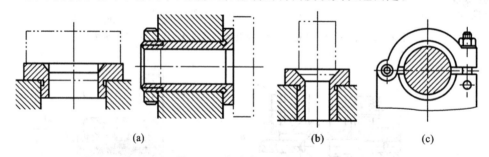

(a)　　　　　　　　　　(b)　　　　(c)

图 6-17　各种类型的定位套

3)V 形块

工件外圆以 V 形块定位是最常见的定位方式之一。V 形块定位的优点是对中性好,可用于非完整外圆柱表面定位。常见的 V 形块结构形式如图 6-18 所示。图 6-18(a)用于精基准定位,且定位基准较短的场合;图 6-18(b)、(c)可用于较长的精基准定位或两段精基准相距较远的场合;图 6-18(d)用于较长的粗基准定位。

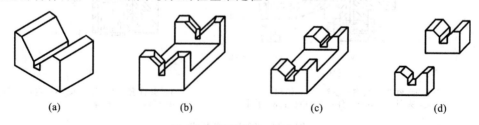

(a)　　　　　　(b)　　　　　　(c)　　　　　　(d)

图 6-18　V 形块的结构形式

根据工件定位基准相对 V 形块接触长度的不同，V 形块有长 V 形块和短 V 形块之分。长 V 形块或两个短 V 形块组合限制 4 个自由度；短 V 形块则限制 2 个自由度。V 形块又有固定式 V 形块和活动式 V 形块两种，活动式 V 形块在可移动方向上对工件不起定位作用。

　　V 形块两斜面夹角有 $60°$、$90°$、$120°$ 等，其中 $90°$V 形块应用最为广泛。$90°$V 形块结构已标准化，如图 6-19 所示，选用时查阅国标 JB/T 8018.1—1999 至 JB/T 8018.4—1999。

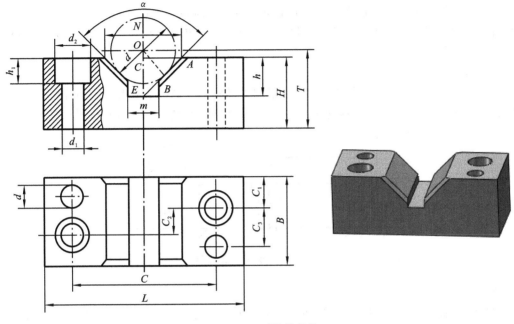

图 6-19　V 形块的结构

4. 工件以锥面定位

　　图 6-20 所示为锥孔套筒在锥形心轴上定位磨外圆及精密齿轮在锥度心轴上定位进行滚齿加工的情况，此时锥形心轴将限制工件的 5 个自由度。

　　图 6-21(a) 所示为轴类零件以顶尖孔在顶尖上定位的情况，左端固定顶尖限制 3 个自由度，右端可移动顶尖只限制 2 个自由度。为提高工件轴向定位精度，可采用图 6-21(b) 所示的固定顶尖套和活动顶尖的结构，此时左端活动顶尖只限制 2 个自由度，固定顶尖套限制沿轴向移动的 1 个自由度。

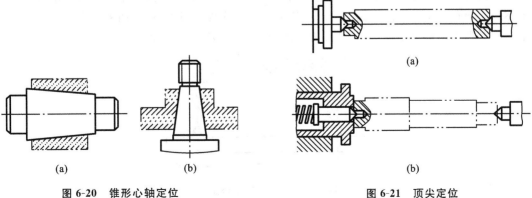

图 6-20　锥形心轴定位　　　　　　　　图 6-21　顶尖定位

5. 工件以组合表面定位

工件在夹具上定位时,一个定位表面最多能限制 5 个自由度,而大多数的加工工序往往要求工件在定位过程中限制更多的自由度,这样,用一个定位基准就不能满足要求,而需要用几个表面组合来加以定位。

1)工件以中心孔定位

图 6-21 所示为工件中心孔在顶尖上定位的简图。前顶尖限制工件 $\vec{x}$、$\vec{y}$ 和 $\vec{z}$ 3 个自由度,后顶尖因可沿 x 方向移动,只能消除工件 $\widehat{y}$ 和 $\widehat{z}$ 2 个转动自由度。对于车、磨削外圆来说,均属准定位,定位合理。

2)双短 V 形架定位

双短 V 形架相当于一个长 V 形架,可限制工件的 2 个移动自由度和 2 个转动自由度,如图 6-22 所示。设计制造时,应保证两个短 V 形架的中心高 h 相等且对称平面共面。

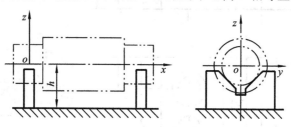

图 6-22　双短 V 形架定位

3)三平面组合定位

当加工箱体类以平面为主的零件时,可用三个平面组合定位,限制 6 个自由度。此时应选一个大平面作为主基准,限制 3 个自由度。第二、三基准均应与主基准垂直。第二基准应选一个窄长的平面,限制 2 个自由度。第三基准与第二基准也应垂直,最好选与作用在工件上的切削力相对的平面,使之在限制工件自由度的同时还能承受部分切削力。布置支承点时,若主基准为精基准,定位元件一般均设 4 个支承板,装配后一次磨平定位面使之等高,消除过定位的不良影响并使定位稳定;若主基准为粗基准,则一般设 3 个相距尽量远且不在一直线上的支承钉。第二支承可用 1 个长支承板或 2 个支承钉,它们确定的直线一般应平行于主基准面。

4)一面两孔组合定位

一面两孔组合定位的定位方式是在箱体、连杆和盖板等零件加工中常采用的定位方法,俗称一面两孔定位。一面两孔定位时所使用的定位元件一般如下:平面采用支承板定位,两个孔一般都采用定位销定位,故又称为一面两销定位,如图 6-23 所示。

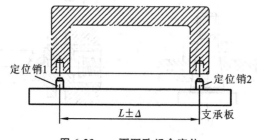

图 6-23　一面两孔组合定位

这种情况下的两个圆柱销重复限制了 x 方向的移动自由度,属于过定位。由于工件上两孔的中心距和夹具上两销的中心距均会有误差(分别为 $\pm\Delta K$ 和 $\pm\Delta J$),因而会出现如图 6-24 所示的相互干涉现象,这是该定位方案中必须要解决的问题。

解决该定位方案的过定位的方法有以下两种。

(1)减小销 2 的直径,使其与孔 2 具有最小间隙 Δ_2(这里 $\Delta_2=2\Delta K+\Delta J-\Delta_1/2$,$\Delta_1$ 为孔 1 和销 1 之间的最小间隙),以此来补偿孔和销的中心距偏差。

(2)将销 2 做成削边销,其结构形状如图 6-25 所示。图 6-25(a)用于孔径很小的情况,图 6-25(b)为孔径在 3~50 mm 时使用的定位销,图 6-25(c)用于孔径大于 50 mm 的情况。关于削边销的结构尺寸,请参阅有关设计手册和资料。

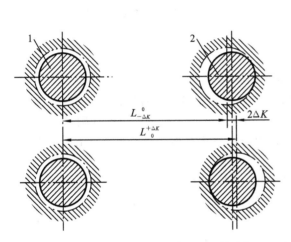

图 6-24　一面两孔定位时的相互干涉现象

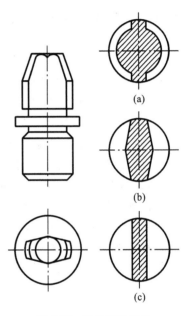

图 6-25　削边销的结构

5)工件以齿形表面定位

齿面需要淬硬的高精度齿轮在热处理后,一般都采用以齿面定位,先磨内孔,再以磨好的内孔定位磨齿面的工艺来保证加工精度。用齿面作为定位基准时,常用三个直径相同的滚柱或滚珠来实现定位。如图 6-26 所示,自动定心卡盘通过滚柱对齿轮进行中心定位。齿面与滚柱的最佳接触点均应处在分度圆上,其轴心线作为定位基准,这样可保证内孔与分度圆同轴。为此,滚柱的直径需经精确计算。关于齿形定位,详见有关夹具设计手册。

6)一个孔以及一个平行与该孔中心线的平面的组合定位

如图 6-27 所示的两个零件,均需要以大孔及底面定位,加工两个小孔。视其加工尺寸要求的不同,图 6-27(a)所示的零件选用图 6-27(c)所示的定位方案,图 6-27(b)所示的零件则使用图 6-27(d)所示的定位方案。

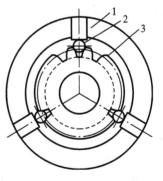

图 6-26　齿形表面定位
1—卡盘;2—滚柱;3—齿轮

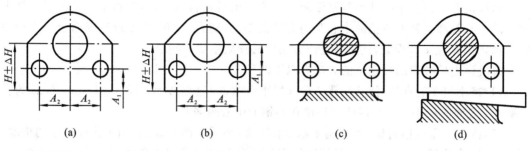

(a)　　　　　(b)　　　　　(c)　　　　　(d)

图 6-27　工件以一孔和一平面定位

6.2.2　定位误差的分析和计算

设计夹具过程中选择和确定工件的定位方案,除了根据工作原理选用相应的定位元件外,还必须对选定的工件定位方案能否满足工序的加工精度要求作出判断,为此需对可能产生的定位误差进行分析和计算。

1.定位误差的概念及其产生原因

应用六点定位原理解决了消除工件自由度的问题,即解决了工件在夹具中位置的确定与不确定的问题。但是,由于一批工件逐个在夹具中定位时,各个工件所占据的位置不完全一致,即出现工件位置准与不准的问题。如果工件在夹具中所占据的位置不准确,加工后各工件的加工尺寸必然大小不一,形成误差。这种由于定位不准而造成某一工序在工序尺寸或位置要求方面的加工误差,被称为定位误差,以 $\delta_{定位}$ 表示。

在工件的加工过程中,产生误差的因素很多,定位误差仅是加工误差的一部分,为了保证加工精度,一般限定定位误差不超过工件加工公差 T 的 $1/5\sim1/3$,即

$$\delta_{定位} \leqslant (1/5 \sim 1/3)T \tag{6-1}$$

式中:$\delta_{定位}$ 为定位误差,单位为 mm;T 为工件的公差,单位为 mm。

定位误差的来源主要有两个方面:①由于工件的定位表面不光整或夹具上的定位元件制作不准确而引起的定位误差,称为基准位置误差;②由于工件的工序基准与定位基准不重合而引起的定位误差,称为基准不重合误差。

1)基准位置误差 $\delta_{位置}$

由于定位副的制造误差或定位副配合间所致的定位基准在加工尺寸方向上最大位置变动量,称为基准位置误差,用 $\delta_{位置}$ 表示。不同的定位方式,基准位置误差的计算方式也会不同。

如图 6-28 所示,工件以圆柱孔在心轴上定位铣键槽,要求保证尺寸内 $b^{+\delta_b}$ 和 $a^{~0}_{-\delta_a}$。其中尺寸 $b^{+\delta_b}$ 由铣刀保证,而尺寸 $a^{~0}_{-\delta_a}$ 按心轴中心调整的铣刀位置来保证。如果工件内孔直径与心轴外圆直径做成完全一致,做无间隙配合,即孔的轴线与轴的轴线位置重合,则不存在因定位引起的误差。但实际上,如图 6-28(c)所示,心轴和工件内孔都有制造误差。于是工件套在心轴上必然会有间隙,孔的轴线与轴的轴线位置不重合,导致这批工件的加工尺寸中附加了工件定位基准变动误差,其变动即为最大配合间隙。可按下式计算:

$$\delta_{位置} = D_{max} - d_{min} = \frac{1}{2}(\delta_D + \delta_d) \tag{6-2}$$

式中:$\delta_{位置}$ 为基准位移误差,单位为 mm;D_{max} 为孔的最大直径,单位为 mm;d_{min} 为轴的最小

直径,单位为 mm;δ_D 为工件孔的最大直径公差,单位为 mm;δ_d 为圆柱心轴和圆柱定位销的直径公差,单位为 mm。

基准位置误差的方向是任意的。减小定位配合间隙,即可减小基准位置误差 $\delta_{位置}$ 值,以提高定位精度。

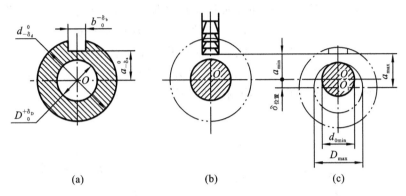

图 6-28　基准位置误差

2)基准不重合误差 $\delta_{不重}$

如图 6-29 所示,加工尺寸 h 的基准是外圆柱面的母线,但定位基准是工件圆柱孔的中心线。这种由于工序基准与定位基准不重合所导致的工序基准在加工尺寸方向上的最大位置变动量,称为基准不重合误差,用 $\delta_{不重}$ 表示。在图 6-29 中,基准不重合误差为

$$\delta_{不重} = \frac{1}{2}\delta_D \tag{6-3}$$

式中:$\delta_{不重}$ 为基准不重合误差,单位为 mm;δ_D 为工件的最大外圆面积直径公差,单位为 mm。

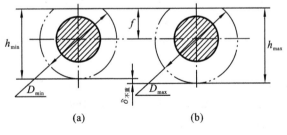

图 6-29　基准不重合误差

计算基准不重合误差时,应注意判别定位基准和工序基准。当基准不重合误差由多个尺寸影响时,就将其在工序尺寸方向上合成。

基准不重合误差的一般计算式为

$$\delta_{不重} = \sum \delta_i \cos \beta \tag{6-4}$$

式中:δ_i 为定位基准与工序基准间的尺寸链组成环的公差,单位为 mm;β 为 δ_i 的方向与加工尺寸方向间的夹角。

2. 几种典型表面的定位误差

1)平面定位时的定位误差

工件以平面定位时可能产生的定位误差,主要是由基准不重合引起的。分析和计算基

准不重合误差的重点,在于找出联系设计基准和定位基准间的定位尺寸 L_d,然后按式(6-5)计算即可求出基准不重合误差的大小。

$$\delta_{不重} = L_{dmax} - L_{dmin} \tag{6-5}$$

至于基准位移误差,在工件以平面定位时,只是表面的不平整误差,一般可不考虑。

如图 6-30(a)所示,工件顶面 A 和底面 B 都已经加工好,本工序要求加工阶梯面,保证设计尺寸(20±0.15) mm。在图 6-30(a)中,工件以底面 B 作为定位基准,而加工尺寸(20±0.15) mm 的设计基准则为顶面 A,因此必然存在基准不重合的定位误差。该定位误差的大小由定位尺寸的公差确定。此时,定位尺寸 L_d = (40±0.14) mm,其公差值 ΔL_d = 0.28 mm。因平面定位时不考虑定位副制造不准确的误差,则

$$\delta_{定位} = \delta_{不重} = 0.28$$

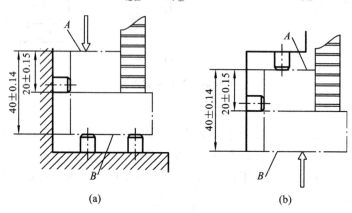

图 6-30 铣台阶面的两种定位方案

本工序要求保证的加工尺寸(20±0.15) mm,其允许的误差为 0.3 mm,由于 Δ_D 在加工误差中所占比重太大,以致留给其他加工误差的允许误差仅为 0.02 mm,此值太小,在实际加工时极易超差而产生废品。因此,通过对此方案的定位误差的分析和计算,可以判断此方案不宜采用。最好改为基准重合的定位方式,如图 6-30(b)所示,这样便可使 $\delta_{定位}$ = 0。但是,改用新的定位方案后,工件须由下向上夹紧,夹紧方式很不理想,而且夹具结构也变得较为复杂。因此,生产实际中一般还是采用图 6-30(a)所示的结构方案,通过提高定位尺寸 L_d 的尺寸精度来保证定位精度及加工要求。

2)工件以圆孔定位时的定位误差

一批工件在夹具中以圆孔表面作为定位基准进行定位,其可能产生的定位误差将随定位方式和定位时工件上圆孔与定位元件配合性质的不同而各不相同,下面分别进行分析和计算。

(1)工件上圆孔与刚性心轴或定位销间隙配合,定位元件水平放置。

图 6-31(a)所示为一个套筒类工件在心轴上定位铣键槽的例子,加工时要求保持尺寸 $b_0^{+T_b}$ 和 $H_{-T_H}^{0}$,现分析计算采用水平定位销定位的定位误差。

尺寸 $b_0^{+T_b}$ 完全是由铣刀本身的刃宽尺寸决定的,尺寸 $H_{-T_H}^{0}$ 由于定位销水平放置且与工件内孔间隙配合,这样,每个工件在自身重力作用下均使其内孔上母线与定位销单边接触。在设计夹具时,由于对刀元件相对定位销中心的位置已定,且定位销和工件内孔、外圆等尺寸均有制造误差,因此,工件定位孔的轴线偏离心轴的轴线,如图 6-31(c)所示,最大位

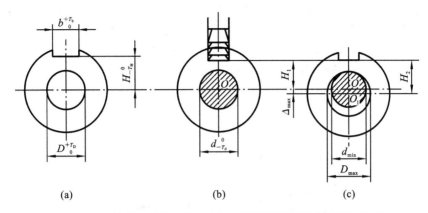

图 6-31　套筒类工件铣键槽工序(水平放置)简图及定位误差分析

移量为以最大间隙 $\Delta_{\max}$ 为直径的圆柱体,故基准位置误差为

$$\delta_{位置} = \frac{\Delta_{\max}}{2} = \frac{D_{\max} - d_{\min}}{2} \tag{6-6}$$

由于　　　　　　　$D_{\max} = D + \Delta_{D}, \quad d_{\min} = D - \Delta_{\min} - \Delta_{d} \tag{6-7}$

则　　　　　　　　$$\delta_{位置} = \frac{\Delta_{D} + \Delta_{d} + \Delta_{\min}}{2} \tag{6-8}$$

式中:D 为工件圆孔的最小直径;$\Delta_{\min}$ 为定位副之间的最小间隙;Δ_{D} 为工件圆孔的直径公差;Δ_{d} 为心轴外圆的直径公差。

　　(2)工件上圆孔与刚性心轴或定位销间隙配合,定位元件垂直放置。

　　仍以在套筒类工件上铣键槽为例,只是定位销改为垂直放置,工件内孔与定位销仍为间隙配合,如图 6-32 所示,定位基准偏移的方向可以在任意方向上偏移。工序尺寸 $H_{-T_H}^{\ 0}$ (取定位销尺寸最小和工件内孔尺寸最大,且工件内孔分别与定位销上、下母线接触)的定位误差为

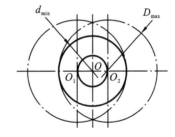

图 6-32　套筒工件铣键槽工序
(垂直放置)定位误差分析

$$\delta_{定位 db} = O_1 O_2 = \Delta_{D} + \Delta_{d} + \Delta_{\min} \tag{6-9}$$

　　(3)工件上圆孔与刚性心轴或定位销过盈配合,定位元件水平或垂直放置。

　　当一批工件在刚性心轴上定位,虽然作为定位基准的内孔尺寸在其公差 T_D 的范围内变动,但由于其与刚性心轴为过盈配合,故每个工件定位后的内孔中心 O 均与定位心轴中心 O' 重合。此时,一批工件的定位基准在定位时没有任何位置变动,即定位副不准确引起的定位误差 $\delta_{定位 db} = 0$。

　　采用这种定位方案,可能产生的定位误差与工件有关表面的加工精度有关,而与定位元件的精度无关。

3. 工件以外圆柱面定位时的定位误差

　　在夹具设计中,外圆平面定位的方式是定心定位和支承定位,常用的定位元件为各种定位套、支承板和 V 形块。采用各种定位套或支承板定位,定位误差的分析计算与工件以圆孔在心轴上定位时类似。下面主要分析工件以外圆面在 V 形块上定位的情况。

工件以外圆面在 V 形块上定位时,其定位误差的大小不仅与工件外圆柱面的制造误差和 V 形块工作面的夹角 α 有关,而且与工件尺寸的标注方法有关。

如图 6-33(a)所示的铣键槽工序,工件在 V 形块上定位,定位基准为圆柱轴心线。如果忽略 V 形块的制造误差,则定位基准在垂直方向上的基准位置误差为

$$\delta_{位置} = OO_1 = \frac{d}{2\sin\frac{\alpha}{2}} - \frac{d-\delta_d}{2\sin\frac{\alpha}{2}} = \frac{\delta_d}{2\sin\frac{\alpha}{2}} \qquad (6\text{-}10)$$

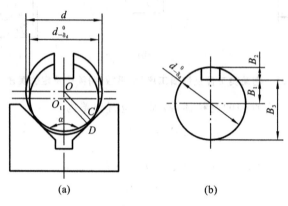

图 6-33 工件在 V 形块上的定位误差分析

对于图 6-33(b)中的三种尺寸标注,下面分别计算其定位误差。当尺寸标注为 B_1 时,工序基准和定位基准重合,故基准不重合误差 $\delta_{不重} = 0$。所以尺寸 B_1 的定位误差为

$$\delta_{定位(B_1)} = \delta_{位置} = \frac{\delta_d}{2\sin\frac{\alpha}{2}} \qquad (6\text{-}11)$$

当尺寸标注为 B_2 时,工序基准为上母线,此时存在基准不重合误差为

$$\delta_{不重} = \frac{1}{2}\delta_d \qquad (6\text{-}12)$$

所以 $\delta_{定位}$ 应为 $\delta_{位置}$ 与 $\delta_{不重}$ 的矢量和。由于工件轴径由最大变到最小时,$\delta_{位置}$ 和 $\delta_{不重}$ 都是向下变化的,所以,它们的矢量和应是相加,即

$$\delta_{定位(B_2)} = \delta_{不重} + \delta_{位置} = \frac{\delta_d}{2\sin\frac{\alpha}{2}} + \frac{1}{2}\delta_d = \frac{\delta_d}{2}\left(\frac{1}{\sin\frac{\alpha}{2}} + 1\right) \qquad (6\text{-}13)$$

当尺寸标注为 B_3 时,工序基准为下母线。此时基准不重合误差仍然存在,但当 $\delta_{位置}$ 向下变化时,$\delta_{不重}$ 是方向朝上的,所以,它们的矢量和应是相减,即

$$\delta_{定位(B_3)} = \delta_{位置} - \delta_{不重} = \frac{\delta_d}{2}\left(\frac{1}{\sin\frac{\alpha}{2}} - 1\right) \qquad (6\text{-}14)$$

综上分析可知:工件以外圆面在 V 形块上定位时,加工尺寸的标注方法不同,所产生的定位误差也不同,所以定位误差一定是针对具体尺寸而言的。在这三种标注中,从下母线标注的定位误差最小,而从上母线标注的定位误差最大。

4. 组合面定位及其误差的分析计算

现以生产中较常用的"一面两孔"组合定位方式为例进行介绍。

"一面两孔"组合定位方式常用在成批及大量生产中加工箱体、杠杆、盖板等零件,是指以工件的一个平面和两个孔构成组合面定位。工件上的两个孔可以是其结构上原有的,也可以是为满足工艺需要而专门加工的定位孔。采用"一面两孔"方式定位,可使工件在加工过程中实现基准统一,大大减少了夹具结构的多样性,有利于夹具的设计和制造。

采用工件上的一面两孔组合定位时,根据工序加工要求可能采用平面为第一定位基准,也可能采用其中某一个内孔为第一定位基准。图 6-34 所示为一长方体工件及其在一面两销上的定位情况,因系采用短定位销,故工件底面 1 为第一定位基准,工件上的内孔 O_1 及 O_2 分别为第二和第三定位基准。

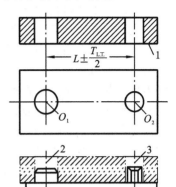

图 6-34 长方体工件在夹具中一面两销上的定位

一批工件在夹具中定位时,工件上作为第一定位基准的底面 1 没有基准位置误差。由于定位孔较浅,工件内孔中心线由于内孔与底面垂直度误差而引起的基准位置误差也可忽略不计。但作为第二、第三定位基准的 O_1、O_2,由于其与定位销的配合间隙及两孔、两销中心距误差而引起的基准位置误差必须考虑。如图 6-35(a)所示,当工件内孔 O_1 的直径尺寸最大、圆柱销直径尺寸最小,且考虑工件上两孔中心距的制造误差的影响时,根据图示的两种极端位置可知

$$\delta_{位置(O_1)} = O'_1 O''_1 = T_{D_1} + T_{d_1} + \Delta_{1\min} \tag{6-15}$$

$$\delta_{位置(O_2)} = O'_2 O''_2 = O'_1 O''_1 + T_{L_工} = T_{D_1} + T_{d_1} + \Delta_{1\min} + T_{L_工} \tag{6-16}$$

式中:T_{D_1} ——工件内孔 O_1 的公差;

T_{d_1} ——夹具上短圆柱销的公差;

$\Delta_{1\min}$ ——工件内孔 O_1 与圆柱定位销的最小配合间隙。

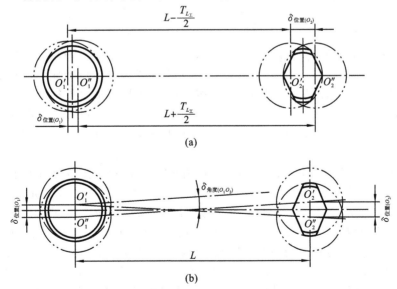

图 6-35 一面两孔定位时,第二、第三定位基准的位置误差和角度误差

如图 6-35(b)所示,当工件内孔 O_2 的直径尺寸最大、菱形定位销直径尺寸最小,且工件上两孔及夹具上两定位销的中心距均为 L 时,根据图示的两种极端位置可求得两孔中心连

线 O_1O_2 的角度误差,即

$$\delta_{\text{角度}(O_1O_2)} = \arctan \frac{\delta_{\text{位置}(O_1)} + \delta'_{\text{位置}(O_2)}}{2L} \tag{6-17}$$

$$\delta'_{\text{位置}(O_2)} = T_{D_2} + T_{d_2} + \Delta_{2\min} \tag{6-18}$$

式中　　T_{D_2}—工件内孔 O_2 的公差;

　　　　T_{d_2}—夹具上菱形定位销的公差;

　　　　$\Delta_{2\min}$—工件内孔 O_2 与菱形定位销的最小配合间隙。

对以外圆和平面及以外圆、内孔和平面组合定位的工件,其各定位基准的位置误差和角度误差的分析与上述一面两孔组合定位类似,可参考上述有关公式进行计算。

5. 工件定位方案设计及定位误差计算举例

在设计夹具时,工件在夹具中的定位可能有数种方案,为了进行方案之间的比较和最后确定能满足工序加工要求的最佳方案,需要进行定位方案的设计及定位误差的计算。

例 6-1　杠杆铣槽夹具的定位方案设计及定位误差计算。

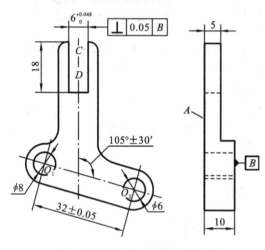

图 6-36　杠杆工件铣槽工序简图

工件的外形及有关尺寸如图 6-36 所示。工件上的 A、B 面及两孔 O_1、O_2 均已加工完毕,本工序要铣一通槽。通槽的技术要求:槽宽为 $6^{+0.048}_{0}$ mm,槽的两侧面 C、D 对 B 面的垂直度公差为 0.05 mm,槽的对称中心面与两孔中心连线 O_1O_2 之间的夹角为 $\alpha = 105° \pm 30'$。

(1)定位方案设计。

从定位原理可知,为满足工序加工要求需限制五个不定度,但考虑到加工时工件定位的稳定性,也可以将六个不定度全部限制。

为保证垂直度要求,应选择 A 面或 B 面作为定位基准,限制三个不定度。从基准重合的角度考虑,应选 B 面作为第一定位基准,为保证工件加工时的稳定性还需在加工表面附近增加辅助支承。从工序加工要求来看,通槽两侧面对 B 面垂直度精度要求并不是很高(因槽的厚度尺寸很小),且前面工序已保证了 A、B 面之间的平行度,为此也可选择 A 面为第一定位基准。最后经全面分析,在都能满足工序加工要求的前提下,为简化夹具结构,选定 A 面为第一定位基准。

为保证夹角 $\alpha = 105° \pm 30'$ 的要求,可选择图 6-37(a)所示的孔 O_1 及孔 O_2 附近外圆上一点为第二和第三定位基准,通过短定位销和挡销 2(或活动 V 形块 3)实现定位;也可选择两个孔中心 O_1 及 O_2 为第二和第三定位基准,通过图 6-37(b)所示的固定式圆柱定位销 1 及菱形定位销 4 实现定位,也可通过图 6-37(c)所示的活动锥面定位销 5 及 6(其中 6 为销边锥面定位销)实现定位。经分析,以孔 O_2 附近外圆表面上一点定位时,由于该表面系毛坯面不能保证工件的加工要求,故最后确定以孔 O_1 及孔 O_2 为第二及第三定位基准。以两孔 O_1 及 O_2 为定位基准时,采用固定式定位销还是采用活动的锥面定位销,需通过定位误差计算确定,在满足工序加工精度要求时应选用结构简单的固定式定位销。

(2)定位误差计算。

从工件的工序加工要求可知,保证夹角 $\alpha = 105° \pm 30'$ 这一要求是关键性问题。它的定

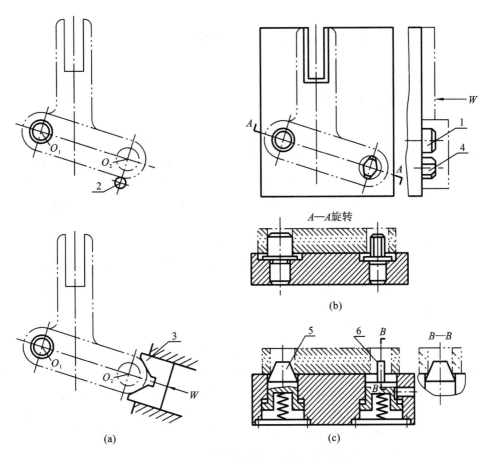

图 6-37　杠杆工件铣槽工序的定位方案

位误差是由两定位销与工件上两孔的最大配合间隙及夹具上两定位销的装配位置误差所造成的基准位置误差。

现选取工件上两孔与定位销的配合均为 $\dfrac{H7}{g6}$，夹具上两定位销的装配位置误差取 $\pm 6'$（按工件夹角公差的 1/5），根据上述配合可知圆柱销的直径为 $\phi 8^{-0.005}_{-0.014}$ mm，菱形销直径为 $\phi 6^{-0.004}_{-0.012}$ mm。

根据前面推导的有关计算公式得

$$\delta_{定位(\alpha)} = \delta_{位置(O_1O_2)} + \delta_{不重(O_1O_2)} = \delta_{角度(O_1O_2)} + 0$$

$$\delta_{定位(\alpha)} = \pm \arctan \frac{\delta_{位置(O_1)} + \delta'_{位置(O_2)}}{2L}$$

因　　　　$$\delta_{位置(O_1)} = [(8+0.015)-(8-0.014)]\, \text{mm} = 0.029\, \text{mm}$$

$$\delta'_{位置(O_2)} = [(6+0.012)-(6-0.012)]\, \text{mm} = 0.024\, \text{mm}$$

故　　　　$$\delta_{定位(\alpha)} = \pm \arctan\left(\frac{0.029+0.024}{2\times 32}\right) = \pm \arctan 0.0008 \approx \pm 3'$$

连同夹具上两定位销的装配位置误差，总的夹角定位误差为

$$\delta'_{定位(\alpha)} = (\pm 6') + (\pm 3') = \pm 9'$$

与工序加工要求相比，$\pm 9'$ 小于夹角公差（$\pm 30'$）的三分之一，故最后选定图 6-37(b) 所示的定位方案。

6.3 工件的夹紧和夹具的夹紧设计

6.3.1 夹紧的目的和要求

一般情况下,工件在加工过程中需要夹紧。因为在加工过程中工件受到切削力、惯性力及重力等外力的作用。若不夹紧,工件在外力作用下就可能发生移动。工件移动将会损坏刀具及机床,甚至发生安全事故。同时,工件在定位过程中获得的既定位置,也要依靠夹紧来保持。有时工件的定位也是在夹紧过程中实现的。因此,夹紧装置是夹具的重要组成部分。对夹具夹紧机构和装置有下列基本要求。

(1)在夹紧过程中应能保持工件的既定位置或更好地使工件得到定位。

(2)夹紧应可靠和适当,即既要使工件在加工过程中不产生移动或振动,同时又不使工件产生不允许的变形和表面损伤,夹紧力要稳定。

(3)夹紧机构操作应安全、方便、省力。一般而言,手动夹紧装置应有较大的增力系数,以满足夹紧的要求和减轻工人的劳动强度。

(4)夹紧机构的自动化程度及复杂程度应与工件的产量和批量相适应。

(5)夹紧机构的结构要便于制造、调整、使用和维修,尽可能使用标准夹具零件和部件。

(6)具有良好的自锁性。对于手动夹紧机构,其原动力在夹紧后即刻消失,因此必须具有良好的自锁性;对机动夹紧机构,若工件夹紧后原动力始终保持不变,则夹紧装置可不考虑其自锁性;若工件夹紧后原动力消失,则应同手动夹紧机构一样,要有自锁性能,以保证加工过程中工件不会受诸如切削力等外力作用而产生位移或振动,一般采用后者。

以上是对夹紧装置的基本要求,对于具体夹紧装置,应根据其具体情况提出相应的要求,这在夹紧装置设计时应予以充分考虑。

6.3.2 夹紧力的确定

夹紧力对夹紧装置的结构形式、复杂程度有着直接的影响,所以在设计夹具的夹紧装置时,应首先确定夹紧力,然后进一步选择适当的原动力和中间传力机构,最后设计出合理的夹紧机构。

夹紧力的确定首先要合理选择夹紧点、夹紧力的作用方向,并正确确定所需夹紧力的大小。在进行这项工作时,必须结合定位装置的结构形式和布置方式,并分析工件的结构特点、加工要求、切削力及其他作用于工件上的外力情况。

1. 夹紧力的方向

夹紧力的方向是和工件定位基准的配置情况,以及工件所受外力的作用方向等有关。

(1)夹紧力方向应垂直于工件的主要定位面和导向定位基准,以保证工件的定位精度。

一般来说,工件上被选作主要定位面的支承面积,都是比较大的,以求定位稳定可靠。因此,夹紧力的方向若垂直于工件的主要定位面,可使工件更可靠地保持其主要定位面与定位元件相接触,又可使夹紧力所引起的工件变形为最小。

如图 6-38 所示,为保证被加工的孔 K 的中心线与定位基面 B 的垂直度要求,设计夹具时,选 B 面为主要定位基准,并限制工件的 3 个自由度。当夹紧装置产生的夹紧力如图 6-38(a)中虚线箭头所示时,能使定位基面 B 在加紧过程中紧贴定位支承面,这样便能保证定位可靠,且可满足上述垂直度要求。

当夹紧力如图 6-38(a)、(b)、(c)中实线箭头所示,方向向下时,由于夹角 α 的角度误差,使夹紧时定位基面 B 在夹紧过程中偏离定位支承,当 A、B 两面间的夹角 $\alpha > 90°$ 时,则工件受夹紧力作用后,必然使 B 面只有上部边缘和定位元件接触,而下部脱开。当 A、B 两面间的夹角 $\alpha < 90°$ 时,则 B 面只有下部边缘贴住定位元件,而其上部必然与定位元件脱开。不论出现上述两种情况中的哪一种,其镗孔结果显然都不能保持孔 K 的轴线垂直于 B 面的技术要求。因此,必须贯彻夹紧力的方向垂直于工件主要定位面的这一准则。否则,便需提高 A、B 两平面的垂直度精度。

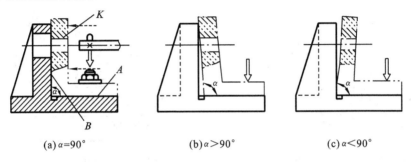

(a)$\alpha=90°$ (b)$\alpha>90°$ (c)$\alpha<90°$

图 6-38　夹紧力未作用在主要定位面上

(2)夹紧力的方向应指向工件刚性较好的方向,以使工件夹紧变形小。

由于工件在不同方向上刚度不同,与定位件接触面积大小也不同,所以产生的弹性变形和接触变形也不同。在选择夹紧力方向时,应使承力表面最好是定位件与定位基准接触面积较大的那个面(以平面较好)。同时,应在工件刚度最大的方向上将工件夹紧,以减小工件的变形。例如薄壁套筒工件,其轴向刚度比径向刚度大,如图 6-39 所示,若采用图 6-39(a)所示的三爪卡盘将工件径向夹紧,因工件径向刚性不足,将引起较大变形;若改为图6-39(b)所示,用特制螺母将工件轴向夹紧,则工件不易变形。两种方式相比,图 6-39(b)的夹紧方式较好。

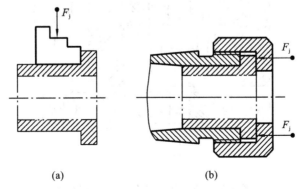

(a)   (b)

图 6-39　夹紧力方向与工件刚性的关系

(3)夹紧力的方向应有利于减小夹紧力,这样既可操作省力,又可缩小夹紧装置的结构尺寸。在加工过程中,工件要受到切削力 P 和本身重力 W 的作用,这些外力的方向和夹紧力的作用方向,对于实际所需夹紧力的大小影响极大。

如图 6-40 所示,在刨削平面时,P、W、Q 三力的方向是互相垂直的。为了克服切削力 P 使工件发生移动而破坏定位,则需依靠重力 W 和夹紧力 Q 两者产生足够大的摩擦力。若不计 W,则所需的夹紧力 Q 将为切削力 P 的 7～10 倍,夹紧力相当大。为了减小夹紧力,在夹具结构设计上,可以在正对切削力 P 作用的方向上设置一个止推轴承,以承受一部分切削力。这时的止推轴承并非起定位作用,仅仅承受部分切削力,以减小夹紧力。

如果使夹紧力 Q 的方向与切削力 P、工件重力 W 的方向相同,这时的夹紧力 Q 将最小。如图 6-41 所示的钻孔情况,便是三力同向的示例。因为这时钻削所产生的轴向切削力 P 及工件重力 W 的方向都是垂直作用在工件主要定位面上的,这些外力产生的摩擦力可以补偿一部分为防止工件转动所需的夹紧力,所以实际施加在工件上的夹紧力就很小。

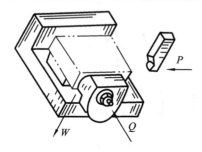

图 6-40　刨削时 P、W、Q 三力方向垂直

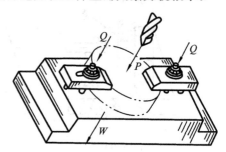

图 6-41　钻削时 P、W、Q 三力同向

显然,当夹紧力 Q 的方向与切削力 P 及工件重力 W 的方向相反时,所需要的夹紧力也较大。这种情形在实际生产中也经常会遇到。如图 6-42 所示,在一壳体的凸缘上钻孔。由于壳体较高,只能按图示方式定位加工,于是,这时也只能由下向上装夹工件。因此,夹紧力 Q 的方向与 P、W 的方向相反,这时所需的夹紧力较大,而且由于 P 与 W 的方向直接朝向夹紧机构,便有迫使夹紧机构松开的趋势。这样,夹紧既不牢固,定位也不可靠,甚至在加工时还易引起振动。因此,除非万不得已,一般应尽量避免采用这种夹压方式。

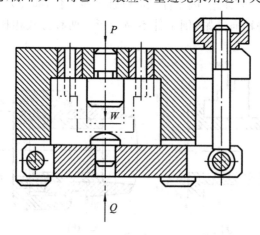

图 6-42　钻削时 Q 与 P、W 的方向相反

从这个示例中也可以看出,考虑到重力 W 对工件的影响,工件的主要定位面不仅应该位于水平面内,而且还应该便于由上向下装夹工件。

2. 夹紧力的作用点

正确选择夹紧力的作用点，对于促进工件定位可靠，防止工件发生夹紧变形，保证加工精度等，都有着很大的影响。

(1)夹紧力的作用点应能保持工件定位稳固而不致引起位移和偏转。

对于主要定位支承面，夹紧力作用点应设在三个支承点所形成的三角形之内；对于导向定位支承面，夹紧力作用点应设置在两个支点连线上；对于止推定位支承面，夹紧力作用点应对准支承点。

如图 6-43 所示，当夹紧力作用点的位置确定不当时，在夹紧过程中，将使工件偏转或移动，从而使工件的既定位置遭到破坏。将作用点改换到图 6-43 中虚线箭头所示的位置时，就不会因夹紧而破坏工件的定位了。

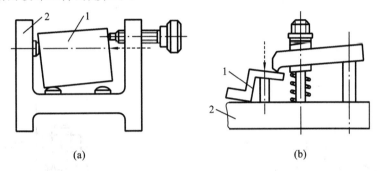

(a)　　　　　　　　　　　　(b)

图 6-43　夹紧力着力点示例

1—工件；2—夹具体

(2)夹紧力的作用点应设置于工件刚性较大处，以防止工件因夹紧而变形。

由于工件的结构和形状较复杂，工件上不同部位的刚性不同，故夹紧力作用点应设置在刚性大的部位上，以减少工件因夹紧而产生的变形。如图 6-44 所示，若采用图 6-44(a)所示的夹紧力作用点，工件就会产生较大的变形；若改为图 6-44(b)所示的在周边刚性大的部位设置作用点，则夹紧变形会小得多；对于某些零件也可将单点夹紧改为三点夹紧，使着力点落在刚性较好的箱壁上，并能降低着力点的压强，减小工件的夹紧变形，如图 6-44(c)所示。

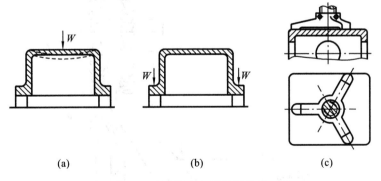

(a)　　　　　　　　(b)　　　　　　　　(c)

图 6-44　夹紧点与刚性的关系

(3)夹紧力作用点应尽量靠近加工部位，以减少工件的转动趋势和振动。

由于切削力对夹紧力作用点力矩变小，从而减小工件的转动趋势和振动。图 6-45(b)中的切削力与压板夹紧力作用点距离较远，力矩较大，工件容易产生转动趋势；正确的方法应如图 6-45(a)所示。图 6-45(d)中的压板直径较小,容易造成工件振动;合理方法如图 6-45(c)所示。如图 6-46 所示,零件加工部位刚性较差,且距夹紧力作用点较远,可在靠近加工部位增设辅助支承,并施加附加夹紧力,这样能有效防止切削过程中的振动和变形。

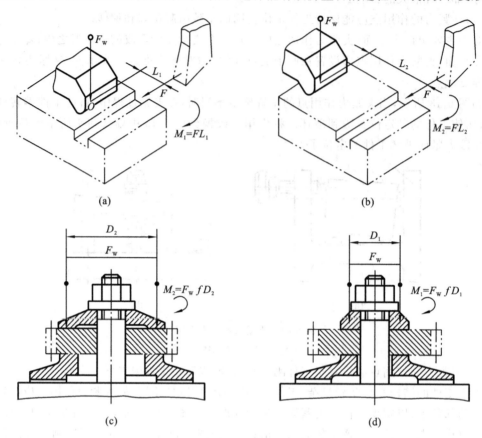

(a)   (b)

(c)   (d)

图 6-45　夹紧力靠近加工表面

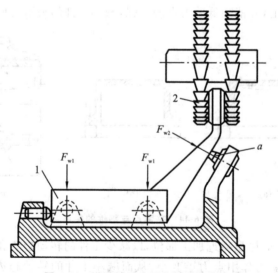

图 6-46　增设辅助支承和辅助夹紧力

（4）增大夹紧力接触面积或夹紧力作用点的数目使工件在整个接触表面上夹紧得很均匀，从而使夹紧可靠，工件变形最小。

图 6-47（a）所示为中间点接触又是刚性差的部位，显然不合理。如改为图 6-47（b）所示的环形面积接触，作用点又在刚性好的地方，则工件变形最小，这才是合理的方法。对于一些薄壁零件，如果必须夹在刚性较差的部位，则应采取防止变形的措施。如图 6-47（c）所示，可在压板下面加一厚度较大的锥面垫圈，使夹紧力均匀地分布在薄壁上，防止工件局部压陷。对于薄壁工件增加均布作用点的数目也是减少变形的一种方法。

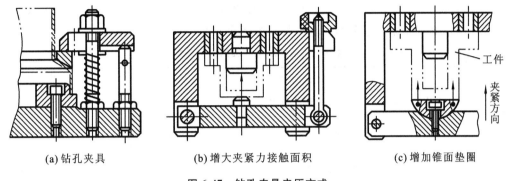

(a) 钻孔夹具　　　　　　(b) 增大夹紧力接触面积　　　　(c) 增加锥面垫圈

图 6-47　钻孔夹具夹压方式

图 6-48（c）所示的变形量仅为图 6-48（a）所示的变形量的 1/10，但作用点数目增加，夹紧机构复杂，故一般尽量采取均匀的面接触夹紧，如弹性套筒夹紧等。

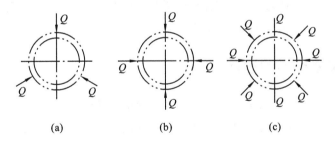

(a)　　　　　　　　　(b)　　　　　　　　　(c)

图 6-48　夹紧力作用点数目与工件变形的关系

3. 夹紧力的大小

夹紧力的大小对于确定夹紧装置的结构尺寸、保证夹紧可靠性等，都有很大关系。夹紧力不可过大，也不可过小，否则，对防止工件变形、保证定位和夹紧可靠、确保加工质量和生产安全等都是不利的。因此，在夹紧力的方向、作用点确定以后，必须确定恰当的夹紧力的大小。

关于夹紧力大小的计算，固然可以利用现有力学知识进行分析，然后根据切削力的大小，按工件受力平衡的条件，列出夹紧力的计算方程式，并从中求出所需的夹紧力。但是要把夹紧力计算得十分正确，在目前情况下还不大可能。因为在实际加工中，切削力不是一个恒定不变的常值，再加上切削力计算公式也是在实验条件下求得的，而与实际生产时的条件不可能完全一致，尽管可以加以修正，但是切削力的实际数值还是很难计算准确的。

针对以上情况，在实际设计工作中，通常都是根据同类夹具在加工中使用的结果，按经验估计的，很少用计算法来确定夹紧力的大小。

对于实际设计经验不多的初学者来说,利用粗略的计算方法去确定夹紧力,可供大致参考。这时,我们是按最不利的加工条件求出切削力,然后按静力平衡条件,求出工件所需计算夹紧力。为了安全可靠起见,一般再考虑加上一个安全系数 K,因此得出

$$W_K = KW \qquad\qquad (6\text{-}19)$$

式中:W_K 为与最不利加工条件下的切削力相平衡时的计算夹紧力;W 为所需夹紧力;K 为安全系数。

K 可按下式计算

$$K = K_0 K_1 K_2 K_3 \qquad\qquad (6\text{-}20)$$

式(6-16)中各种加工情况的安全系数可参考表 6-1。

表 6-1　各种加工情况的安全系数

考虑的因素		系　数　值
K_0 为基本安全系数(考虑工件材质、加工余量不均匀)		1.2～1.5
K_1 为加工性质系数	粗加工	1.2
	精加工	3.0
K_2 为刀具钝化系数		1.1～1.3
K_3 为切削特点系数	连续切削	1.0
	断续切削	1.2

此外,根据机床和夹具的某些特殊情况,还要乘以修正系数 K'。通常 $K=1.5\sim 3$。用于粗加工时,$K=2.5\sim 3$;用于精加工时,$K=1.5\sim 2$。

6.3.3　常用夹紧机构的设计

机床夹具中所使用的夹紧机构绝大多数都是利用斜面将楔块的推力转变为夹紧力来夹紧工件的。其中最基本的形式就是直接利用有斜面的楔块,而偏心轮、凸轮、螺钉等不过是楔块的变种。

1. 斜楔夹紧机构

斜楔是夹紧机构中最基本的增力和锁紧元件。斜楔夹紧机构是利用楔块上的斜面直接或间接(如用杠杆)将工件夹紧的机构,如图 6-49(a)所示。

工件装入后,锤击斜楔大头,夹紧工件。加工完毕后,锤击斜楔小头,松开工件。这种机构夹紧力较小,且操作费时,所以实际生产中常将斜楔与其他机构联合使用。图 6-49(b)所示的是由斜楔与滑柱组合而成的一种夹紧机构,可以手动,也可以气压驱动。图 6-49(c)所示的是由端面斜楔与压板组合而成的夹紧机构。

选用斜楔夹紧机构时,应根据需要确定斜角 α。凡有自锁要求的楔块夹紧,其斜角 α 必须小于 $2\varphi(\varphi$ 为摩擦角),为了可靠起见,通常在 $\alpha=6°\sim 8°$ 内选择。在现代夹具中,斜楔夹紧机构常与气压、液压传动装置联合使用,由于气压和液压可保持一定压力,楔块斜角 α 不受限制,可取更大些,一般在 $15°\sim 30°$ 内选择。斜楔夹紧机构的结构简单,操作方便,但传力系数小,夹紧行程短,自锁能力差。

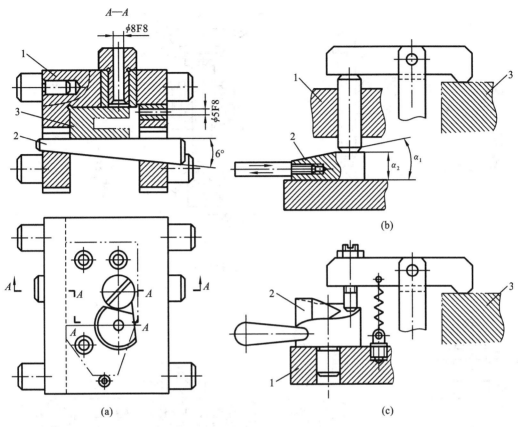

图 6-49 斜楔夹紧机构

1—夹具体;2—斜楔;3—工件

2. 螺旋夹紧机构

由螺钉、螺母、垫圈、压板等元件组成,采用螺旋直接夹紧或与其他元件组合实现夹紧工件的机构,统称为螺旋夹紧机构。螺旋夹紧机构不仅结构简单、容易制造,而且自锁性能好、夹紧可靠,夹紧力和夹紧行程都较大,是夹具中用得最多的一种夹紧机构。

1)简单螺旋夹紧机构

如图 6-50(a)所示,夹紧机构的螺杆直接与工件接触,容易使工件受损害或移动,一般只用于毛坯和粗加工零件的夹紧。图 6-50(b)所示的是常用的螺旋夹紧机构,其螺钉头部常装有浮动压块,可防止螺杆夹紧时带动工件转动和损伤工件表面,螺杆上部装有手柄,夹紧时不需要扳手,操作方便、迅速。当工件夹紧部分不宜使用扳手,且夹紧力要求不大的部位,可选用这种机构。简单螺旋夹紧机构的缺点是夹紧动作慢,工件装拆费时。为了克服这一缺点,可以采用如图 6-51 所示的快速螺旋夹紧机构。其中图 6-51(a)使用了开口垫圈;图6-51(b)采用快卸螺母;而图 6-51(c)夹紧轴上的直槽连着螺旋槽,推动手柄使摆动压块迅速靠近工件,继而转动手柄夹紧工件并自锁。

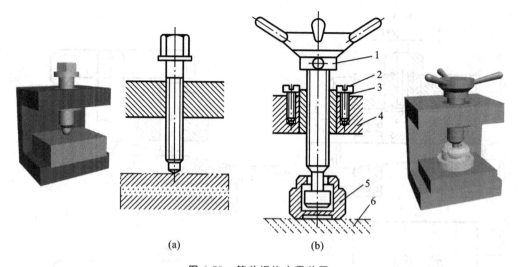

图 6-50　简单螺旋夹紧装置

1—夹紧手柄；2—螺纹衬套；3—防转螺钉；4—夹具体；5—浮动压块；6—工件

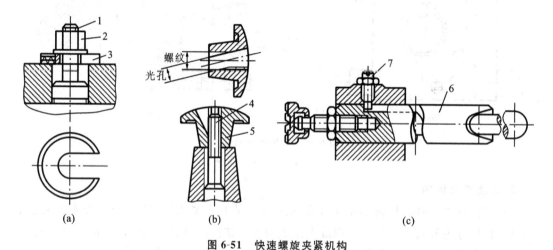

图 6-51　快速螺旋夹紧机构

1—螺杆；2—螺母；3—开口垫圈；4—螺杆；5—快卸螺母；6—夹紧轴；7—紧定螺钉

2) 螺旋压板夹紧机构

在夹紧机构中，结构形式变化最多的是螺旋压板机构，常用的螺旋压板夹紧机构如图 6-52 所示。选用时，可根据夹紧力大小的要求、工作高度尺寸的变化范围、夹具上夹紧机构允许占有的部位和面积进行选择。

3. 偏心夹紧机构

偏心夹紧机构是由偏心元件直接夹紧或与其他元件组合而实现对工件夹紧的机构，它是利用转动中心与几何中心偏移的圆盘或轴作为夹紧元件。它的工作原理也是基于斜楔的工作原理，近似于把一个斜楔弯成圆盘形，如图 6-53(a)所示。偏心元件一般有圆偏心和曲线偏心两种类型，圆偏心结构因结构简单、容易制造而得到广泛应用。

偏心夹紧机构结构简单、制造方便，与螺旋夹紧机构相比，还具有夹紧迅速、操作方便等优点；其缺点是夹紧力和夹紧行程均不大，自锁能力差，结构不抗振，故一般适用于夹紧行程

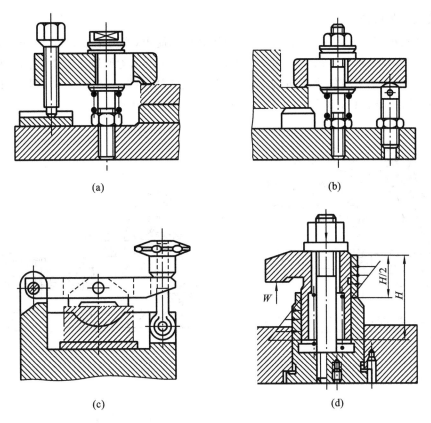

图 6-52　螺旋压板夹紧机构

及切削负荷较小且平稳的场合。在实际使用过程中,偏心轮直接作用在工件上的偏心夹紧机构不多见。偏心夹紧机构一般和其他夹紧元件联合使用,如图 6-53(b)、(c)所示。

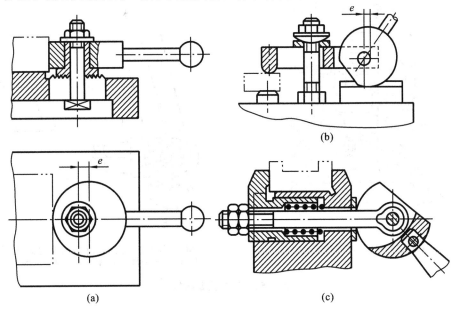

图 6-53　偏心夹紧机构

4.铰链夹紧机构

铰链夹紧机构是一种增力夹紧机构。由于其机构简单,增力倍数大,在气压夹具中获得较广泛的运用,以弥补气缸或气室力量的不足。图 6-54 所示为铰链夹紧机构的三种基本结构。图 6-54(a)为单臂铰链夹紧机构,臂的两头是铰链的连线,一头带滚子;图 6-54(b)为双臂单作用铰链夹紧机构;图 6-54(c)为双臂双作用铰链夹紧机构。

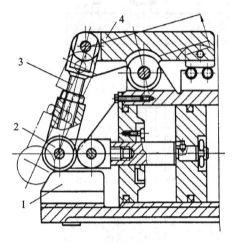

(a) 单臂铰链夹紧机构
1—垫板;2—滚子;3—摆臂;4—压板

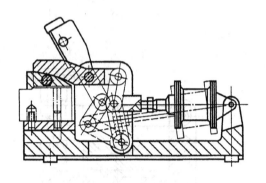

(b) 双臂单作用铰链夹紧机构

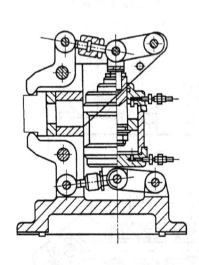

(c) 双臂双作用铰链夹紧机构

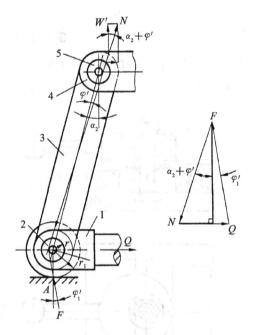

(d) 单臂铰链夹紧机构的铰链臂的受力分析
1—拉杆;2—销轴;3—铰链臂;4—压板;5—销轴

图 6-54　铰链夹紧机构

5. 定心夹紧机构

当工件被加工面以中心要素(轴线或中心平面等)为工序基准时,为使基准重合以减少定位误差,常采用定心夹紧机构。定心夹紧机构将工件的定位和夹紧结合在一起,如卧式车床的三爪定心卡盘就是最为常见的定心夹紧机构。

定心夹紧机构的特点有以下几点:

(1)定位和夹紧是同一元件;

(2)元件之间有精确的联系;

(3)能同时等距离地移向或退离工件;

(4)能将工件定位基准的误差对称地分布开来。

定心夹紧机构按其定心作用原理可分为两种:一种是依靠传动机构使定心夹紧元件等速移动,从而实现定心夹紧,如螺旋式、杠杆式、楔式机构等;另一种是利用薄壁弹性元件受力后产生均匀的弹性变形(如收缩或扩张)来实现定心夹紧,如弹簧筒夹、膜片卡盘、波纹套、液性塑料等。

1)螺旋式定心夹紧机构

如图 6-55 所示,螺杆两端的螺纹旋向相反,螺距相同。当其旋转时,使两个 V 形和作相对运动,从而实现对工件的定心夹紧或松开。V 形钳口可按照工件不同形状进行更换。

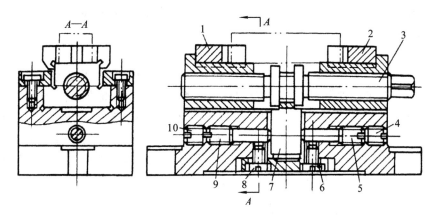

图 6-55 螺旋定心夹紧机构

1、2—V 形块;3—螺杆;4、5、6—螺钉;7—叉形件;8、9、10—螺钉

2)杠杆式定心夹紧机构

图 6-56 所示为杠杆式三爪自定心卡盘。滑套作轴向移动时,圆周均布的三个钩形杠杆便绕轴转动,拨动三个夹爪沿径向移动,从而带动其上卡盘(图中未画出)将工件定心并夹紧或松开。这种定心夹紧机构具有刚性大、动作快、增力倍数大以及工作行程大(随结构尺寸不同,行程为 3～12 mm)等特点,但其定心精度较低,一般为 $\phi 0.1$ mm 左右,它主要用于工件的粗加工。由于杠杆机构不能自锁,所以这种机构要和气压或其他动力机构联合使用。

3)楔式定心夹紧机构

图 6-57 所示为机动楔式夹爪自动定心机构。当工件以内孔及左端面在夹具上定位后,气缸通过拉杆使夹爪左移,由于本体上斜面的作用,夹爪左移的同时将向外扩张,将工件定心并夹紧;反之,夹爪右移时,在弹簧卡圈的作用下,使夹爪收拢,将工件松开。这种定心机

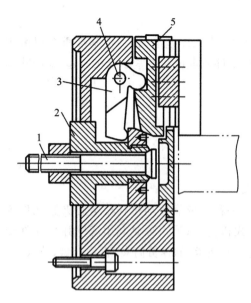

图 6-56　杠杆式三爪自定心卡盘

1—拉杆;2—滑套;3—钩形杠杆;4—轴销;5—夹爪

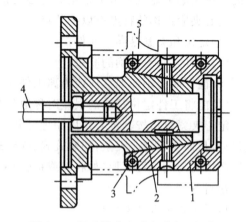

图 6-57　机动楔式夹爪自动定心机构

1—夹爪;2—本体;3—弹簧卡圈;4—拉杆;5—工件

构的结构紧凑,定心精度一般可达 0.02~0.07 mm,比较适用于工件以内孔作定位基准的半精加工工序。

4)弹簧筒夹式定心夹紧机构

弹簧筒夹式定心夹紧机构常用于安装轴套类工件。图 6-58(a)所示为用于装夹工件以外圆柱面为定位基准的弹簧夹头。旋转螺母时,其端面推动弹性筒夹左移,此时锥套内锥面迫使弹性筒夹上的簧瓣向心收缩,从而将工件定心夹紧。图 6-58(b)所示为用于工件以内孔为定位基准的弹簧心轴。因工件的长径比大于 1,故弹性筒夹的两端各有簧瓣。转动螺母时,其端面推动锥套,同时推动弹性筒夹左移,锥套和夹具体的外锥面同时迫使弹性筒夹的两端簧瓣向外均匀扩张,从而将工件定心夹紧。

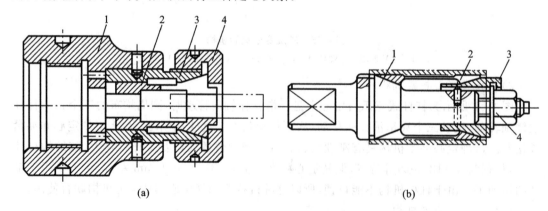

(a)　　　　　　　　　　　　　(b)

图 6-58　弹簧夹头和弹簧心轴

1—夹具体;2—弹性筒夹;3—锥套;4—螺母

弹簧筒夹定心夹紧机构的结构简单、体积小、操作方便,因而应用十分广泛。其定心精度较高,可稳定在 0.04~0.1 mm 之间。为保证弹性筒夹正常工作,工件定位面的尺寸公差应控制在 0.1～0.5 mm 范围内,故一般适用于精加工或半精加工场合。

5)膜片卡盘定心夹紧机构

图 6-59 所示为膜片卡盘定心夹紧机构,膜片(或称为弹性盘)为定心夹紧的弹性施力元件,用螺钉和螺母固定在夹具体上。弹性盘上有 6～16 个卡爪,爪上装有可调螺钉,用于对工件定心和夹紧,螺钉位置调整好后用螺母锁紧,然后采用就地加工法磨削螺钉头部及顶杆端面,以确保对主轴回转轴线的同轴度和垂直度,磨削时使卡爪有一定的预张量,确保可调螺钉头部所在圆与工件外径一致。装夹工件时,外力通过推杆使弹性盘发生弹性变形,卡爪张开。

膜片卡盘的刚性、工艺性和通用性均较好,定心精度高,可达0.005～0.01 mm,操作方便迅速,但它的夹紧行程较小,适用于精加工场合。

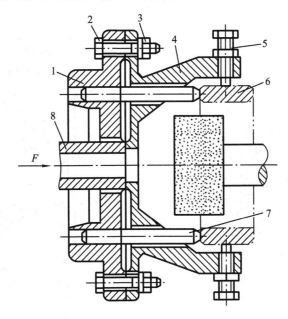

图 6-59　膜片卡盘定心夹紧机构

1—夹具体;2—螺钉;3—螺母;4—弹性盘;5—可调螺钉;6—工件;7—顶杆;8—推杆

6)波纹套定心夹紧机构

图 6-60 所示为波纹套定心心轴。旋紧螺母时,轴向压力使波纹套径向均匀扩大,将工件定心并夹紧。这种定心机构结构简单、安装方便、使用寿命长,且定心精度高,可达 0.005～0.01 mm,适用于定位基准孔直径大于 20 mm,且公差等级不低于 IT8 级的工件,一般用于齿轮和套筒类零件的精加工场合。

7)液性塑料定心夹紧机构

图 6-61 所示为常见的两种液性塑料定心机构,其中图 6-61(a)适用于工件以内孔为定位基准,而图 6-61(b)适用于以外圆定位的工件。虽然两者定位基准不同,但基本结构和工作原理是相同的。起直接作用的薄壁套筒压配在夹具体上,在所构成的环槽中注满了液性塑料。当旋转螺钉通过柱塞向腔内加压时,液性塑料便向各个方向传递压力,在压力作用下薄壁套筒产生径向均匀的弹性变形,从而使工件定心夹紧。

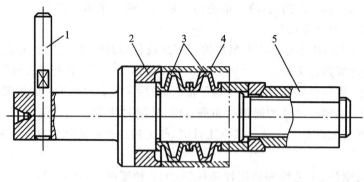

图 6-60　波纹套定心心轴

1—拨杆;2—支承圈;3—波纹套;4—工件;5—螺母

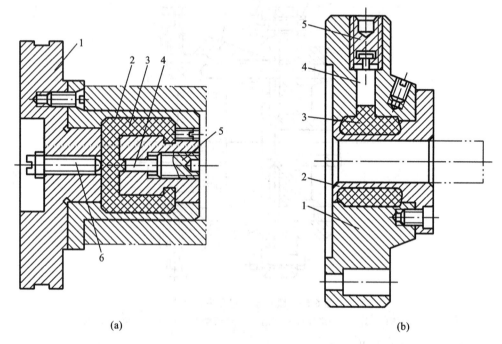

(a)　　　　　　　　　　　　　　(b)

图 6-61　液性塑料定心夹紧机构

1—夹具体;2—薄壁套筒;3—液性塑料;4—柱塞;5—螺钉;6—限位螺钉

这种定心夹紧机构的结构紧凑、操作方便,定心精度高,可达 0.005～0.01 mm,主要用于定位基准面孔径(或外径)大于 18 mm,尺寸公差为 IT8 级和 IT7 级工件的精加工场合。

6. 联动夹紧机构

在工件的装夹过程中,有时需要夹具同时有几个点对工件进行夹紧;有时则需要同时夹紧几个工件;而有些夹具除了夹紧动作外,还需要松开或紧固辅助支承等,这时为了提高生产效率,减少工件装夹时间,可以采用各种联动机构。联动夹紧机构主要有多点夹紧机构和多件夹紧机构。

1)多点夹紧机构

多点夹紧是用一个原始作用力,通过一定的机构分散到数个点上对工件进行夹紧。图

6-62 所示为两种多点夹紧机构,当旋转螺母时,压板会同时压紧工件。

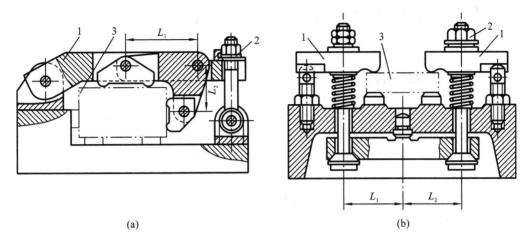

(a)　　　　　　　　　　　　　　　　(b)

图 6-62　多点夹紧机构

1—压板;2—螺母;3—工件

2)多件夹紧机构

多件夹紧是用一个原始作用力,通过一定的机构实现对数个相同或不同的工件进行夹紧。图 6-63 所示为部分常见的多件夹紧机构。

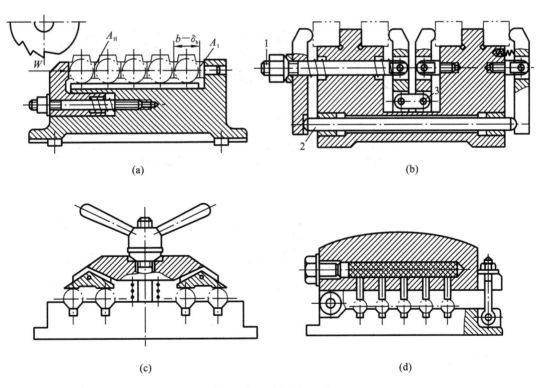

(a)　　　　　　　　　　　　　　　　(b)

(c)　　　　　　　　　　　　　　　　(d)

图 6-63　多件夹紧机构

6.4 夹具的其他装置

6.4.1 孔加工刀具的导向装置

在钻孔和镗孔加工中,因为钻头和拉杆一般结构细长,刚性差,在切削中容易偏斜、弯曲或发生振动,所以为了保证孔的加工精度特别是位置精度,一般在钻床夹具(简称钻模)和镗床夹具(简称镗模)上都应有引导刀具的元件,即用钻套和镗套来确定刀具的位置,并作为刀具的支承,以减小刀具的变形。

下面分别介绍钻孔的导向问题和镗孔的导向问题。

1. 钻孔的导向

各种标准钻套的结构如下。

1)固定钻套

如图 6-64(a)、(b)所示,钻套外圆以 $\dfrac{H7}{n6}$ 或 $\dfrac{H7}{r8}$ 配合直接压入夹具体的孔中。这种钻套的结构简单,位置精度高(钻套外圆与孔没有间隙),但磨损后更换费事。固定钻套主要在中小批生产中用来加工小孔,或者用于孔间距较小、需要结构紧凑的地方。

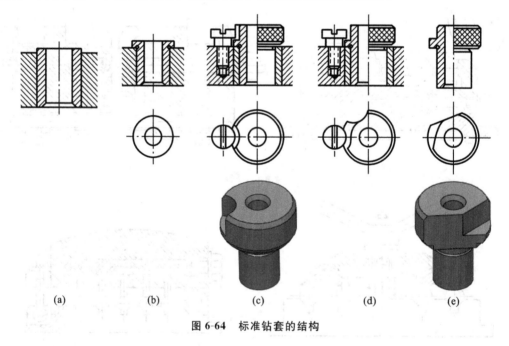

(a)　　　　(b)　　　　(c)　　　　(d)　　　　(e)

图 6-64 标准钻套的结构

2)可换钻套

如图 6-64(c)所示,钻套与衬套之间用 $\dfrac{H6}{g5}$ 或 $\dfrac{H7}{g6}$ 配合,而衬套与夹具体上的孔则采用过盈配合。螺钉的作用是为了防止钻套随刀具转动或被切屑顶出。当钻套磨损后更换时不需要修正衬套,所以比较方便,多用在大批大量生产中(钻套因磨损而更换的次数较多)。

3）快换钻套

如图 6-64(d)、(e)所示，更换钻套时不必拧出螺钉，只要将钻套逆时针转动一下即可取出。它用于需要连续更换刀具，如钻—扩—铰加工的场合。钻套的配合与可换钻套相同。

以上的钻套都已经标准化了，具体结构尺寸、材料选用等均可从夹具手册上查到。但是，这些标准结构并不能全部适应加工条件的多样化。

图 6-65 所示为根据不同的加工条件专门设计的一些特殊钻套的结构。图 6-65(a)、(b)为用来加工孔距很近的孔钻套；图 6-65(c)为双层钻套；图 6-65(d)为在圆弧面(或斜面)上钻孔用的钻套，为了防止钻头偏斜，钻套应尽量靠近工件，此时切屑从钻套中排出。图 6-66 所示为钻孔和扩孔时应用钻套导向的实例。扩孔钻的上下方布置了钻套，这是由于扩的是毛坯上已铸出的孔，这种孔的位置偏差较大，扩孔时余量不均匀现象较严重，因而扩孔钻的偏斜问题就比较突出；同时扩孔是多刀齿同时切削，切削力较大，因此只用上面一个钻套可能保证不了孔的位置精度。对于安装在下端的钻套，要注意防止切屑落入刀杆与钻套之间，加剧磨损，甚至发热"咬死"，为此，刀杆与钻套用较紧的配合 $\dfrac{H7}{h5}$，而钻套与衬套用放松的配合 $\dfrac{H7}{g6}$，工作时钻套随刀杆一起转动。麻花钻所钻的孔距上层钻模板较远，所以采用了特殊的加长钻套。加长钻套的上部孔径大于钻头，以减轻摩擦。

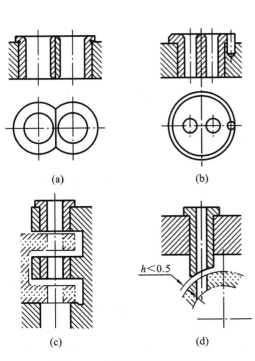

图 6-65　几种特殊钻套的结构

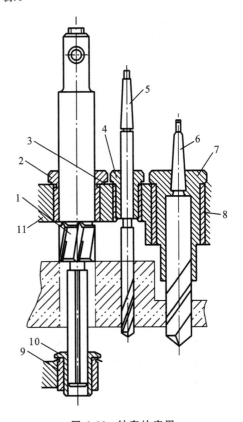

图 6-66　钻套的应用

1—扩孔钻；2、4、7、10—钻套；
3、8、9—衬套；5、6—接长的钻头；11—钻模板

钻套的高度 H 是指钻套与钻头接触部分的长度,如图 6-67 所示。确定这一尺寸的原则是既要考虑导向精度,又要减少摩擦。一般取 $H=(1\sim2)d$,孔径大取小值,孔径小取大值,孔径小于 5 mm 时,$H\geqslant0.5d$。

钻套底端与工件表面应有一定距离 h,目的在于排屑。h 太小,排屑困难,不仅会损坏工件表面,有时还可能将钻头折断;h 太大,则钻头偏斜的可能性也增大,一般情况下 h 可按图 6-67 所示的经验值选取。

在一些特殊情况下,例如在斜面上钻孔,以及孔的位置精度要求高时,可允许 h 值很小甚至为零;不过在这种情况下,钻头和钻套的磨损都将加快,因为切屑要从钻套中排出,同时在钻头刚切到工件时,如图 6-68 所示,A 处的刃口与钻套互相摩擦比较厉害。

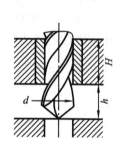
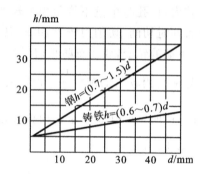

图 6-67　钻套高度和钻套与工件间距离

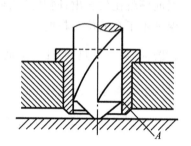

图 6-68　钻刃与钻套的摩擦

2. 镗孔的导向

加工箱体、支架、壳体一类零件上的孔系时,往往要在同一中心线上加工相距较远的两个或更多的孔,因此必须解决镗杆的导向问题。

图 6-69 所示为镗模结构示意图。镗杆支承在两端镗套上,工件上被加工孔的位置精度完全取决于镗套的位置精度,因此,导向支架上用来安装镗套的孔也必须具有很高的位置精度。当镗杆两端被镗套支承时,它与机床主轴必须采用浮动连接,主轴只起传递转矩的作用,否则机床主轴中心与镗杆中心必须精确调整到在一条直线上,而这是很费事的。

镗套的结构与精度直接影响到被加工孔的精度与表面粗糙度。常用的镗套有固定式、回转式两类。

(1)固定式镗套。在镗孔过程中,不随镗杆一起转动的镗套,称为固定式镗套。如图 6-70所示的 A、B 型镗套现已标准化,其中 B 型内孔中开有油槽,以便能在加工过程中进行润滑,从而降低磨损和提高切削速度。

固定式镗套的优点是外形尺寸小、结构简单、精度高。但镗杆在镗套内既有相对轴向转动又有相对轴向移动,镗套易磨损,因此,只适用于低速镗孔。一般摩擦面线速度 $v<0.3$ m/s,固定式镗套的导向长度 $L=(1.5\sim2)d$。

(2)回转式镗套。回转式镗套随镗杆一起转动,镗杆与镗套只有相对移动而无相对转动,因而镗套与镗杆之间的磨损小,可避免发热出现"卡死"的现象。因此,适用于高速镗孔。

回转式镗套又可分为滑动式回转镗套和滚动式回转镗套两种。

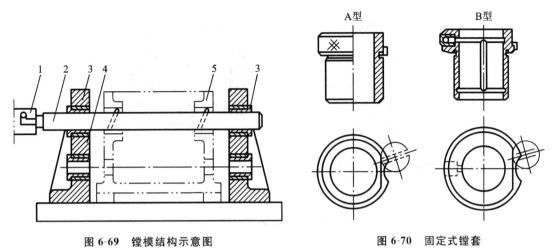

图 6-69　镗模结构示意图　　　　　　　　图 6-70　固定式镗套

1—浮动接头;2—镗杆;3—镗套;4—导向支架;5—工件

图 6-71(a)所示为滑动式回转镗套,其优点是结构尺寸较小,回转精度高,减振性好,承载能力强,但需要充分的润滑,摩擦面的线速度不宜超过 0.3 m/s。图 6-71(b)所示为滚动式回转镗套,由于导套与支架之间安装了滚动轴承,所以旋转线速度可大大提高,一般摩擦面的线速度大于 0.4 m/s,但径向尺寸大,回转精度受轴承精度的影响。因此常采用滚针轴承以减小径向尺寸,采用高精度的轴承以提高回转精度。图 6-71(c)为立式滚动回转镗镗套,它的工作条件差,工作时受切屑和切削液的影响,故结构上应设有防屑保护,以避免镗杆加速磨损。

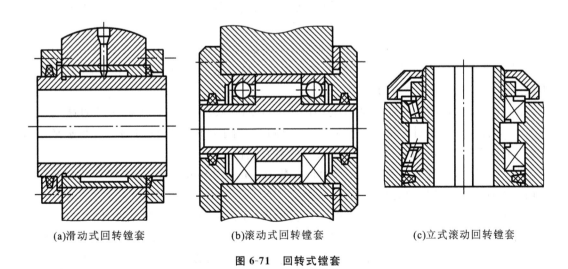

(a)滑动式回转镗套　　　　　　(b)滚动式回转镗套　　　　　　(c)立式滚动回转镗套

图 6-71　回转式镗套

一般来说,回转式镗套的导向长度为 $L=(1.5\sim3)d$。

当工件孔的直径大于镗套孔径时,需在镗套上开设引刀槽,使镗杆上的镗刀能通过镗套。图 6-72 所示的镗套上装有传动键。键的头部设计成尖头,便于和镗杆上的螺旋导向槽啮合而进入镗杆的键槽中,进而保证引刀槽与镗刀对准。镗套的材料常用 20 钢或 20Cr 钢

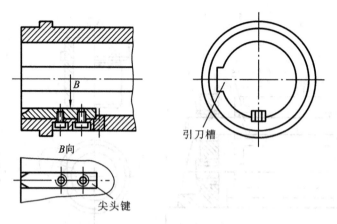

图 6-72　回转镗套的引刀槽及尖头键

渗碳淬火,渗碳深度为 $0.8 \sim 1.2$ mm,淬火硬度为 $55 \sim 60$ HRC。有时采用磷青铜做固定式镗套,因其自润滑、耐磨性好而不易与镗杆咬住,也可用于高速镗孔,但成本较高。对于大直径镗套或单件小批生产用的镗套,可采用铸铁。

镗套内径公差采用 H6 或 H7,外径公差采用 g6 或 g5。镗套内孔与外圆的同轴度公差一般为 $\phi 0.005 \sim 0.01$ mm。内孔的圆度、圆柱度允差一般为 $0.002 \sim 0.01$ mm。镗套内孔表面粗糙度值一般为 $Ra0.4$ μm 或 $Ra0.8$ μm;外圆表面粗糙度值为 $Ra0.8$ μm。

6.4.2　对刀装置

在铣床或刨床夹具上常设有对刀块以便快速调整刀具相对于工件的位置。当夹具在机床工作台上的位置已经固定后,就可移动工作台或刀架,使刀具接近对刀块,然后在刀齿与对刀块之间塞进一规定厚度的塞尺以确定刀具的最终位置。如果让铣刀直接与对刀块接触,则易碰伤刀刃和对刀块,而且接触的松紧程度不易感觉到,影响对刀精度。图 6-73 所示为铣床夹具上常用的几种对刀装置。

图 6-73(a)为标准的圆形对刀块(JB/T 8031.1—1999),用于对准铣刀的高度。图 6-73(b)为标准的直角对刀块(JB/T 8031.3—1999),用于同时对准铣刀的高度和水平方向位置。图 6-73(c)、(d)所示为各种成型刀具的对刀装置。

图 6-74 所示为常用的塞尺。塞尺厚度一般为 1 mm、2 mm 或 3 mm。对刀块和塞尺一般均用工具钢制造并经热处理。

对刀块表面在夹具上的位置尺寸一般均以定位元件的定位表面为基准标注,以减少尺寸链环节多而带来的误差。在确定其位置尺寸的公差时,应考虑到塞尺的厚度公差、工件的定位误差、刀具在耐用度时间内的磨损量、工艺系统的变形以及工件允许的加工误差等因素,最后还要通过试切来修正对刀块或塞尺的尺寸。

为了简化夹具结构,也可不用对刀装置,而采用试切调整法,或者按样件对刀,不过这些方法都不如用对刀装置来得方便。

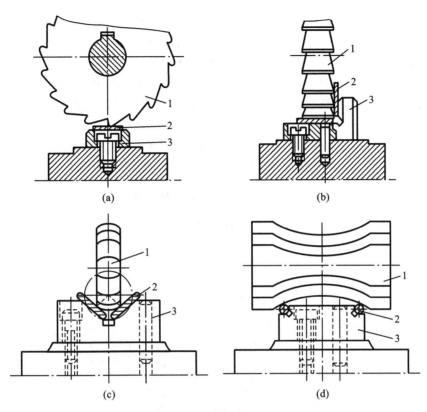

图 6-73　铣床对刀装置

1—铣刀；2—塞尺；3—对刀块

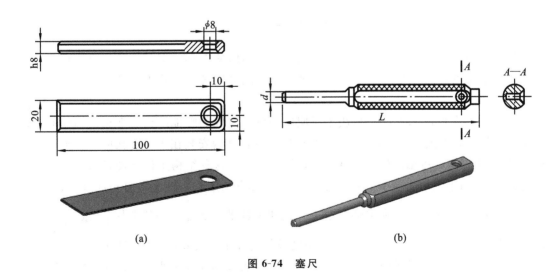

图 6-74　塞尺

6.4.3　夹具对切削成型运动的定位装置

由于刀具相对工件所作的切削成型运动通常是由机床提供的，所以夹具对成型运动的定位,即为夹具在机床上的定位,但其本质是对成型运动的定位,这一点应予以注意。

夹具在机床上的定位有两种形式:一种是安装在平面工作台上,如铣床、刨床、镗床夹具;另一种是与机床的回转主轴相连接,如车床、磨床夹具。

安装在平面工作台上的夹具,其夹具体的底平面就是夹具的主要基准面,各定位元件相对于此底平面应有一定的位置精度要求。夹具体的底平面应经过比较精密的加工,如精刨、磨或刮研等。

为了保证夹具相对于切削成型运动有准确方向,因此在夹具体的底平面上往往安装两个定向键或定位销。定向键的结构如图 6-75 所示。定向键与工作台上的 T 形槽应有良好的配合(一般采用$\frac{H7}{h6}$);必要时,定向键宽度可按 T 形槽配作。两定向键的距离在夹具底座允许的范围内应尽可能远些。定向键应嵌在精度高的 T 形槽内(通常机床工作台上中间的 T 形槽精度较高)。夹具定位后,再用螺钉锁紧在工作台上。

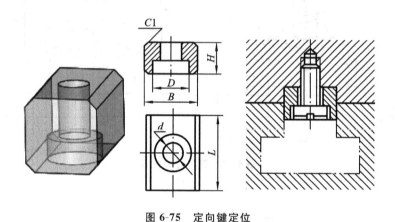

图 6-75　定向键定位

如果不用定向键,则可采用找正的方法安装夹具,使夹具的定位元件与机床成型运动的方向有准确的相对位置。这种方法精度很高,但每安装一次夹具就要找正一次,比较费事。

夹具在回转主轴上的安装,取决于所使用的机床主轴的端部结构。常见的结构有如图 6-76 所示的几种形式。图 6-76(a)所示的夹具是将长锥柄安装在主轴锥孔内。锥柄一般为莫氏锥度,根据需要可用拉杆从主轴尾部将锥柄拉紧。这种结构定位方便,定位精度高,但刚度较低,适用于轻切削的小型夹具,如刚性心轴和自动定心心轴等。图 6-76(b)所示的夹具以端面 A 和短圆柱孔 D 在主轴上定位。孔和主轴轴颈的配合一般采用$\frac{H7}{h6}$或$\frac{H7}{js6}$。这种结构制造容易,但定位精度较低,适用于精度较低的加工。夹具的紧固依靠螺纹 M,压块起防松作用。图 6-76(c)所示的夹具体用短锥 K 和端面 T 定位,这种定位方式因没有间隙而具有较高的定心精度,并且连接刚度较高。

6.4.4　分度装置

在机械加工过程中,一些工件要求在夹具的一次装夹中加工一组表面(如孔系、槽系或

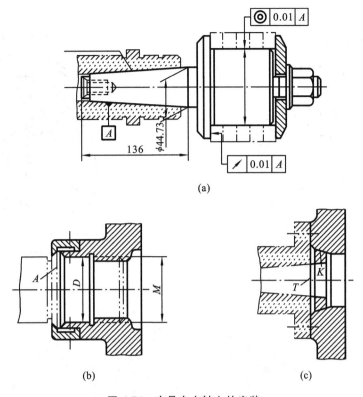

图 6-76　夹具在主轴上的安装

多面体等),这些表面是按一定角度或一定距离分布的,因此要求夹具在工件加工过程中能进行分度,即当工件加工好一个表面后,应使夹具的某些结构连同工件转过一定角度或移动一定距离,以改变工件加工位置。该装置称为分度装置。

　　分度装置能使工件的加工工序集中,装夹次数减少,从而可提高加工表面间的位置精度,减轻劳动强度和提高生产率,因此广泛应用于钻、铣、镗等加工中。

　　分度装置可分为两类:回转分度装置和直线分度装置。两者的基本结构形式和工作原理是相似的,而生产中以回转分度装置应用较多。

　　图 6-77(a)所示为分度装置用于钻扇形工件中,如采用图 6-77(b)所示的有五个等分孔的机械式分度夹具。工件以短圆柱凸台和平面在转轴 4 及分度盘 3 上定位,以小孔在菱形销 1 上轴向定位,由两个压板 9 夹紧。分度销 8 装在夹具体 5 上,并借助弹簧的作用插入分度盘相应的孔中,以确定工件与钻套间的相对位置。分度盘 3 的孔座数与工件被加工孔数相等,分度时松开手柄 6,利用手柄 7 拨出分度销 8,转动分度盘直至分度销插入第二个孔座,然后转动手柄 6 轴向锁紧分度盘,这样便完成一次分度。当加工完一个孔后,继续依次分度,直至加工完毕工件上的全部孔。

　　由图 6-77 可知,分度装置一般由以下几个部分组成。

　　(1)转动(或移动)部分。它实现工件的转位(或移位),如图 6-77 中的分度盘 3。

　　(2)固定部分。它是分度装置的基体,常与夹具体连成一体,如图 6-77 中的夹具体 5。

　　(3)对定机构。它保证工件正确的分度位置,并完成插销、拔销动作,如图 6-77 中的分

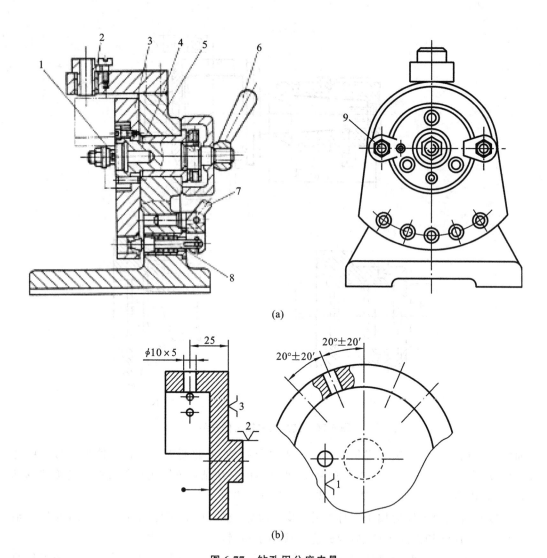

(a)

(b)

图 6-77　钻孔用分度夹具

1—菱形销;2—钻套;3—分度盘;4—转轴;5—夹具体;
6—锁紧手柄;7—拔销手柄;8—分度销;9—压板

度盘 3、分度销 8 等。

(4)锁紧机构。它将转动(或移动)部分与固定部分紧固在一起,起减小加工时的振动和保护对定机构的作用,如图 6-77 中的锁紧手柄 6。

根据分度盘和分度定位机构相互位置的配置方式,分度装置可分为:

(1)轴向分度装置:分度与定位是沿着与分度盘回转轴线相平行的方向进行的,如图 6-78 所示。

(2)径向分度装置:分度和定位是沿着分度盘的半径方向进行的,如图 6-79 所示。

6.4.5　动力装置

夹具采用手动夹紧机构,由于其结构简单,制造容易,成本低,因此在各种生产规模中都

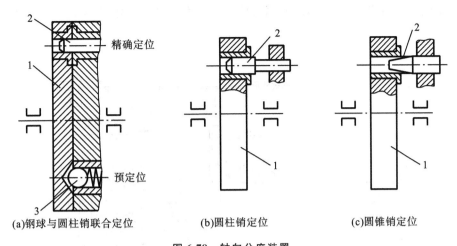

(a)钢球与圆柱销联合定位　　　(b)圆柱销定位　　　(c)圆锥销定位

图 6-78　轴向分度装置

1—分度盘;2—对定元件;3—钢球

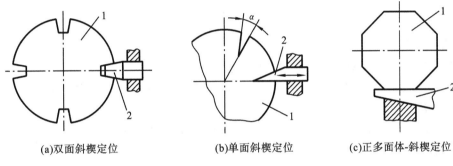

(a)双面斜楔定位　　　(b)单面斜楔定位　　　(c)正多面体-斜楔定位

图 6-79　径向分度装置

1—分度盘;2—对定元件

被普遍使用。但手动夹紧动作慢,劳动强度大,夹紧力变动较大,因此在大批大量生产中,往往采用机动夹紧,例如采用气压、液压、电磁、真空等作为夹紧的动力来源。机动夹紧除了可减轻体力劳动,提高生产效率外,还有下列优点:如夹紧力通过试验可调节在最合理的范围内,可比手动夹紧力小些,因此工件和夹具的变形小,夹具的磨损减轻;对工人操作经验的要求可以降低;便于实现自动化等。

1. 气动夹紧装置

利用压缩空气作为动力源的气动夹紧装置是应用最广泛的一种夹具动力装置。其优点是,压缩空气黏度小,管路损失小;管道不易堵塞,维护简便;不污染环境;输送分配方便。其缺点是,与液压系统相比,工作压力仅为 0.4~0.6 MPa,因此部件结构尺寸较大;气阀换向时,压缩空气排入大气发出噪声。

图 6-80 所示为气动夹紧及其辅助装置系统图。由车间总管路的压缩空气经过阀进入分水滤清器以去除压缩空气中所含的水分和杂质;然后通过油雾器,润滑油被高速流过其中喷嘴的压缩空气吹成雾状与空气混合形成油雾,用以润滑气缸;再经过调压阀以保持压力的稳定;又经过单向阀,它的作用是防止气缸工作腔内的压缩空气回流,最后经过换向阀进入夹具上的工作气缸,配气阀用以控制压缩空气进入活塞的上方或下方,以改变活塞运动的方

向;压力继电器与机床控制电路连锁,当管路空气压力突然降低时,即停止机床运转,防止发生事故。

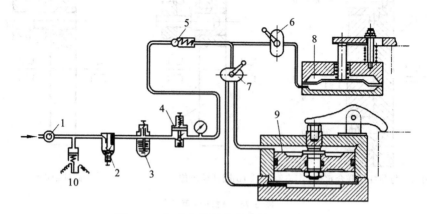

图 6-80　气动夹紧及其辅助装置系统图

1—阀;2—分水滤清器;3—油雾器;4—调压阀;5—单向阀;6、7—换向阀;

8—工作气缸(薄膜式);9—工作气缸(活塞式);10—压力继电器

2. 液压夹紧

液压夹紧与气动夹紧相比有下列一些优点:

(1)压力高达 6 MPa 以上,油缸直径比气缸小很多,通常不需要设增力机构,所以夹具结构简单紧凑;

(2)液体不可压缩,因此液压夹紧刚性大,工作平稳,夹紧可靠;

(3)噪声小。

在沉重的切削条件下,宜采用液压夹紧。如果机床没有液压系统,而为夹具专门设置一套液压系统,则使夹具成本提高,为此可采用气液联合夹紧方式。

3. 气液联合夹紧

气液联合夹紧的能量来源为压缩空气。其工作原理如图 6-81 所示。压缩空气进入增压器的 A 腔,推动活塞向左移;增压器 B 腔内充满了油,并与夹紧油缸接通,当活塞向左移时,活塞杆就推动 B 腔的油进入夹紧油缸夹紧工件。

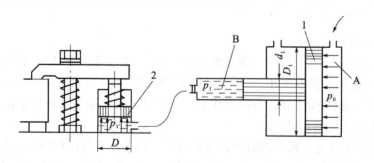

图 6-81　气液联合夹紧原理

1—增压器;2—夹紧油缸

4. 真空夹紧

真空夹紧装置是利用封闭腔内的真空度来吸紧工件,实质上是利用大气压力来压紧工件。图 6-82 所示为其工作原理图。夹具体上有橡皮密封圈 B,工件放在密封圈上,使工件与夹具体形成密闭腔 A。然后通过孔道用真空泵抽出腔内空气,使密封腔内形成一定真空度,在大气压力作用下,工件定位基准面与夹具支承面接触,并获得一定的夹紧力。

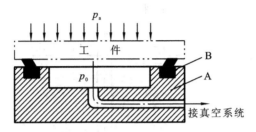

图 6-82　真空夹紧装置工作原理图

6.5　各类机床夹具的设计要点

6.5.1　钻床夹具

1. 钻床夹具的类型

在各种钻床、组合机床等设备上进行钻、扩、铰孔时所采用的夹具均称为钻床夹具,简称为钻模。钻模的类型很多,有固定式、回转式、移动式、翻转式、盖板式和滑柱式等。

1)固定式钻模

固定式钻模在使用时被固定在钻床工作台上,因此,在钻模的夹具体上,应设有供紧固夹具用的凸缘、凸边或耳座。图 6-83 所示为一钻斜孔用的固定式钻模结构。工件以一个孔和外圆面与 V 形块及手动拔销相接触来定位,转动手柄,偏心压板便可将工件夹紧。钻模板上的钻套用来确定钻孔的位置并引导钻头。

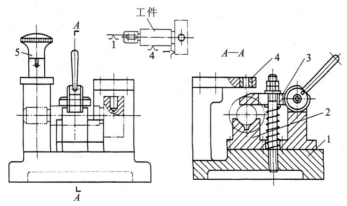

图 6-83　固定式钻模

1—夹具体;2—V 形块;3—偏心压板;4—钻套;5—手动拔销

2)回转式钻模

回转式钻模的特点是设有分度装置。图 6-84 所示为一扇形板工件,要求钻铰三个 $\phi 8H8$ 孔。图 6-85 所示为其回转式钻模。工件以端面 A、$\phi 22H7$ 孔及一侧面在夹具上定位,拧紧螺母,通过开口垫圈将工件夹紧。当加工完一个孔后,转动手柄,使转盘松开,拉动将插销从定位套中抽出,使转盘带动工件一起回转 $20°$,然后将插销插入套 $4'$ 或 $4''$ 中实现分度,从而将三个 $\phi 8H8$ 孔在一次装夹中加工出来。

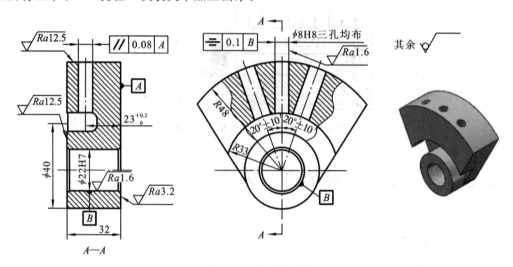

图 6-84　扇形板工件

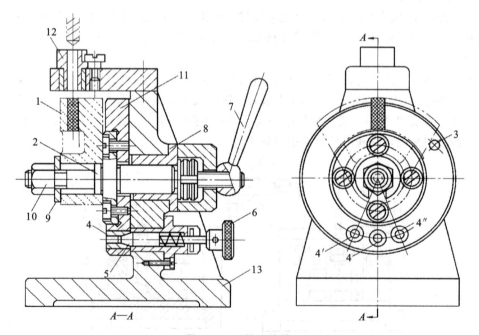

图 6-85　回转式钻模

1—工件;2—定位销;3—挡销;4—定位套;5—插销;6—捏手;7—转动手柄;
8—衬套;9—开口垫圈;10—螺母;11—分度盘;12—转套;13—夹具体

3）翻转式钻模

翻转式钻模与回转式钻模相似,但结构上没有分度装置,而是将整个夹具翻转一定角度。图 6-86 所示为加工套筒上 4 个径向孔的翻转式钻模。工件以孔和端面在阶梯销上定位,用开口垫圈和螺母夹紧,钻完一组孔后,翻转 60°钻另一组孔。

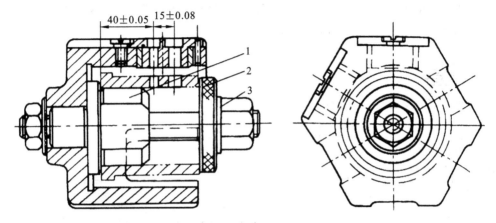

图 6-86　翻转式钻模

1—阶梯销；2—开口垫圈；3—螺母

4）盖板式钻模

盖板式钻模是由钳工划线样板演变而来的,它没有夹具体,定位夹紧元件全部安装在一块钻模板上。使用时,把它盖在工件某定位表面上即可,在一般情况下,钻模板上除了钻套外,还装有定位元件及夹紧元件。在加工一些大中型的工件的小孔时,因工件笨重而使安装很困难,可采用盖板式钻模,如图 6-87 所示。

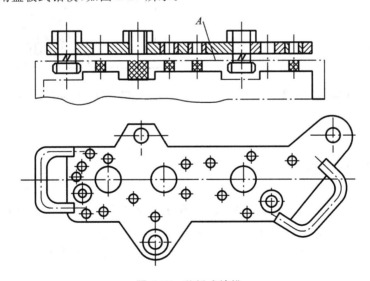

图 6-87　盖板式钻模

5）滑柱式钻模

滑柱式钻模属于通用可调夹具,其结构均已标准化、规格化,设计时,只需在所选用的标准结构基础上,增设为数很少的特殊元件(如定位、夹紧元件及钻套等)便可使用。

图 6-88 所示为手动滑柱式钻模的通用结构。使用时将工件的定位装置设置在夹具体上,根据工件所需钻孔的位置,在钻模板上加工出安放钻套的孔。工作时,转动手柄,通过齿轮带动齿条,使钻模板以两根导柱为引导升降,从而夹紧或松开工件。1∶5 的锥度部分 A 为锁紧装置。

图 6-89 所示为气动滑柱式钻模,钻模板的上下移动由双向作用的活塞气缸推动。与手动滑柱式钻模相比,它的动作快,效率高。

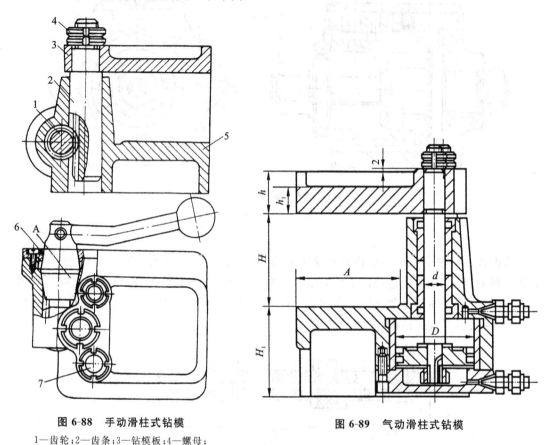

图 6-88 手动滑柱式钻模

1—齿轮;2—齿条;3—钻模板;4—螺母;

5—夹具体;6—螺钉;7—导柱

图 6-89 气动滑柱式钻模

2. 钻床夹具的设计要点

1)钻模类型的选择

在设计钻模时,需根据工件的尺寸、形状、质量和加工要求,以及生产批量、工厂的具体条件来考虑夹具的结构类型,设计时应注意以下几点。

(1)工件上被钻孔的直径大于 10 mm 时(特别是钢件),钻床夹具应固定在工作台上,以保证操作安全。

(2)翻转式钻模和自由移动式钻模适用中小型工件的孔加工。夹具和工件的总质量不宜超过 10 kg,以减轻操作工人的劳动强度。

(3)当加工多个不在同一圆周上的平行孔系时,如夹具和工件的总质量超过 15 kg,宜采用固定式钻模,在摇臂钻床上加工;若生产批量大,可以在立式钻床或组合机床上采用多轴传动头进行加工。

(4)对于孔与端面精度要求不高的小型工件,可采用滑柱式钻模,以缩短夹具的设计与制造周期。但对于垂直度公差小于 0.1 mm、孔距精度小于±0.15 mm 的工件,则不宜采用滑柱式钻模。

(5)钻模板与夹具体的连接不宜采用焊接的方法。因焊接应力不能彻底消除,影响夹具制造精度的长期保持性。

(6)当孔的位置尺寸精度要求较高时(其公差小于±0.05 mm),则宜采用固定式钻模和固定式钻套的结构形式。

2)钻模板的结构

用于安装钻套的钻模板,按其与夹具体连接的方式可分为固定式钻模板、铰链式钻模板、分离式钻模板等。

(1)固定式钻模板。固定在夹具体上的钻模板称为固定式钻模板。这种钻模板简单,钻孔精度高。

(2)铰链式钻模板。当钻模板妨碍工件装卸或钻孔后需攻螺纹时,可采用铰链式钻模板。由于铰链结构存在间隙,所以它的加工精度不如固定式钻模板高。

(3)分离式钻模板。工件在夹具中每装卸一次,钻模板也要装卸一次,称为分离式钻模板。这种钻模板加工的工件精度高但装卸工件效率低。

6.5.2   车床夹具

车床夹具主要用于加工零件的内外圆柱面、圆锥面、回转成型面、螺纹及端平面等。车床夹具大都安装在机床主轴上,并与主轴一起作回转运动。根据工件的定位基准和夹具本身的结构特点,车床夹具可分为以下四类:

(1)以工件外圆定位的车床夹具;

(2)以工件内孔定位的车床夹具;

(3)以工件顶尖孔定位的车床夹具;

(4)用于加工非回转体的车床夹具。

车床夹具除了顶尖、三爪卡盘、四爪卡盘及花盘等通用夹具外,常根据工件加工的需要,设计制造一些专用心轴和其他专用夹具。

以下介绍两种专用车床夹具。

1. 花盘式车床夹具

图 6-90 所示为十字槽轮零件精车圆弧 $\phi23^{+0.023}_{0}$ mm 的工序简图。本工序要求保证四处 $\phi23^{+0.023}_{0}$ mm 圆弧;对角圆弧位置尺寸(18±0.02) mm 及对称度公差 0.02 mm;$\phi23^{+0.023}_{0}$ mm 轴线与 $\phi5.5h6$ 轴线的平行度允差为 $\phi0.01$ mm。

图 6-91 所示为加工该工序的花盘式车床夹具。工件以 $\phi5.5h6$ 外圆柱面与端面 B、半精车的 $\phi22.5h8$ mm 圆弧面(精车第二个圆弧面时则用已经车好的 $\phi23^{+0.023}_{0}$ mm 圆弧面)为定位基面,在夹具上定位套 1 的内孔表面与端面、定位销(安装在定位套 3 中,其限位表面尺寸为 $\phi22.5^{0}_{-0.01}$ mm,安装在定位套 4 中,其限位表面尺寸为 $\phi23^{0}_{-0.008}$ mm,在图中未画出,精车第二个圆弧面时使用)的外圆表面为相应的限位基面。限制工件 6 个自由度,符合基准重

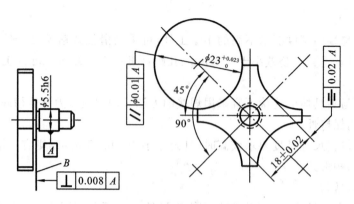

图 6-90　十字槽轮精车工序简图

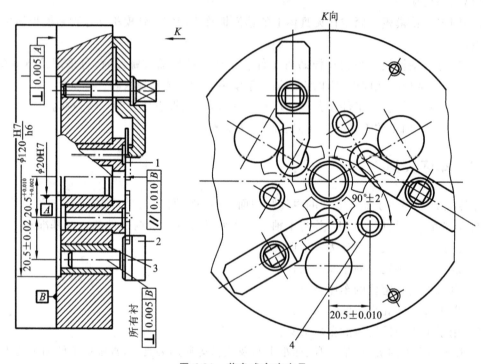

图 6-91　花盘式车床夹具

1、3、4—定位套；2—定位销

合原则。同时加工 3 个工件，有利于对尺寸的测量。

　　该夹具保证工件加工精度的措施如下。

　　(1)$\phi 23^{+0.023}_{0}$ mm 圆弧尺寸由刀具调整来保证。

　　(2)尺寸(18±0.02) mm 及对称度公差 0.02 mm，由定位套孔与工件采用 $\phi 5.5$G5/h6 配合精度，限位基准与安装基面 B 的垂直度公差 0.005 mm，与安装基准 A($\phi 20$H7 孔轴线)的距离 $20.5^{+0.010}_{+0.002}$ mm 来保证。且在工艺规程中要求同一工件的 4 个圆弧必须在同一定位套中定位，使用同一定位销进行加工。

　　(3)夹具体上 $\phi 120$ mm 止口与过渡盘上 $\phi 120$ mm 凸台采用过盈配合，设计要求就地加工过渡盘端面及凸台以减小夹具的对定误差。

2. 角铁式车床夹具

图 6-92 所示为一角铁式车床夹具,用于加工支架零件的孔和端面。工件以两孔和底面分别用圆柱定位销、削边销及夹具体的上平面定位,以两压块夹紧,导向套可以引导加工孔的刀杆,平衡块以消除夹具回转时的不平衡现象。轴向定程基面与定位销保持要求的轴向距离,可以利用它来控制刀具的轴向行程。

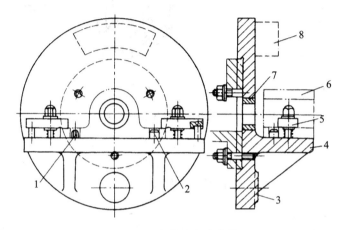

图 6-92 角铁式车床夹具

1—削边销;2—圆柱定位销;3—轴向定程基面;4—夹具体;5—压块;6—工件;7—导向套;8—平衡块

3. 车床夹具的设计要点

1)安装基面的设计

为了使车床夹具在机床主轴上安装正确,除了在过渡上用止口孔定位以外,常常在车床夹具上设置找正孔、校正基圆或其他测量元件,以保证车床夹具能精确地安装到机床主轴回转中心上。

车床夹具与车床主轴的连接方式取决于机床主轴轴端的结构以及夹具的体积和精度要求。对于车床和内外圆磨床的夹具,一般是安装在机床的主轴上,其安装方法如图 6-93 所示。图 6-93(a)所示为用莫氏锥度与机床主轴配合,为了保险起见,有时用拉杆在尾部拉紧。这种方法定位迅速方便,定位精度高,但刚度低,适宜于轻切削。图 6-93(b)所示为用圆柱及端面定位,采用螺纹连接,并用两个压块防松。由于圆柱定位面一般用 H7/h6 或 H7/js6 配合,因此定位精度低。图 6-93(c)所示为用短圆锥和端面定位,螺钉夹紧,这种方式定位精度高,刚性好,但制造比较困难。

2)夹具配重的设计要求

加工时,因工件随夹具一起转动,其重心如不在回转中心上将产生离心力,且离心力随转速的增加而急剧增大,从而使加工过程产生的振动对零件的加工精度、表面质量以及车床主轴轴承都会有较大的影响。所以,车床夹具要注意各装置之间的布局,必要时设计配重块加以平衡。

3)车床夹紧装置的设计要求

由于车床夹具在加工过程中会受到离心力、重力和切削力的作用,其合力的大小与方向是变化的,所以,夹紧装置要有足够的夹紧力和良好的自锁性,以保证夹紧安全可靠。但夹紧力不能过大,且要求受力布局合理,不能破坏工件的定位精度。图 6-94 所示为在车床上

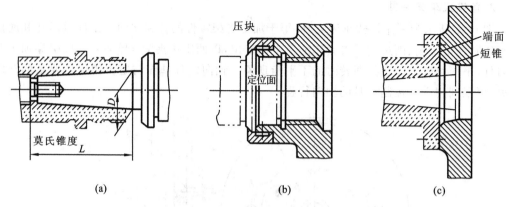

图 6-93　车床夹具与机床主轴的连接方式

镗轴承座孔的角铁式车床夹具。图 6-94(a)所示的施力方式是正确的;图 6-94(b)所示的结构比较复杂,但从总体上看更趋合理;图 6-94(c)所示的结构简单,但夹紧力会引起角铁悬伸部分及工件的变形,破坏了工件的定位精度,故不合理。

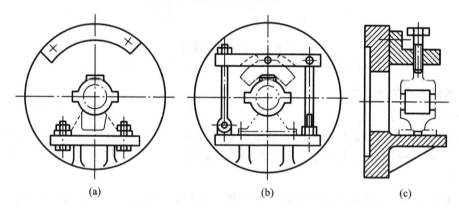

图 6-94　夹紧施力方式的比较

4)对夹具总体结构的要求

车床夹具一般都是在悬臂状态下工作的,为保证加工过程的稳定性,夹具结构应力求紧凑、轻便且安全,悬伸长度要尽量小,重心要靠近主轴前支承。

为保证安全,装在夹具体上的各个元件不允许伸出夹具体直径之外。此外,还应考虑切屑的缠绕、切削液的飞溅等影响安全操作的问题。

车床夹具的设计要点也适用于外圆磨床使用的夹具。

6.5.3　铣床夹具

铣床夹具主要用于加工零件上的平面、键槽、齿轮、成型面及立体成型面等。设计铣床夹具时应充分注意到铣削加工时铣削力较大,且非连续性切削易产生冲击和振动、切削时间短而辅助时间较长的特点,正确地确定夹紧力,适当增强夹具的刚度,尽量降低辅助时间和提高生产效率。

铣床夹具中一般必须有确定刀具位置及方向的元件,以保证迅速获得夹具、机床与刀具的相对位置,通常用对刀装置来达到这个目的。铣床夹具必须用螺栓紧固在机床工作台的 T 形槽中,并用键来确定机床与夹具的位置。

1. 铣床夹具的类型

按工件的进给方向,铣床夹具可分为直线进给、圆周进给和沿曲线进给(靠模进给)。

按在夹具中同时安装的工件数目,铣床夹具可分为单件加工和多件加工。

按是否利用机动时间进行装卸工件,铣床夹具可以分为不利用机动时间的和利用机动时间的。

按夹具动作情况,铣床夹具可分为连续动作的和不连续动作的。

1)直线进给式铣床夹具

在铣床夹具中,这类夹具用得最多。根据工件的质量、结构及生产批量,工件可按单件、多件串联或多件并列的方式安装在夹具上。铣床夹具也可采用分度等形式,以使装卸时间和机动时间重合。

图 6-95 所示为铣削连杆小头两个端面的直线进给式铣床夹具。工件以大头孔及大头孔端面为定位基准在定位销上定位,每次装夹留个工件,用铰链螺栓与装有 6 个滑柱的长压板将 6 个工件同时夹紧。

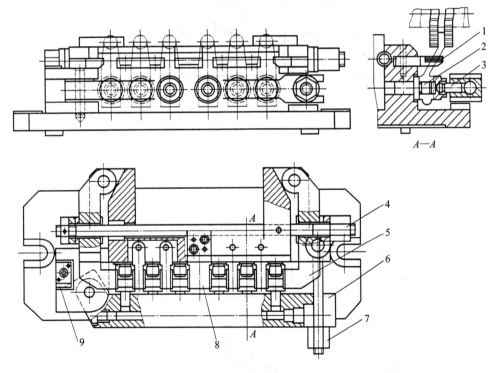

图 6-95　直线进给式铣床夹具

1—浮动板;2—定位销;3—滑柱;4—螺母;5、6—压板;7—铰链螺栓;8—止动件;9—对刀块

2)圆周进给式铣床夹具

圆周进给铣床削方式可在不停车的情况下装卸工件,因此生产效率高,适用于大批大量生产。

图 6-96 所示为在立式铣床上圆周进给铣拨叉的圆周进给式铣床夹具。通过电动机、蜗

轮副传动机构带动回转工作台回转。夹具上可同时装夹 12 个工件,工件以一端的孔、端面及侧面在夹具的定位板、定位销及挡销上定位。由液压缸驱动拉杆,通过开口垫圈夹紧工件。图 6-96 中 AB 为工件的加工区段,CD 为工件的装卸区段。

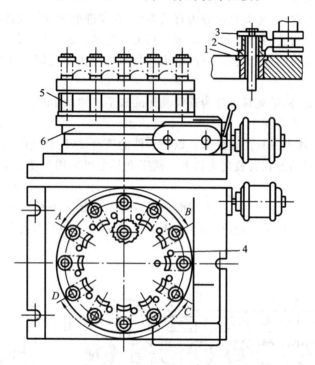

图 6-96 圆周进给式铣床夹具

1—拉杆;2—定位销;3—开口垫圈;4—挡销;5—液压缸;6—工作台

2. 铣床夹具体及其与机床的连接

为提高铣床夹具在机床上安装的稳固性,除要求夹具体有足够的强度和刚度外,还应使被加工表面尽量靠近工作台面,以降低夹具的重心。因此,夹具体的高宽比应限制在 H/B ≤1.25 范围内,如图 6-97(a)所示。

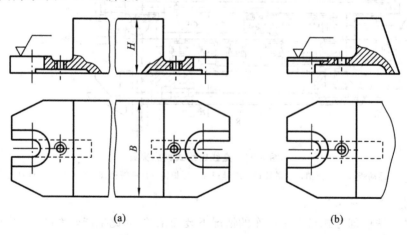

(a)   (b)

图 6-97 铣床夹具体和耳座

铣床夹具与工作台的连接部分称为耳座,因连接要牢固稳定,故夹具上耳座两边的表面要加工平整,为此常在该处作一凸台,以便于加工,如图 6-97(a)所示。夹具也可以沉下去,如图 6-97(b)所示。若夹具体的宽度尺寸较大时,可设置 4 个耳座,但耳座间的距离一定要与铣床工作台的 T 形槽间的距离相一致。耳座的结构尺寸已标准化,设计时可参考有关设计手册进行选择。

6.5.4　镗床夹具

　　镗床夹具又称镗模,它与钻床夹具相似,也采用了引导刀具的镗套和安装镗套的镗模架。采用镗模可以不受镗床精度的影响而加工出具有较高精度的工件。镗模与钻模有很多相似之处。

　　镗床夹具主要用于加工箱体、支座等零件上的孔或孔系,由于箱体孔系的加工精度一般要求较高,因此镗模本身的制造精度比钻模的精度高得多。图 6-98 所示为镗削车床尾座孔的镗模。镗模上有两个引导镗刀杆的支承,并分别设置在刀具的两侧,镗刀杆和主轴之间通过浮动接头连接。工件以底面、槽及侧面在定位板及可调支承钉上定位,限制工件的全部自由度。采用联动夹紧机构,拧紧夹紧螺钉,两个压板便同时将工件夹紧。镗模支架上装有滚动回转镗套,用以支承和引导镗杆。镗模以底面 A 安装在机床工作台上,其位置用 B 面找正。

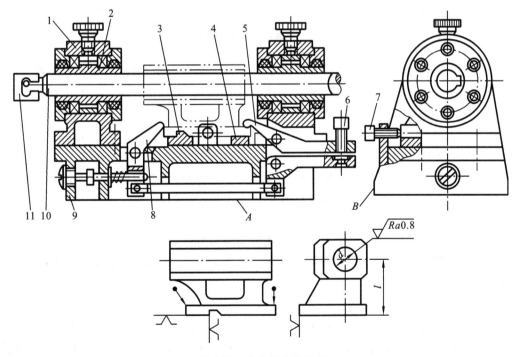

图 6-98　车床尾座孔镗模

1—支架;2—镗套;3、4—定位板;5、8—压板;6—夹紧螺钉;7—可调支承钉;9—镗模底座;10—镗刀杆;11—浮动接头

　　镗模设计时主要考虑导向装置的布置形式、镗套、镗模支架和底座的结构设计;镗套的结构和设计在前面已经做过介绍,本节将介绍其他几个部分的设计要点。

镗杆的引导有以下几种方式。

1)单支承引导

镗杆在镗模中只有一个位于刀具前面或后面的镗套引导。这时,镗杆与机床主轴采用刚性连接方式。采用这种方式,机床主轴回转精度会影响工件的镗孔精度,只适用于小孔和短孔的加工。

如图 6-99(a)所示,镗套布置在刀具前面,即单支承前引导。这种方式便于观察和测量,特别适用于锪平面或攻螺纹的工序。其缺点是切屑易带入镗套中,刀具切入与切出行程较长,多应用在 $D > 60$ mm 的场合。

图 6-99(b)所示为单支承后引导,适用于 $D < 60$ mm 的通孔或盲孔,工件的装卸比较方便。

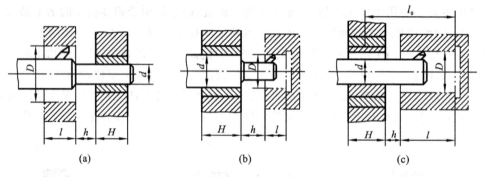

图 6-99 单支承引导镗孔示意图

当所镗孔的长径比 $l/D < 1$ 时,镗杆引导部分直径 d 可大于孔径 D,镗杆的刚性较好,如图 6-99(b)所示;当 $l/D > 1$ 时,镗杆的直径应制成同一尺寸并小于加工孔直径,如图 6-99(c)所示,以便缩短镗杆悬伸长度,保证镗杆具有一定的刚度。

图 6-99 中的尺寸 h 为镗套端面至工件的距离,其值应根据更换刀具、工件的装卸、尺寸的测量及方便于排屑来考虑,但又不宜过长。在卧式镗床上镗孔时,h 一般取 $20 \sim 80$ mm,或 $h = (0.5 \sim 1)D$;在立式镗床上镗孔时,与钻模情况类似,可以参考钻模设计中 h 的取值。

镗套长度一般取 $H = (2 \sim 3)d$,或按刀具悬伸量选取,即 $H \geq (h + 1)$。

2)双支承引导

采用双支承镗模时,镗杆和机床主轴采用浮动连接方式,所镗孔的位置精度主要取决于镗模架镗套孔间的位置精度,而不受机床主轴精度的影响。因此,两镗套孔的轴线必须严格调整在同一轴线上。

双支承的布置又可分为双面单支承和单面双支承两种方式。

双面单支承如图 6-100 所示,两个镗套分别布置在工件的前方和后方,主要用于加工孔径较大的孔或一组同轴孔系,且孔距精度或同轴度精度要求较高的孔。这种引导方式的缺点是镗杆较长,刚性较差,更换刀具不方便。

设计这种导向支承时,应注意:当 $L > 10d$ 时,应设置中间支承;在采用单刃刀具镗削同一轴线上的几个等直径孔时,镗模应设计让刀机构,一般采用让工件抬起一个高度的办法。此时所需要的最小抬起量(让刀量)为 $h_{\min}$,如图 6-101 所示,即

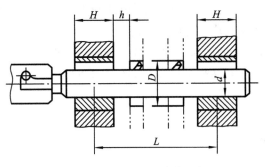

图 6-100 双面单支承镗孔示意图

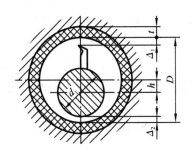

图 6-101 确定让刀量示意图

$$h_{min} = t + \Delta_1$$

式中：t 为孔的单边余量，单位为 mm；Δ_1 为刀尖通过毛坯所需要的间隙，单位为 mm；镗杆最大直径为

$$d_{max} = D - 2(h_{min} + \Delta_2)$$

式中：D 为毛坯孔直径，单位为 mm；Δ_2 为镗杆与毛坯所需要的间隙，单位为 mm。

镗套长度 H 的取值如下。

固定式镗套：$H = (1.5 \sim 2)d$。

滑动回转式镗套：$H = (1.5 \sim 3)d$。

滚动回转式镗套：$H = 0.75d$。

单面双支承适用于不能使用前后支承的情况，既有上述支承方法的优点，而又避免了该种支承的缺点，如图 6-102 所示。由于镗杆为悬臂梁，故镗杆伸长的距离一般不大于镗杆直径的 5 倍，以免镗杆悬伸过长。镗杆的引导长度 $H > (1.25 \sim 1.5)L$，有利于增强镗杆的刚性和轴向移动的平稳性。

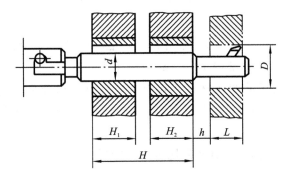

图 6-102 单面双支承镗孔示意图

6.6 机床夹具的总体设计步骤和方法

这里的夹具设计主要是指专用夹具的设计，是工艺装备设计的一个重要组成部分。在进行夹具设计时，一是应该对被加工工件进行深入细致的分析，了解它们的尺寸大小、形状特征以及待加工表面的精度要求，这些就是夹具设计的出发点；二是运用前面学过的知识，

提出几种可行的定位、夹紧方案,并仔细地分析对比,择优选取,由此确定出夹具的总体方案;三是应该对夹具的具体结构进行构思,并绘制成装配图、零件图。

在进行夹具设计时,应该注意收集类似夹具的图纸、实物相片等资料,分析研究它们的优缺点,作为自己设计时的参考依据。另外,在有条件的情况下,还应多与生产一线的工人师傅进行讨论,听取他们的建议和意见。

6.6.1　夹具设计的基本原则及要求

夹具设计的基本原则是要保证产品质量、工作效率、人身及设备的安全,以及整个生产的经济效果。为了保证上述四个方面,通常要考虑下面一些主要要求。

(1)夹具的专用性和复杂程度要与工件的生产批量相适应。在大批大量生产中,一般应针对每种工件的每道工序的具体要求设计专用夹具,并尽量采用高效的定位、夹紧机构。如采用气动、液压等传动装置。在小批生产中,则应考虑尽量采用较简单的夹具机构并且尽可能采用多种工件、多道工序能通用的专门化夹具。对于介于大批大量和小批生产之间的各种生产规模,都应根据经济性原则,选择合理的夹具结构方案。

(2)夹具应满足零件设计图纸及加工工序对加工精度的要求。工件加工最后一道工序所使用的夹具,无疑应能保证设计图纸上的精度要求。面对于工艺过程中的各中间工序所使用的夹具,则应保证工序精度要求。

(3)在满足加工精度、效率等要求前提下,应力求夹具结构简单以提高夹具制造工艺性。但对底座、立柱、钻模板等大型铸(焊)件,则往往采用形状复杂的带加强筋的壳体结构,以便在保证夹具零件的刚度和强度前提下,减轻质量、节约材料。

(4)夹具结构应注意防尘、防屑和排屑,要有必要的润滑系统,以保证机构的使用寿命。此外,还要考虑维修方便。

(5)应尽量降低夹具的制造成本。在不降低性能的前提下,可采用廉价的代用材料。过去设计夹具时,一般夹具零件都选用各种碳钢和铸铁。现在一些合金材料以及非金属材料已逐步成为制造夹具元件的新材料。其中金属材料有铝合金、镁合金,它们的优点是质量轻而加工性好,使用得当可以降低夹具成本。非金属材料常用的有工程塑料和环氧树脂等。

(6)尽量采用标准元件,使夹具元件规格化、典型化,并使整个夹具组合化,以缩短夹具制造周期,降低成本。

(7)夹具的操作要方便,安全。夹具上应有必要的防护装置、挡屑板,以及各种安全保护及报警装置。

以上要求有时是相互矛盾的,在设计夹具过程中要全面考虑,使之达到最佳综合效果。

6.6.2　夹具设计的方法及步骤

夹具的设计过程大体上可以划分为以下几个阶段。

1. 设计前的准备工作

在决定夹具总体方案之前,应该收集和掌握下列必要的资料。

1)生产纲领

工件的生产纲领,即年产量,对于工艺过程及工艺装备都会产生十分重要的影响。例如大批大量生产时,多采用气动或其他机动夹具,它们的自动化程度都很高,同时装夹的工件数也较多,结构也比较复杂,而单件小批生产时,则多采用结构简单、成本低廉的手动夹紧夹具。

2)零件图及工序图

工件的零件图是夹具设计的重要资料之一,它给出了工件在尺寸、形状和精度要求等方面总的情况;工序图则给出了夹具所在工序,零件的工序尺寸,工序基准,已加工表面,待加工表面,工序精度等,它是夹具设计的直接依据。

3)工序内容

夹具所在工序的内容,主要指该工序所用的机床、刀具,切削用量,工步安排、工时定额,同时装夹工件数目等。这些资料在考虑夹具总体方案和具体结构及估算夹紧力时,都是必不可少的。工序内容一般可在工艺卡片上查到。

2. 夹具总体方案的确定

所谓夹具的总体方案,主要指下述三个方面。

1)定位方案

在考虑定位方案时,应该按工件的精度要求,工序内容,来决定应限制的自由度数目,进而选择好定位基准,并考虑所需的定位元件。

2)夹紧方案

考虑夹紧方案时,应该遵循前面讲过的夹紧原则,运用夹紧的有关知识,确定夹紧力的方向,施力点的布局,进行夹紧力的估算,设计或选择动力源,并初步考虑夹紧机构的具体结构。在具体绘制其结构图时,还可能会遇到一些限制或困难,如体积过大,夹紧机构与其他元件相碰等。此时可修改部分方案,甚至全部重新设计方案都是有可能的。

3)夹具的形式

一般按夹具的不同特点,可以将它划分成各种形式,熟悉这些形式,对于确定夹具的总体方案是很有好处的。以钻床夹具为例,常见的形式如前所述,有固定式钻模、翻转式钻模、盖板式钻模、回转式钻模、滑柱式钻模等。

3. 夹具装配草图的绘制

对于初学者来说,夹具装配草图的绘制,可按下述步骤进行。

1)绘制工件图

在可能的情况下,应该按 1:1 的比例绘出工件的三面投影图。线型用双点画线,表示工件的假想位置。即工件是"透明"的,不应该遮挡夹具有关部分。同时工件图只需绘出外形轮廓,以及与定位、夹紧有关的部分,其他细部均可略去。

在可能的情况下,工件最好用红线表示。

2)绘制定位元件

在绘制好工件轮廓图后,就可以按给定的定位方案,选用合适的标准定位元件,或者是设计特殊定位元件,并合理布置,绘制成图。

3)绘制导向元件及其他元件

画好定位元件后,便可进行导向元件、分度元件及有关装置的设计及绘图。

4)设计夹紧机构

夹紧机构的方案在总体方案设计中已经确定,这里只需要参考有关资料,按照夹紧力的大小,决定夹紧机构的尺寸及具体结构。对于手动夹紧的小型夹具,一般可不必估算其夹紧力,可用类比方法或按经验决定有关尺寸。如果需要气动夹紧时,一般要估算夹紧力,并选择标准气缸部件或设计专用气缸部件。

5)绘制夹具体

当夹具的有关元件、机构、装置设计好之后,最后用夹具体把它们连接起来,形成一个有机整体。夹具体有铸造件及焊接件两大类。铸造夹具体适应性好,可铸出所需要的各种复杂形状,同时成本较低,抗振性能好,应用较广泛,其缺点为生产周期较长。在夹具体设计时,应注意以下几点。

(1)夹具体应该具有足够的刚度,以减少切削力、夹紧力引起的变形,在容易变形的部位还应有加强筋。

(2)夹具体的形状应该尽可能简单,避免过多的凸凹弯扭,以免制造出难,排屑麻烦。

(3)夹具体应该具有良好的工艺性,其有关表面都应容易加工,各连接表面应该有凸台或鱼眼坑,以减少加工面。

(4)夹具体总的结构应该使操作方便,排屑容易。

4. 绘制夹具的装配图及零件图

夹具装配草图画好后,应该经过审订修改,之后便可绘制正式的装配图,并拆出零件图。这个过程与一般结构设计过程是相同的。

1)在夹具装配图上,应该标注下列尺寸、偏差及配合

(1)夹具总图上应标注的五类尺寸。

①夹具的轮廓尺寸,即夹具的长、宽、高尺寸。对于升降式夹具要注明最高和最低尺寸,对于回转式夹具要注出回转半径或直径,这样可表明夹具的轮廓大小和运动范围,以便于检查夹具与机床、刀具的相对位置有无干涉现象以及夹具在机床上安装的可能性。

②定位元件上定位表面的尺寸以及各定位表面之间的尺寸。

③定位表面到对刀件或刀具导引件间的位置尺寸,以及导引件(如钻、镗套)之间的位置尺寸。

④主要配合尺寸。为了保证夹具上各主要元件装配后能够满足规定的使用要求,需要将其配合尺寸和配合性质在图上标注出来。

⑤夹具与机床的联系尺寸。这是指夹具在机床上安装时有关的尺寸,从而确定夹具在机床上的正确位置。对于车床类夹具、主要指夹具与机床主轴端的连接尺寸;对于刨、铣夹具,是指夹具上的定向键与机床工作台 T 形槽的配合尺寸。标注尺寸时,常以夹具上的定

位元件作为相互位置尺寸的基准。

（2）夹具上主要元件之间的位置尺寸公差。

夹具上主要元件之间的尺寸应取工件相应尺寸的平均值,其公差一般取 $\pm 0.02 \sim \pm 0.05$ mm。当工件与之相应的尺寸有公差时,应视工件精度要求和该距离尺寸公差的大小而定,当工件公差值小时,宜取工件相应尺寸公差的 $1/3 \sim 1/2$;当工件公差值较大时,宜取工件相应尺寸公差的 $1/5 \sim 1/3$ 来作为夹具上相应位置尺寸的公差。

夹具上主要角度公差一般按工件相应角度公差的 $1/5 \sim 1/2$ 选取,常取为 $\pm 10'$,要求严格的可取 $\pm 1' \sim \pm 5'$。

从上述可知,夹具上主要元件间的位置尺寸公差和角度公差一般是按工件相应公差的 $1/5 \sim 1/2$ 取值的,有时甚至还要取得更严些。它的取值原则是既要精确,又要能够实现,以确保工件加工质量。

2）夹具总图上技术要求的规定

夹具总图上规定技术要求的目的,在于限制定位件和导引件等在夹具体上的相互位置误差,以及夹具在机床上的安装误差。在规定夹具的技术要求时必须从分析工件被加工表面的位置要求入手,分析哪些是影响工件被加工表面位置精度的因素,从而提出必要的技术要求。

技术要求的具体规定项目,虽然要视夹具的构造形式和特点等而区别对待,但归纳起来,大致有以下几方面。

（1）定位件之间或定位件对夹具体底面之间的相互位置精度要求。

（2）定位件与导引件之间的相互位置要求。例如,规定定位件与钻套或镗套轴线间的垂直度或平行度要求,是保证工件被加工孔位置精度所必需的。

（3）对刀件与校正面间的相互位置要求。例如,铣床夹具上对刀块的工作表面要求是不大于 $100 : 0.03$。

（4）夹具在机床上安装时的位置精度要求。例如,车床类夹具的校正环与所用机床旋转轴线的同轴度要求,一般要求其跳动量不大于 0.02 mm;铣床类夹具安装时,校正面与机床工作台送进方向间的平行度要求等。

上述这些相互位置公差的数值,通常是根据工件的精度要求并参考类似的机床夹具来确定。当它与工件加工的技术要求直接相关时,可以取工件相应的位置公差的 $1/5 \sim 1/2$,最常用的是取工件相应公差的 $1/3 \sim 1/2$。当工件未注明要求时,夹具上的那些主要元件间的位置公差,可以按经验取为 $(100 : 0.05) \sim (100 : 0.02)$ mm,或者在全长上不大于 $0.03 \sim 0.05$ mm。

3）编写夹具零件的明细表

明细表的编写与一般机械总图上的明细表相同。

4）绘制夹具零件图

对于夹具上的零件（非标准件）,要分别绘制其工作图,并规定相应的技术要求。由于夹具上的专用零件的制造属于单件生产,精度要求又高,根据夹具精度要求和制造的特点,有些零件必须在装配中再进行相配加工,有的应在装配后再作组合加工,所以在这样的零件工作图上应该注明。例如在夹具体上用以固定钻模板、对刀块等元件位置用的销钉孔,就应在装配时进行加工。根据具体工艺方法的不同,在夹具的有关零件图上就可注明:"两孔和件××同钻、铰";或"两销孔按件××配作"(因该件××已淬硬,不能再钻铰了)。再如对于要严格保证间隙和配合性质的零件,应在零件图上注明:"与件××相配,保证总图要求"等。

例 6-2 图 6-103(a)为加工摇臂零件的小头孔 $\phi 18H7$ 的工序简图。零件材料为 45 钢,毛坯为模锻件,成批生产规模,所用机床为 Z525 型立式钻床。请设计加工该工序所用的夹具。

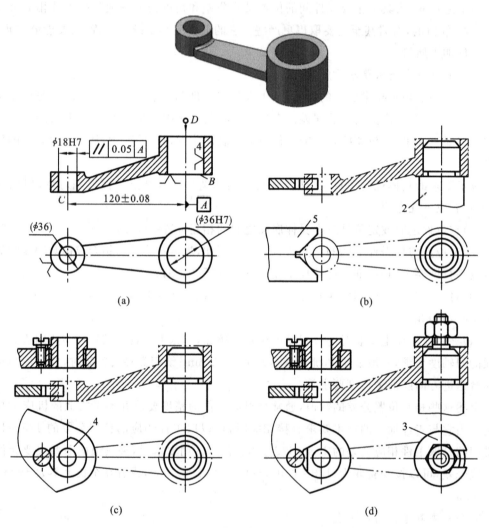

图 6-103 机床夹具设计实例

1—夹具体;2—定位销;3—开口垫圈;4—钻套;5—V 形块;6—辅助支承

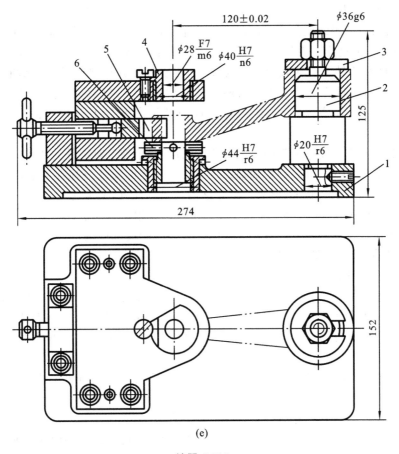

(e)

续图 6-103

解　对零件的材料、加工部位精度要求等进行分析,设计过程如下。

(1)初步分析。

该零件属于批量生产,本工序有一定的位置精度要求,使用夹具加工是比较合适的。但考虑到生产批量不是很大,因而夹具结构应尽可能简单,以减少夹具制造成本。

(2)夹具结构方案。

①定位方案　本工序加工要求保证的位置精度主要是中心距尺寸(120±0.08) mm 及平行度公差 0.05 mm。根据基准重合原则,应选择 ϕ36H 若端面 7 孔为主要定位基准,即工序简图中所规定的定位基准是恰当的。为使夹具结构简单,选择间隙配合的刚性心轴加小端面的定位方式(若端面 B 与 ϕ36H7 孔中心线的垂直度误差较大,则端面处应加球面垫圈)。为保证小头孔处壁厚均匀,采用活动 V 形块来确定工件的角向位置,如图 6-103(b)所示。定位孔与定位销的配合尺寸取为 $\phi36\dfrac{\mathrm{H7}}{\mathrm{g6}}$。对于工序尺寸(120±0.08) mm 而言,定位基准与工序基准重合,$\delta_{\text{不重}}=0$;由于定位副制造误差引起的定位误差 $\delta_{\text{定位}}=x_{\max}=[0.025-(-0.025)]$ mm=0.050 mm,小于该工序尺寸制造公差 0.16 的 1/3,说明上述定位方案可行。

②导向装置　本工序小头孔加工的精度要求较高,一次装夹要完成钻、扩、粗铰、精铰四个工步,才能最终达到工序图上规定的加工要求 ϕ18H7,故采用快换钻套(机床上相应地采用快换夹头)。又考虑到要求结构简单且能保证精度,采用固定式钻模板(见图 6-103(c))。

钻套高度 $H=1.5\times D=(1.5\times18)$ mm$=27$ mm,排屑空间 $h=D=18$ mm。

③夹紧机构　理想的夹紧方式应使夹紧力作用在主要定位面上,本例中可采用可涨心轴、液塑心轴等。但这样做夹具结构较复杂,制造成本较高。为简化夹具结构,确定采用螺旋夹紧机构,即在心轴上直接攻出一段螺纹,并用螺母和开口垫圈锁紧(见图 6-103(d))。装夹工件时,先将工件定位孔装入带有螺母的定位销 2 上;接着向右移动 V 形块 5,使之与工件小头外圆相靠,实现定位;然后在工件与螺母之间插上开口垫圈 3,拧螺母压紧工件。

④其他装置和夹具体　为提高工艺系统的刚度,减小加工时工件的变形,应在靠近工件的加工部位(工件小头孔端面)处增加辅助支承。夹具体的设计应综合考虑,使上述各部分通过夹具体能有机地联系起来,形成一个完整的夹具。此外,还应考虑夹具与机床的连接。因为是在立式钻床上使用,夹具安装在工作台上可直接用钻套找正并用压板固定,故只需在夹具体上留出压板压紧的位置即可。又考虑到夹具的刚度和安装的稳定性,夹具体底面设计成周边接触的形式(见图 6-103(e))。

(3)绘制夹具总图及确定主要尺寸、公差和技术要求。

①根据工序图上规定的两孔中心距要求,确定钻套中心线与定位销中心线之间的基本尺寸为 120 mm,其公差取零件相应尺寸(120 ± 0.08) mm 公差值的 1/4,即钻套中心线与定位销中心线之间的尺寸为(120 ± 0.02) mm;钻套中心线对定位销中心线的平行度公差取为 0.02 mm。

②活动 V 形块对称平面相对于钻套中心线与定位销中心线所决定的平面的对称度公差取为 0.05 mm。

③定位销中心线与夹具底面的垂直度公差取为 0.01 mm。

④参考《机床夹具设计手册》标注关键件的配合尺寸,具体如图 6-103(e)所示。

(4)对零件进行编号、填写明细表、绘制零件图。

思考复习题 6

6-1　机床夹具由哪几个部分组成? 各部分起什么作用?

6-2　工件在机床上的装夹方法有哪些? 其原理是什么?

6-3　试分析图 6-104 所示的各零件加工所必须限制的自由度:

(a)在球上打盲孔 ϕB,保证尺寸 H;

(b)在套筒零件上加工 ϕB 孔,要求与 ϕD 孔垂直相交,且保证尺寸 L;

(c)在轴上铣横槽,保证槽宽 B 以及尺寸 H 和 L;

(d)在支座零件上铣槽,保证槽宽 B 和槽深 H 及与 4 个分布孔的位置度。

6-4　试分析图 6-105 所示的各定位方案中:①各定位元件限制的自由度;②判断有无欠定位或过定位;③对不合理的定位方案提出改进意见。

(a)车阶梯轴小外圆及台阶端面;

(b)车外圆,保证外圆与内孔同轴;

(c)钻、铰连杆小头孔,要求保证与大头孔轴线的距离及平行度,并与毛坯外圆同轴;

(d)在圆盘零件上钻、铰孔,要求与外圆同轴。

6-5　什么是固定支承、可调支承、自位支承和辅助支承?

6-6　定位误差产生的原因有哪些? 其实质是什么?

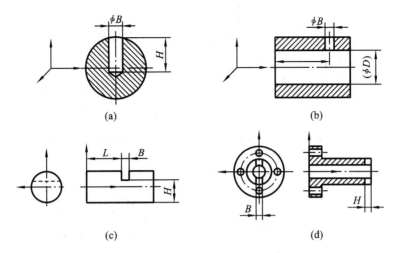

图 6-104　零件加工中自由度的练习

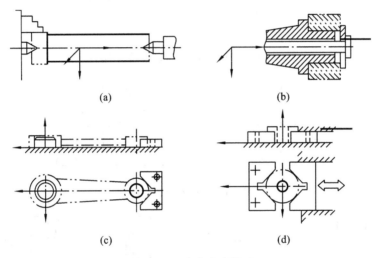

图 6-105　定位方案练习

6-7　在图 6-106 所示的工件上加工键槽,要求保证尺寸 $54_{-0.14}^{0}$ mm 和对称度 0.03 mm。现有三种定位方案,分别如图(b)、(c)、(d)所示。试分别计算三种方案的定位误差,并选择最佳方案。

6-8　某工厂在齿轮加工中,安排了一道以小锥度心轴安装齿轮坯精车齿轮坯两大端面的工序,试从定位角度分析其原因。

6-9　如图 6-107 所示的零件,外圆及两端面已加工好(外圆直径 $D=50_{-0.1}^{0}$ mm)。现加工槽宽 B,要求保证位置尺寸 L 和 H。试求:

(1)确定加工时必须限制的自由度;

(2)选择定位方法和定位元件,并在图中示意画出;

(3)计算所选定位方法的定位误差。

6-10　指出图 6-108 所示的各定位、夹紧方案及结构设计中不正确的地方,并提出改进意见。

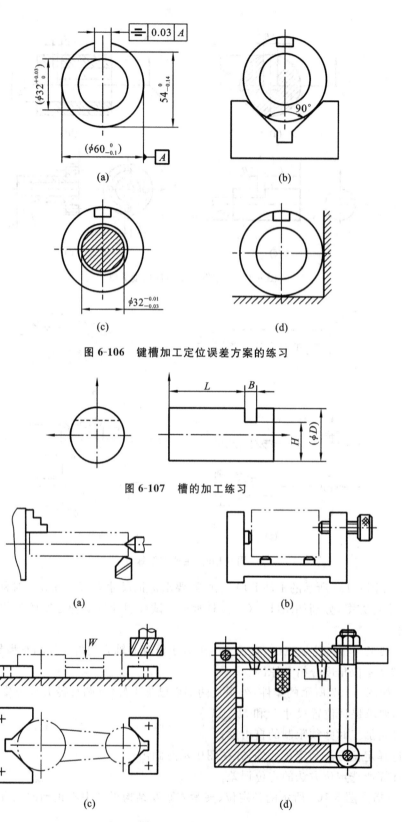

图 6-106　键槽加工定位误差方案的练习

图 6-107　槽的加工练习

图 6-108　定位、夹紧方案及结构设计合理性的判别练习

6-11 夹紧装置的作用是什么？不良夹紧装置将会产生什么后果？

6-12 分析三种基本夹紧机构的优缺点。

6-13 车床夹具与车床主轴的连接方式有哪几种？

6-14 气压动力装置与液压动力装置相比较有哪些优缺点？

6-15 钻套的种类有哪些？分别适用于什么场合？

6-16 图 6-109 所示的钻模用于加工图 6-109(a)所示工件上的两种 $\phi 8_{0}^{+0.036}$ mm 孔，试指出该钻模设计不当之处。

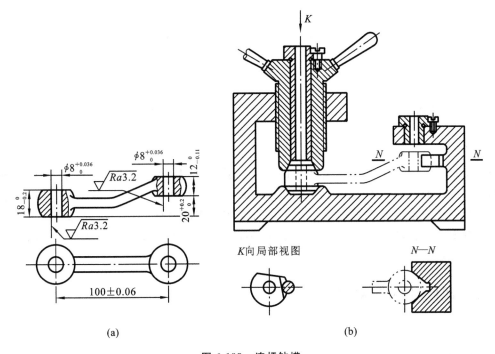

图 6-109 连杆钻模

第 7 章 现代制造技术

7.1 概述

现代制造技术即先进制造技术(advanced manufacturing technology，AMT)。现代制造技术是指集合了数控技术、计算机辅助设计与制造、工业机器人、柔性制造系统、计算机集成制造系统等制造业现代化手段,从制造业不断汲取信息技术、自动化技术、新材料技术和现代系统管理技术等方面的成果,并将其综合应用于产品设计、加工、检测、销售、服务乃至回收的制造全过程,以实现优质、高效、低耗、清洁、灵活生产,提高对动态多变的产品市场的适应能力和竞争能力的制造技术的总称。

7.1.1 现代制造技术的特点

1. 综合性

现代制造技术是一项综合系统的技术,是将原材料加工成产品所采用的一系列先进技术,是一个不断发展更新的技术体系。

2. 实用性

现代制造技术最重要的特点是面向工业应用,具有很强的实用性。现代制造技术不是以追求技术的高新为目的,而是注重产生最佳应用效果,以提高效益为中心,以提高企业竞争力和促进国民经济增长为目标。

3. 先进性

现代制造技术的核心和先进性主要体现在优质、高效、低耗、洁净、柔性 5 个方面。

4. 集成性

传统制造技术的学科、专业单一,界限分明,而现代制造技术的各学科、专业间不断交叉融合,其界限逐渐淡化。计算机技术、信息技术、传感技术、自动化技术、新材料技术、先进管理技术等的引入及其与传统制造技术的结合,使现代制造技术成为一个能驾驭生产过程的物质流、能量流和信息流的多学科交叉的生产制造系统。

5. 系统性

一项先进制造技术的产生往往要系统地考虑制造全过程,如并行工程就是集成地、并行地设计产品及其零部件和相关各种过程的一种系统方法。这种方法要求产品开发人员与其他人员一起共同工作,在设计开始就考虑产品整个生命周期中从概念形成到产品报废处理等所有因素,包括质量、成本、进度计划和用户要求等。

6. 动态性

现代制造技术是一项动态技术,它不断地吸收和利用各种高新技术成果,去改造、充实和完善传统的制造技术,具有鲜明的时代特征。

7.1.2 现代制造技术的主要内容

1. 现代设计技术

现代设计技术主要包括以下内容:

(1)现代设计方法学,包括并行工程、系统设计、功能设计、模块化设计、价值工程、反求工程、绿色设计、模糊设计、面向对象设计、工业造型设计等。

(2)计算机辅助设计技术,包括有限元法、优化设计、计算机辅助设计、模拟仿真和虚拟设计、智能计算机辅助设计、工程数据等。

2. 先进制造工艺技术

先进制造工艺技术是现代制造技术的核心和基础,包括高效精密成形技术、高效高精度切削加工工艺、现代特种加工技术等内容。

3. 自动化技术

自动化技术涉及数控技术、工业机器人技术、柔性制造技术、自动检测及信号识别技术、过程与设备工况检测技术等。

4. 现代生产管理技术

现代生产管理技术包括现代管理信息系统、制造系统物流技术、产品数据管理、并行工程等。

7.2 机械制造系统自动化

机械制造系统自动化主要是指在机械制造业中应用自动化技术,实现加工对象的连续自动生产,实现优化有效的自动生产过程,加快生产投入物的加工变换和流动速度。机械制造系统自动化是当代先进制造技术的重要组成部分,是当前制造工程领域中涉及面比较广、研究比较活跃的技术,已成为制造业获取市场竞争优势的主要手段之一。

1. 加工设备的自动化

1)数控机床

数字控制是用数字化信号对机械设备运动及其加工过程进行控制的一种方法。数控机床就是采用了数控技术的机床,是一种以数字量作为指令信息形式,通过电子计算机或专用电子计算装置,对这种信息进行处理而实现自动控制的机床。

数控机床是一种综合应用了计算机技术、自动控制技术、精密测量技术、通信技术和精密机械技术等先进技术的典型的机电一体化产品,是现代制造业的主流设备,是体现现代机床技术水平、现代机械制造业工艺水平的重要标志,是关系国计民生、国防建设的战略装备。

2)加工中心

加工中心是带有刀库和自动换刀装置的数控机床,它将数控铣床、数控镗床、数控钻床的功能组合在一起,零件在一次装夹后,可以将其大部分被加工面进行铣、镗、钻、扩、铰及攻螺纹等多工序加工。由于加工中心能有效地避免多次安装造成的定位误差,所以它适用于更换频繁、零件形状复杂、精度要求高、生产批量不大而生产周期短的产品。

2. 工艺装备自动化

1)检测与监控系统

在自动化制造系统的加工过程中,为了保证加工质量和系统的正常运行,需要对系统的运行状态和加工过程进行检测与监控。如图 7-1 所示,运行状态检测与监控功能主要是检测与收集自动化制造系统各基本组成部分与系统运行状态有关信息,把这些信息处理后,传给监控计算机,以对异常情况做出相应处理,保证系统正常运行。加工过程检测与监控功能主要是对零件加工精度的检测和对加工过程中刀具磨损和破损情况的检测与监控等。

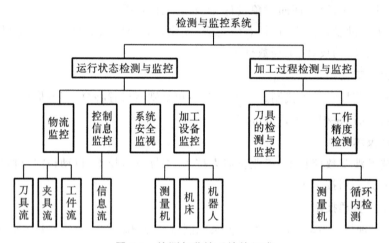

图 7-1 检测与监控系统的组成

2)检测设备

自动化制造系统中的检测设备主要包括坐标测量机和数控机床。

(1)坐标测量机。

坐标测量是一种用于测量零件或部件的几何尺寸、形状和相互位置的测量方法,通过测量空间任意的点、线、面及相互位置,获得被测量几何型面上各测点的几何坐标尺寸,再由这些点的坐标值经过数学运算求出被测零部件的几何尺寸和形状位置误差。这些空间坐标值既可以是一维的,也可以是二维和三维的。

坐标测量机又称为三坐标测量机,是一种检测工件尺寸误差、形位误差及复杂轮廓形状的自动化制造系统的基本测量设备。测量机能够按事先编制的程序实现自动测量,效率比人工高数十倍,而且可测量具有复杂曲面零件的形状精度。测量结束,还可以通过检验与检测系统将测量结果送至机床控制器,修正数控程序中的有关参数,补偿机床加工误差,确保系统具有较高的加工精度。

三坐标测量机按结构形式可分为移动桥式、固定桥式、龙门式、悬臂式、水平臂式、坐标镗式、立柱式、卧镗式和仪器台式等(见图 7-2)。移动桥式三坐标测量机的主要特点是结构简单、紧凑、刚度好,具有较开阔的空间,工作台固定,承载能力强,工件质量对测量机的动态性能没有影响。龙门式三坐标测量机的移动部分只有横梁,z 向尺寸很大,有利于减小活动部分的质量。为大型三坐标测量机,结构远比移动桥式复杂。水平臂式三坐标测量机,又称地轨式三坐标测量机,在汽车工业中有广泛应用。这种测量机结构简单、空间开阔,但水平臂变形大。立柱式三坐标测量机是在坐标镗床基础上发展起来的,结构牢靠、精度高,可将加工与检测融为一体。仪器台式三坐标测量机是在工具显微镜的结构基础上发展起来的,其运动的配置形式与万能工具显微镜相同。它操作方便、测量精度高,但测量范围小,多数为小型测量机。

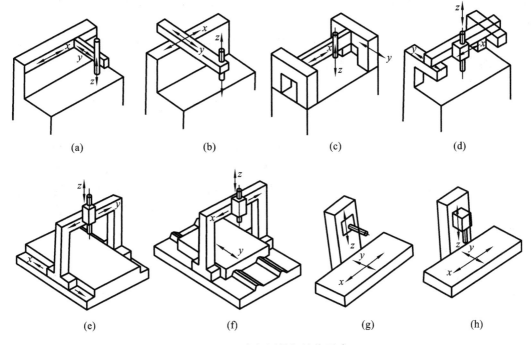

图 7-2　三坐标测量机结构形式

（2）数控机床。

数控机床和坐标测量机在工作原理上没有本质区别,且三坐标测量机上用的三维测量头的柄部结构与刀杆一样,因此可将其直接安装在机床(如加工中心)上。需要检测工件时,将测量头安装在机床主轴或刀架上,测量工作原理与坐标测量机相同,测量完成后由换刀机械手将测量头放入刀库。

为了保证测量精度和保护测量头,工件在数控机床上加工结束后,必须用高压冷却液冲洗,并经压缩空气吹干后方可对其进行检验测量。另外数控机床若用于测量,必须为数控机床配置专门的外围设备,如各种测量头和统计分析处理软件等。

此外,自动化制造系统中的检测设备还有测量机器人及用于大批量生产的专用的主动测量装置。

3. 工件储运设备的自动化

在自动化制造系统中,离不开工件运输和存储设备来完成对各种物料的流动和仓储。

1）有轨小车

有轨小车(rail guided vehicle,RGV)是一种沿着铁轨行走的运输工具,有自驱和他驱两种驱动方式。自驱动有轨小车通过车上小齿轮和安装在铁轨一侧的齿条啮合,利用交、直流伺服电机驱动。

有轨小车的特点:加速和移动速度都比较快,适合运送重型工件;因导轨固定,故行走平稳,停车位置比较准确;控制系统简单、可靠性好、制造成本低,便于推广应用;行走路线不便改变,转弯角度不能太小;噪声较大,影响操作工监听加工状况及保护自身安全。

2)自动导向小车

自动导向小车(automatied guide vehicle,AGV)是一种无人驾驶,以蓄电瓶驱动的物料搬运设备,其行驶路线和停靠位置是可编程的,具有磁感应、红外线、激光、语言编程、语音识别等功能。

自动导向小车工作安全可靠,停靠定位精度可以达到±3 mm,能与机床、传送带等设备交接传递货物,运输过程中对工件无损伤,噪声低。

3)自动化立体仓库

自动化立体仓库就是采用高层货架存放货物,以巷道堆垛起重机为主,结合入库与出库周边设备来进行自动化仓储作业的一种仓库。

自动化立体仓库的主要特点:利用计算机管理,物资库存账目清楚,物料存放位置准确,查找调用方便,对自动化制造系统物料需求的响应速度快;与搬运设备(如自动导向小车、有轨小车、传送带)快速、有效衔接,能及时可靠地供给物料;减少库存量,加速资金周转;充分利用空间,减少厂房面积;减少工件损伤和物料丢失;可存放的物料范围大;减少管理人员,降低管理费用;耗资较大,适用于一定规模生产。

4. 工业机器人

工业机器人(industrial robot,IR)是整个制造系统自动化的关键环节之一,是机电一体化的高技术产物。工业机器人是一种可以搬运物料、零件、工具或实现多种操作功能的专业机械装置。

1)工业机器人的主要组成部分

工业机器人的主要组成部分如图7-3所示。

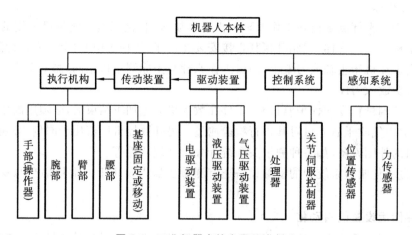

图7-3 工业机器人的主要组成部分

图7-4所示是工业机器人的典型结构,机器人手臂有3个自由度(运动坐标轴),机器人

作业空间由手臂运动范围决定。手腕是机器人工具(如焊枪、喷嘴、机加工刀具、夹爪)与主构架的连接机构,它有 3 个自由度。驱动系统为机器人各运动部件提供力、力矩、速度、加速度。测量系统用于检测机器人运动部件位移、速度和加速度,使机器人手爪或机器人工具的被控制工作点以给定速度沿着给定轨迹到达目标位置。通过传感器实时收集搬运对象和机器人本身的工作状态,如工件及其位置识别、障碍物识别及抓举工件重量过载情况等。

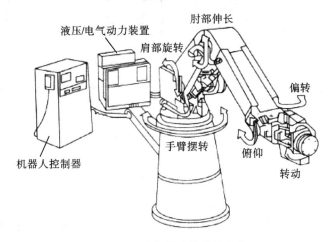

图 7-4　工业机器人的典型结构

2)工业机器人的常用运动学构形

(1)笛卡儿操作臂(见图 7-5)。

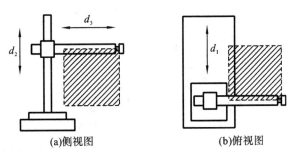

图 7-5　笛卡儿操作臂

优点:很容易通过计算机实现控制,容易达到高精度。

缺点:妨碍工作,且占地面积大,运动速度低,密封性不好。

应用:焊接、搬运、上下料、包装、码垛、拆垛、检测、探伤、分类、装配、贴标、喷码、打码、(软仿型)喷涂、目标跟随、排爆等一系列工作。

(2)铰链型操作臂(关节型)(见图 7-6)。

关节机器人的关节全都是可旋转的,类似于人的手臂,是工业机器人中最常见的结构。

应用:①汽车零配件、模具、钣金件、塑料制品、运动器材、玻璃制品、陶瓷、航空等的快速检测及产品开发。②车身装配、通用机械装配等制造质量控制的三坐标测量及误差检测。

(3)SCARA 操作臂(见图 7-7)。

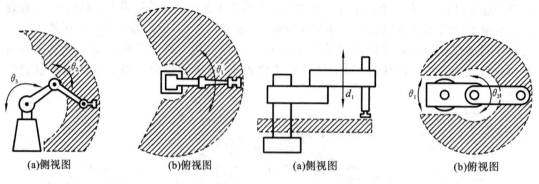

θ3
θ2
θ1
(a)侧视图
(b)俯视图

图 7-6　铰链型操作臂(关节型)

d1
θ1
θ2
(a)侧视图
(b)俯视图

图 7-7　SCARA 操作臂

SCARA 机器人常用于装配作业,最显著的特点是它在 xOy 平面上的运动具有较大的柔性,而沿 z 轴具有很强的刚性,所以,它具有选择性的柔性。

应用:①大量用于装配印刷电路板和电子零部件。②搬动和取放物件,如集成电路板等。③塑料工业、汽车工业、电子产品工业、药品工业和食品工业等领域。④搬取零件和装配工作。

(4)球面坐标型操作臂(见图 7-8)。

特点:中心支架附近的工作范围大,两个转动驱动装置容易密封,覆盖工作空间较大。但坐标复杂,难于控制,且直线驱动装置存在密封的问题。

(5)圆柱面坐标型操作臂(见图 7-9)。

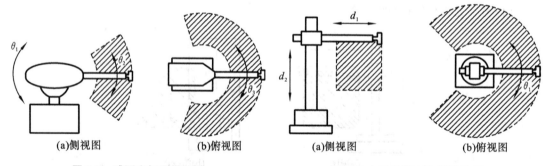

θ1
θ2
θ3
(a)侧视图
(b)俯视图

图 7-8　球面坐标型操作臂

d1
d2
θ1
(a)侧视图
(b)俯视图

图 7-9　圆柱面坐标型操作臂

优点:计算简单;直线部分可采用液压驱动,可输出较大的动力;能够伸入型腔式机器内部。

缺点:它的手臂可以到达的空间受到限制,不能到达近立柱或近地面的空间;直线驱动部分难以密封、防尘;后臂工作时,手臂后端会碰到工作范围内的其他物体。

7.3　现代制造工艺技术

7.3.1　现代制造工艺技术的内容

基于处理物料的特征,现代制造工艺技术包含以下三个方面的内容。

(1)超精密加工技术。

超精密加工技术指对工件表面材料进行去除,使工件的尺寸、表面质量和性能达到产品要求所采取的技术措施。当前,纳米加工技术代表了制造技术的最高精度水平,超精密加工的材料已由金属扩大到了非金属。

(2)特种加工技术。

特种加工技术指将电、磁、声、光、化学等能量或其组合施加在工件的被加工部位上,从而达到材料去除、变形、改变性能等目的的非传统加工技术。

(3)表面工程技术。

表面工程技术指采用物理学、化学、金属学、高分子化学、电学、光学和机械学等知识及其组合,提高产品表面耐磨性、耐蚀性、耐热性、耐辐射性、抗疲劳性等性能的各项技术。该技术主要包括热处理、表面改性、制膜和涂层等技术。

7.3.2　超精密加工

1. 概述

普通精度和高精度是相对概念,两者的分界线是随着制造技术水平的发展而变化的。就当前工业发达国家制造水平分析,一般工厂已能稳定掌握 3 μm 制造公差的加工技术,制造公差大于此值的加工称为普通精度加工,制造公差小于此值的加工称为高精度加工。在高精度加工范围内,根据加工精度水平的不同,高精度加工还可以进一步划分为精密加工、超精密加工和纳米加工三个档次。加工公差为 $1.0 \sim 0.1$ μm,表面粗糙度为 $Ra0.10 \sim 0.025$ μm 的加工称为精密加工;加工公差为 $0.10 \sim 0.01$ μm,表面粗糙度为 $Ra0.025 \sim 0.005$ μm 的加工称为超精密加工;加工公差小于 0.01 μm,表面粗糙度 Ra 小于 0.005 μm 的加工称为纳米加工。

超精密加工技术根据其加工方法的机理和特点,一般可以分为以下四类:

(1)超精密切削加工,如金刚石刀具超精密车削、微孔钻削等。超精密金刚石切削,可加工各种精密工件,它成功地解决了高精度陀螺仪、激光反射镜、天文望远镜的反射镜加工。

(2)超精密磨料加工,如超精密磨料磨削、超精密研磨和抛光等,可以解决大规模集成电路基片加工和高精度磁盘加工等。

(3)超精密特种加工,如电子束、离子束加工及光刻加工等,可以提高超大规模集成电路制造技术。

(4)超精密复合加工,如超声研磨、机械化学抛光等。

上述方法中,最具代表性的是超精密切削加工和超精密磨料加工。以下主要介绍金刚石刀具超精密切削加工和超精密磨料加工。

2. 金刚石刀具超精密切削加工

金刚石刀具超精密切削是极薄切削,其背吃刀量可能小于晶粒的大小,切削就在晶粒内进行,切削力一定要超过晶体内部非常大的原子、分子结合力,切削刃上所承受的切应力会急速增加并变得非常大。如在切削低碳钢时,其应力值将接近该材料的抗剪强度。因此切削刃将会受到很大的应力,同时产生很大的热量,切削刃切削处的温度将极高,要求刀具材料应有很高的高温强度和硬度。

金刚石刀具不仅有很高的高温强度和硬度,而且由于金刚石材料本身质地细密,经过精细研磨,切削刃钝圆半径可达 $0.02\sim0.005~\mu m$,切削刃的几何形状可以加工得很好,表面粗糙度值可以很小,因此能够进行 $Ra0.05\sim0.008~\mu m$ 的镜面切削,并达到比较理想的效果。

精密切削和超精密切削都是在低速、低压、低温下进行的,这样切削力很小,切削温度很低,工件被加工表面塑性变形小,加工精度高,表面粗糙度值小,尺寸稳定性好。金刚石刀具超精密切削是在高速、小背吃刀量、小进给量下进行的,是在高应力、高温下切削,由于切屑极薄,切速高,不会波及工件内层,因此塑性变形小,同样可以获得高精度、小表面粗糙度值的加工表面。

3. 超精密磨料加工

金刚石刀具超精密切削加工对铜、铝等有色金属及其合金是行之有效的,但对钢铁类材料进行切削加工时,加工时的局部高温将使金刚石刀具中的碳原子很容易扩散到铁素体中,从而造成刀具的扩散磨损;在对非金属脆性材料进行切削加工时,由于金刚石刀具微量切削时切应力很大,剪切能量密度也很高,这样,切削刃口处的局部高应力、高温将使刀具很快产生机械磨损。因此,对钢铁类、非金属硬脆材料等的超精密加工,一般多采用超精密磨料加工。

超精密磨料加工是利用细粒度的磨粒或微粉,主要对黑色金属及其合金、非金属硬脆材料等进行加工的方法。

1)超硬磨料微粉砂轮磨削

将磨料或微粉与结合剂黏结在一起,形成具有一定形状和强度的加工工具(如砂轮、砂带、磨石等),利用这类工具与工件之间的相对运动来实现超精密加工。其中最具代表性的是金刚石砂轮超精密磨削,主要应用于玻璃、陶瓷等非金属脆硬材料的加工,可实现精密镜面磨削。

金刚石砂轮磨削脆硬材料是一种有效的超精密加工方法,它的磨削能力强,耐磨性好,使用寿命长,磨削力小,磨削温度低,加工表面质量好,且磨削效率高,应用广泛。但它在几何形状精度和表面粗糙度上很难满足超精密加工的更高要求,因此出现了金刚石微粉砂轮磨削加工方法。

金刚石微粉砂轮超精密磨削时,主要是微切削作用,在切削过程中有切屑形成,有耕犁、滑擦等现象产生,这是由于磨粒具有很大的负前角和切削刃钝圆半径;又由于这是微粉磨粒,因此其具有微刃性;同时,又由于砂轮经过精细修整,磨粒在砂轮表面上具有很好的等高性,因此其切削机理比较复杂。

2)超精密砂带磨削

超精密砂带磨削是一种高效高精度的加工方法,它可以补充和部分代替砂轮磨削,是一种具有宽广应用前景和潜力的超精密加工方法。砂带磨削时,砂带经接触轮与工件被加工表面接触,由于接触轮的外缘材料一般是一定硬度的橡胶或塑料,是弹性体,同时砂带的基底材料也有一定的弹性,因此弹性变形区的面积较大,使磨粒承受的载荷大大减小,载荷值也较均匀,且有减振作用。砂带磨削时,除有砂轮磨削的滑擦、耕犁和切削作用外,还有磨粒的挤压使加工表面产生的的塑性变形,磨粒的压力使加工表面产生的加工硬化和断裂,以及摩擦升温引起的加工表面热塑性流动等。因此从加工机理来看,砂带磨削兼有磨削、研磨和抛光的综合作用,是一种复合加工。

与砂轮磨削相比,砂带磨削时材料的塑性变形和摩擦力减小,力和热的作用降低,工件温度降低。由于砂带粒度均匀,等高性好,磨粒尖刃向上,有方向性,且切削刃间隔长,切削不易堵塞,有较好的切削性,故加工表面能得到很好的表面质量,但砂带磨削难以提高工件的几何精度。

7.3.3　特种加工技术

随着现代产品向高精度、高速度、高温、高压、大功率、小型化等方向发展,大量难加工的高硬度、高强度、高韧性、高脆性金属和非金属材料的应用及具有特殊复杂形面和特殊要求零件的使用,若再采用一般机械加工方法是无法实现的,只有采用非常规的、特殊的加工工艺措施才能适应上述的加工要求。这种特殊的加工工艺方法就称为特种加工,它与切削加工的区别在于:主要依据机械能以外的能量(如电能、化学能、光能、声能、热能等)去除材料,加工过程中工具与工件之间不需接触,不存在明显的机械切削力,主运动速度较低,理论上某些方法可成为纳米加工的重要手段,加工后的表面边缘无毛刺残留。

总之,特种加工方法对机械制造技术产生了以下影响:

(1)提高了材料的可加工性。特种加工可以加工任何硬度、强度、韧性、脆性的金属或非金属,且专长于加工复杂、微细表面和低刚度零件,同时,有些方法还可以进行超精密加工、镜面光整加工和纳米加工。

(2)改变零件典型工艺路线。传统加工工艺安排一般为先加工后淬火,再进行磨削等精密加工。而特种加工的工艺由于不受硬度限制,可以先淬火再加工。如大型易变形的工件样板加工,可采用先渗碳淬火,磨削两平面,再用线切割加工成型的方法来克服热处理对变形的影响。

(3)改变了试制新产品的模式。特种加工可以直接加工出各种标准件和非标准件,各种特殊、复杂的曲面零件,省去设计制造相应的刀具、量具、模具和工装,大大缩短试制周期,提高市场竞争力。

(4)产品零件结构设计更加简化。采用特种加工方法,对于结构复杂的、在传统加工中必须由多种结构组合拼镶才能保证加工要求的零件,可直接制造成整体,使其结构简化,如复杂冲模等结构设计。

(5)改变零件结构工艺性评价方法。传统加工方法认为小直径、深孔、窄缝等均无法实现加工,现在采用特种加工工艺就较易实现。

1. 激光加工

激光加工广泛地应用于切割、打孔、焊接,以及表面淬火、冲击强化、表面合金化、表面融覆等表面处理等领域。近几年,激光技术还被应用于快速成形、三维去除加工、微纳米加工中。

1)激光加工原理与特点

激光加工是利用激光束对材料的光热效应来进行加工的一项加工技术。激光通过光学系统可以聚焦为一极小光斑(直径仅几微米到几十微米),从而获得极高能量密度(可达 $10^8 \sim 10^{10}$ W/cm^2),温度可达 10 000 ℃以上。当能量密度极高的激光束照射在被加工表面上时,光能被加工表面吸收,并转换成热能,使光斑照射的局部区域材料在极短时间内(千分之一秒,甚至更短),迅速被熔化、气化,促使发生金相组织变化,从而达到材料蚀除的目的。

激光是可控的单色光,它强度高、能量密度大,可以在空气介质中高速加工各种材料,因此激光的应用越来越广泛。

激光加工的特点:

(1)激光加工能量密度高,光能转化为热能,几乎可以熔化、气化任何材料。例如,耐热合金、陶瓷、石英、金刚石等硬脆材料都能进行激光加工。

(2)激光光斑大小可以聚集到微米级,输出功率可以调节,故适合精密微细加工。

(3)加工所用工具是激光束,是非接触加工,因此没有明显的机械力,没有工具损耗、更换和调整问题,适用于自动化连续加工。

(4)由于光的反射作用,对于表面光泽或透明材料的加工,必须预先进行色化或打毛处理,使更多的光能被吸收后转化为热能用于加工。

(5)激光可以透过透明物质(如空气、玻璃等),故激光加工可以在任何透明环境中进行,包括空气、某些惰性气体、真空甚至某些液体。

(6)激光加工除可以用于材料蚀除外,还可以进行焊接、热处理、雕刻、表面强化或涂覆等。

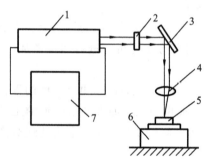

图 7-10　激光加工机示意图

1—激光器;2—光圈;3—反射镜;

4—聚集镜;5—工件;6—工作台;7—电源

2)激光加工的基本设备

如图 7-10 所示,激光加工基本设备包括激光器、电源、光学系统、机械系统及控制系统等,其中激光器是最主要器件。

(1)激光器　它是激光加工的核心设备,是受激辐射的光放大器,它把电能转化为光能,产生激光束。

激光器按照所用工作介质种类可分为固体激光器、气体激光器、液体激光器和半导体激光器。

(2)激光器电源　它为激光器提供所需要的能量及控制功能。

(3)光学系统　它包括激光聚集系统和观察瞄准系统,后者能观察和调整激光束的焦点位置,并将加工位置显示在投影仪上。

(4)机械系统　它主要包括床身、能在三坐标范围内移动的工作台及机电控制系统等。

激光加工中广泛应用固体激光器(工作介质有红宝石、钕玻璃)和气体激光器(工作介质有二氧化碳、氩离子)。其中,固体激光器具有输出能量大、峰值功率高、结构紧凑、牢固耐用、噪音小等优点,因而应用较广,如切割、打孔、焊接、刻线等。

3)激光加工在工业中的应用

(1)激光打孔。

激光打孔是高能激光束照射在工件表面,表面材料所产生的一系列热物理现象综合作用的结果。它与激光束的特性和材料的热物理性质有关。激光打孔加工是非接触式的,对工件本身无机械冲压力(工件不易变形),热影响极小,从而对精密配件的加工更具优势。激光束的能量和轨迹易于实现精密控制,因而可完成精密复杂的加工。激光几乎可在任何材料上打微型小孔,目前已应用于火箭发动机和柴油机的燃料喷嘴加工、化学纤维喷丝板打孔、钟表及仪表中的宝石轴承打孔、金刚石拉丝模加工等方面。

激光打孔适合于自动化连续打孔,如加工钟表行业红宝石轴承上 $\phi 0.12 \sim \phi 0.18$ mm、深

0.6～1.2 mm 的小孔,采用自动传送,每分钟可以连续加工几十个宝石轴承。图 7-11(a)所示为激光打孔工件。

(2)激光切割。

激光切割利用高功率密度的激光束扫描材料表面,在极短时间内将材料加热到几千至上万摄氏度,使材料熔化或气化,再用高压气体将熔化或气化物质从切缝中吹走,达到切割材料的目的。激光切割的特点是速度快,切口光滑平整,一般无需后续加工;切割热影响区小,板材变形小,切缝窄(0.1～0.3 mm);切口没有机械应力,无剪切毛刺;加工精度高,重复性好,不损伤材料表面。激光切割适于自动控制,宜于对细小部件进行各种精密切割。图 7-11(b)所示为激光切割工件。

(3)激光焊接。

激光焊接是以高功率聚集的激光束为热源,熔化材料形成焊接接头的。激光焊接具有熔池净化效应,能净化焊缝金属,适用于相同或不同材质、不同厚度的金属间的焊接,对高熔点、高反射率、高导热率和物理特性相差很大的金属进行焊接。激光焊接一般无需焊料和焊剂,只需将工件的加工区域"热熔"在一起就可以。激光焊接的特点:激光束功率密度很高,焊缝熔深大,速度快,效率高;激光焊缝窄,热影响区很小,工件变形很小,可实现精密焊接;激光焊缝组织均匀,晶粒很小,气孔少,夹杂缺陷少,在力学性能、耐腐蚀性能和电磁学性能上优于常规焊接方法。图 7-11(c)所示为激光焊接工件。

(a)激光打孔工件

(b)激光切割工件

(c)激光焊接工件

图 7-11　激光加工实例

2. 电火花加工

电火花加工又称放电加工,加工过程中,工具和工件间不断产生脉冲性的火花放电,靠放电时局部、瞬时产生的高温把多余金属去除。

1)电火花加工原理和特点

如图 7-12 所示,工件 1 与工具 4 分别与脉冲电源 2 的两输出端相连接。自动进给调节装置 3(此处为电动机及丝杠螺母机构)使工具和工件间经常保持一很小的放电间隙,当脉冲电压加到两极之间时,在工具端面和工件加工表面某一间隙相对最小处或绝缘强度最低处击穿介质,在该局部产生火花放电,由此产生的瞬时高温使工具和工件表面都蚀除掉一小部分金属。随着高频地、连续不断的重复放电,工具电极不断向工件进给,放电点不断转移,不断蚀除多

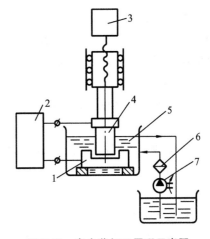

图 7-12　电火花加工原理示意图

1—工件;2—脉冲电源;3—自动进给调节装置;
4—工具;5—工作液;6—过滤器;7—工作液泵

余金属，以达到对零件尺寸、形状及表面质量规定的加工要求。

要想实现电火花加工，必须满足以下条件。

(1)工具电极和工件被加工表面之间保持一定的放电间隙。这一间隙随加工条件而定，通常约为几微米至几百微米，加工过程中保持这个间距。如果间隙过大，电压不能击穿介质放电；间隙过小，容易形成短路接触，也不能产生火花放电。为此，在电火花加工过程中必须具有间隙测量装置和工具电极自动进给调节装置。

(2)火花放电必须是瞬时脉冲性放电，放电延续时间一般为 $10^{-7} \sim 10^{-3}$ s。这样才能使放电产生的热量来不及传导扩散到其余部分，把每一次放电热量局限在很小范围内。放电时间长会产生电弧放电，会使加工表面材料熔化烧伤，无法保证加工精度。为此电火花加工必须采用脉冲电源。

(3)火花放电必须在有一定绝缘性能的工作液体中进行，如煤油、皂化液或去离子水等。它们必须具有较高的绝缘强度（103～107 V/μm），以利于产生脉冲性火花放电。同时，工作液还能把电火花加工过程中产生的金属小屑、炭黑等电蚀产物在放电间隙中悬浮排除出去，并且对电极和工件表面起到冷却作用。

电火花加工特点：

(1)可加工任何导电材料，不受材料的硬度、脆性、韧性、熔点的限制。在一定条件下也可加工半导体和非导体材料。

(2)适用于加工特殊及复杂形状零件。加工时，无明显机械切削力，特别适应薄壁零件加工。

(3)加工表面微观形貌圆滑。工件棱边、尖角无毛刺、塌边。

(4)加工速度慢。安排工艺时，可采用机械加工去除大部分余量，然后再进行电火花加工，以提高生产率。

(5)电火花加工时，工具电极会产生损耗，这会影响加工精度。

2)电火花加工的应用

电火花加工具有许多传统切削加工所无法比拟的优点，在特种加工中是发展比较成熟的工艺方法，主要有电火花穿孔成型加工，电火花线切割加工，电火花表面强化、刻字等。广泛应用于机械(特别是模具制造)、航天、航空、电子、电机电器、精密机械、仪器仪表、汽车拖拉机、轻工等行业。

加工形状复杂的表面。由于电火花加工可以简单地将工具电极形状复制到工件上，因此特别适用于复杂表面形状工件加工，如复杂型腔模具加工等。

加工薄壁、弹性、低刚度、微细小孔、深小孔等有特殊要求的零件。由于电火花加工中工具电极和工件不直接接触，没有机械加工切削力，因此适宜加工低刚度工件及微细加工。

3.超声波加工

超声波加工是利用声能和机械能来去除工件材料的加工技术，它不仅能加工高熔点的硬质合金、淬火钢等金属硬脆材料，而且更适合加工玻璃、陶瓷、半导体锗和硅等不导电的非金属材料，同时还可以用于清洗、焊接和探伤等。

1)超声波加工的基本原理

超声加工是利用工具端面作超声频振动,通过磨料悬浮液加工脆硬材料的一种成形方法,加工原理如图 7-13 所示。加工时,在工具 1 和工件 2 之间加入工作液(水或煤油等)和磨料混合的悬浮液 3,并使工具以很小的力 F 轻轻压在工件上。超声波换能器 6 产生 16～25 kHz 的纵向振动,并借助于变幅杆把振幅放大到 0.05～0.1 mm,驱动工具端面作超声振动,迫使悬浮液中的磨料以很大的速度和加速度不断地撞击、抛磨工件加工表面,使其表面材料被破坏而成为粉末。随着工具不断地进给,上述加工过程持续进行,工具的形状便被复制到工件上,直至达到所要求的尺寸和形状。

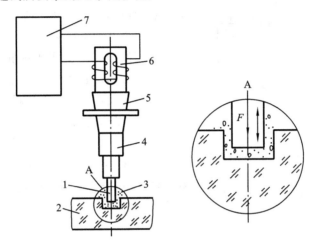

图 7-13　超声加工原理图

1—工具;2—工件;3—悬浮液;4、5—变幅杆;6—超声波换能器;7—超声发生器

由此可见,超声加工是磨粒在超声振动作用下的机械撞击和抛磨作用及超声空化作用的综合结果,其中磨粒的机械撞击作用是主要的。

2)超声波加工的工艺特点

(1)可加工任何硬脆材料,特别是不导电的非金属材料,如玻璃、陶瓷、石英、硅、锗、玛瑙、宝石、金刚石等。

(2)可加工各种复杂形状的型孔、型腔和型面。

(3)由于去除加工材料主要是靠极小磨料瞬时局部的撞击作用,故工件表面的切削应力、切削热很小,不会引起变形;无破坏层,加工精度高,表面质量好,而且可以加工薄壁、窄缝、低刚度零件。

3)超声加工设备

超声加工设备又称为超声加工装置,一般包括超声发生器、超声振动系统、机床本体、换能器冷却系统和工作液循环系统。

(1)超声发生器(超声电源)　作用是将工频交流电转变为有一定输出功率的超声频电振荡,以提供工具端面往复振动和去除被加工材料所需的能量。

(2)超声振动系统　包括超声波换能器、变幅杆(振幅扩大棒)、工具,作用是把高频电能转化为机械能,使工具端面作高频率、小振幅的振动以进行加工。

(3)机床本体　包括工作头、加压机构及工作进给机构、工作台及其位置调整机构。

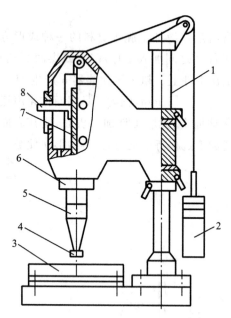

图 7-14 国产 CSJ-2 型超声加工机床简图
1—支架;2—平衡重锤;3—工作台;4—工具;
5—变幅杆;6—换能器;7—导轨;8—标尺

图 7-14 为国产 CSJ-2 型超声加工机床简图。图中 4、5、6 为超声振动系统,安装在一根能上下移动的导轨上,导轨由上下两组滚动导轮定位,能灵活精密地上下移动。工具的向下进给及对工件施加压力靠声学部件自重,为了能调节压力大小,在机床后部有可加减的平衡重锤 2,也有采用弹簧或其他办法加压的。

(4)工作液循环系统和换能器冷却系统 包括磨料悬浮液循环系统、换能器冷却系统。

4)超声波加工的应用

超声波加工主要用于硬脆材料的孔加工、套料、切割、雕刻及研磨金刚石拉丝模等。此外,在加工硬质金属及贵重脆性金属材料时,利用工具作超声振动,辅以其他加工方法(如切削加工或电加工)进行复合加工,可改善切削条件,降低切削力,延长刀具使用寿命,减小表面粗糙度值,提高生产率。超声波还可用于超声清洗、超声焊接、超声测距和超声探伤等。

4. 电子束加工

电子束加工是利用高能电子束流轰击工件材料,使动能转化为热能,利用热效应以实现加工的技术。

1)电子束加工原理和特点

电子束加工是在真空条件下,聚焦的高能电子束以极高的速度轰击到工件表面极小面积上,在极短时间内,其大部分能量转变为热能,使被轰击部分的工件材料达到几千摄氏度以上的高温,从而引起材料的局部熔化和气化,熔化和气化部分被真空系统抽走。

控制电子束能量密度的大小和能量注入时间,就可以达到不同的加工目的。如只使材料局部加热就可进行电子束热处理;使材料局部熔化就可进行电子束焊接;提高电子束的能量密度,使材料熔化和气化,就可进行打孔、切割等加工;利用较低能量密度的电子束轰击高分子材料时产生化学变化的原理,即可进行电子束光刻加工。

电子束加工的工艺特点:

(1)电子束能够极其微细地聚集成几微米甚至几分之一微米的小斑点,是一种精密微细的加工方法,可以加工微细深孔、窄缝、半导体集成电路等。

(2)电子束加工是非接触式加工,工件不受机械力作用,不产生宏观的应力和变形,加工精度高,表面质量好。

(3)电子束的能量密度高,因而加工效率很高。例如,每秒钟可在 2.5 mm 厚的钢板上钻 50 个直径为 0.4 mm 的孔。

(4)在真空中加工,污染少,无氧化,特别适合于加工高纯度的半导体材料和易氧化材料。

2)电子束加工的应用

(1)高速打孔。

电子束打孔已在航空航天、电子、化纤及制革等工业生产中得到应用,目前最小直径可达 $\phi0.003$ mm 左右。例如喷气发动机套上的冷却孔,机翼吸附屏的孔。不仅孔的排布密度可以连续变化,孔数达数百万个,而且有时还可以改变孔径。

(2)加工型孔及特殊表面。

电子束可以用来切割各种复杂型面,切口宽度为 $3\sim6$ μm,边缘表面粗糙度 Ra_{max} 可控制在 0.5 μm 左右。电子束不仅可以加工各种直的型孔和型面,而且也可以加工弯孔和曲面。利用电子束在磁场中偏转的原理,使电子束在工件内部偏转,控制电子束速度和磁场强度,即可控制曲率半径,加工出弯曲的孔。如果改变电子束和工件的相对位置,就可进行切割和开槽。

此外,电子束加工还被广泛应用于刻蚀制版、难熔金属和活波金属的焊接、切割及表面改性等许多领域。

5. 离子束加工

离子束加工是利用高能离子束流轰击工件材料表面,离子的微观机械撞击能对工件实现成形或改性的加工方法。

1)离子束加工的工作原理和特点

离子束加工的原理和电子束加工基本类似,也是在真空条件下,离子源产生的离子束经过加速聚焦,撞击到工件表面。不同的是离子带正电荷,其质量比电子大数千至数万倍,所以一旦离子加速到较高速度时,离子束比电子束具有更大的撞击动能,它是靠微观的机械撞击能量而不是靠动能转化为热能来加工的。

离子束加工的物理基础是离子束射到材料表面时所发生的撞击效应、溅射效应和注入效应。具有一定动能的离子斜射到工件材料(或靶材)表面时,可以将表面的原子撞击出来,这就是离子的撞击效应。如果将工件直接作为离子轰击的靶材,工件表面就会受到离子的撞击,将原子撞击出去而工作被刻蚀(见图 7-15(a))。如果将工件放置在靶材附近,靶材原子受离子束撞击后就会溅射到工件表面而被溅射沉积吸附,使工件表面镀上一层靶材原子的薄膜[见图 7-15(b)、(c)]。如果离子束能量足够大并垂直于工件表面撞击时,离子会钻进工件表面,这就是离子的注入效应(见图 7-15(d))。

离子束加工除具有电子束加工的特点外,离子束流密度及离子能量可以精确控制,所以离子刻蚀(也称离子铣削)可以达到纳米级的加工精度。离子束加工是一种原子级或分子级的微细加工,宏观作用力小,加工应力、变形极小,适合于对各种材料和低刚度零件的加工。离子束加工是所有特种加工方法中最精密、最微细的加工方法,是当代纳米加工技术的基础。

2)离子束加工装置

离子束加工装置与电子束加工装置类似,也包括离子源、真空系统、控制系统和电源等部分。主要的不同部分是离子源系统。

离子源用以产生离子束流。产生离子束流的基本原理是使原子电离。具体方法是把要电离的气态原子注入电离室,经高频放电、电弧放电、等离子体放电或电子轰击,使气态原子电离为等离子体(即正离子数和电子数相等的混合体)。

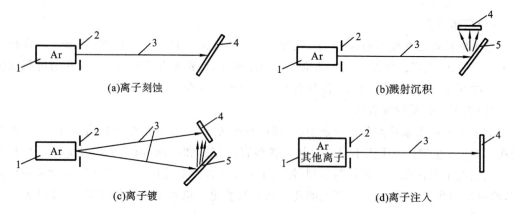

图 7-15　各类离子束加工的示意图

1—离子源;2—吸附(吸收电子,引出离子);3—离子束;4—工件;5—靶材

3) 离子束加工的应用

离子束加工的应用范围正在日益扩大、不断创新。目前用于改变零件尺寸和表面物理力学性能的离子束加工有:用于从工件上作去除加工的离子刻蚀加工;用于给工件表面涂覆的离子镀膜加工;用于表面改性的离子注入加工等。

7.3.4　快速原型制造技术

快速原型制造技术是直接依靠 CAD 模型快速制造任意复杂形状三维实体的技术总称,是在 20 世纪 80 年代末顺应快速开发产品的客观需要而产生的新技术。它彻底摆脱了传统的"去除"材料的加工方法,而是基于"材料逐层堆积"的制造理念,将复杂的三维加工分解为简单的材料二维添加的组合。

1. 基本原理

快速原型制造技术的基本原理:先由三维 CAD 软件设计出所需要零件的计算机三维曲面或实体模型,然后根据工艺要求,将三维数据模型进行分层切片得到各层截面的轮廓数据,计算机据此信息控制激光器(或喷嘴)有选择性地烧结一层接一层的粉末材料(或固化一层又一层的液态光敏树脂,或切割一层又一层的片状材料,或喷射一层又一层的热熔材料或黏合剂)形成一系列具有微小厚度的片状实体,再采用熔结、聚合、黏结等手段使其逐层堆积成一体,便可以制造出所设计的新产品样件、模型或模具。

2. 加工特点

快速原型制造技术突破了"毛坯—切削加工—成品"这一传统的零件加工模式,开创了不用刀具制作零件的先河,是一种前所未有的薄层迭加的加工方法。与传统的切削加工方法相比,快速原型制造具有以下优点:

(1)可迅速制造出自由曲面和更为复杂形态的零件,如零件中的凹槽、凸肩和空心部分等,零件的复杂程度和生产批量与制造成本基本无关,大大降低了新产品的开发成本和开发周期。

(2)属非接触加工,不需要机床切削加工所必需的刀具和夹具,无刀具磨损和切削力影响。

（3）以计算机软件和数控技术为基础，实现了 CAD、CAM 的高度集成和真正的无图样加工。成形过程无需或少需人工干预。

（4）快速原型制造中剩余的材料可继续使用，有些使用过的材料经过处理后还可继续使用，大大提高了材料的利用率。

快速原型制造技术的最大优点就在于它无需模具或任何辅助加工，仅凭 CAD 的三维实体造型的层析数据，便能通过快速成型设备迅速制取实体样件，这对于新产品的开发与设计显得特别重要。通过这项技术可以将设计人员的设计思想以最快的速度和实体形式呈现出来，不仅可供设计者和用户进行直观检测、评判、优化，而且还能对产品工艺性能、装配性能及其他特性进行检验、测试和分析，最终得出最佳方案。

3. 技术基础

（1）信息技术：计算机软、硬件完成 CAD 模型的三维造型、三维图形的精确离散和整体、繁杂的代码转换。

（2）精确运动轨迹：高精度的微机数控系统和精密机械系统提供了实现高速、精确的二维扫描堆积手段。

（3）能源技术：先进的激光器和它的功率控制器，使采用激光这一能源来固化、烧结、切割材料成为可能。

（4）新材料：光敏树脂、覆胶纸和新型的金属和非金属粉末材料等新材料决定了堆积的可实现性。

4. 主要的快速原型制造技术

1）立体光刻

立体光刻又称光敏液相固化成形，是快速原型制造工艺中出现最早、最成熟的成型方法，成型精度也最高，一般为 ± 0.1 cm，最高可达 0.08 mm。该技术以光敏树脂为原料，采用计算机控制下的紫外激光以各分层截面的轮廓为轨迹逐点扫描，使被扫描区的树脂薄层产生光聚合反应后固化，从而形成一个薄层截面。当一层固化后，向上（或向下）移动工作台，在刚刚固化的树脂表面布放一层新的液态树脂，再进行新一层扫描、固化，新固化的一层牢固地黏合在前一层上，如此重复，直至整个成形制造完毕。制造过程依赖于激光束有选择性地固化连续薄层的光敏聚合物，通过分层固化，最终构造出三维实体。

2）层合实体制造

层合实体制造工艺原理：以单面事先涂有热熔胶的纸、金属箔、塑料膜等片材为原料，激光按切片软件截取的分层轮廓信息切割工作台上的片材，热压辊热压片材，使之与下面已成形的工件黏结；激光在刚黏结的新层上切割出零件截面轮廓和工件外框，并在截面轮廓与外框之间多余的区域内切割出后处理时便于剥离的网格；激光切割完一层的截面后，工作台带动已成形的工件下降一个片材厚度，与带状片材分离；送料机构转动收料辊和送料辊，带动料带移动，使新层移到加工区域，热压辊热压，工件的层数增加一层，高度增加一个料厚；再在新层上进行激光切割。如此反复，直至零件的所有截面黏结、被切割完，得到分层制造的实体零件。

层合实体制造技术目前使用的材料是涂覆纸，切割用激光或刀具进行，激光的切割精度为 0.1 mm。层合实体制造工艺只需切割层面的轮廓线，不作层面的填充扫描，故成型速度较快，尤其适合于大型块状体原型的制作，如汽车覆盖模具所需的原型建造。层合实体制造工艺简单,材料价格便宜,不需附加支撑,成形后的原型没有变形和内应力,成形精度较高,但材料利用率低。

3)选择性激光烧结

选择性激光烧结与立体光刻的工作原理非常相似,主要区别在于所使用的材料及其状态不同。选择性激光烧结采用 CO_2 激光束对粉末状的成形材料进行分层扫描,受到激光束照射的粉末被烧结,而未扫描的区域内仍是可对后一层进行支撑的松散粉末。当一层被扫描烧结完毕后,工作台下移一个片层厚度,而供粉活塞则相应上移,铺粉滚筒再次将加工平面上的粉末铺平,激光束再烧结出新一层轮廓并使之黏结于前一层上,如此反复便堆积出三维实体制件。

选择性激光烧结的最大特点是可以使用粉末材料烧结成形,如蜡、尼龙、聚碳酸脂、陶瓷和各种金属粉末,目前选择性激光烧结工艺的成形精度在 0.15 mm 左右,研究主要集中在金属材料直接成形的方法上。当成形材料是金属(或陶瓷)时,需先制成外裹黏结剂的包衣粉末,激光将黏结剂熔化连接粉末成形,得到零件的半成品,此半成品需进行专门的后处理,以去除黏结剂并提高成形件的强度,金属件需渗入低熔点金属(如铁渗铜)。

4)熔融沉积成形

熔融沉积成形工艺将丝状热熔材料(ABS、尼龙或蜡)加热至热熔状态,由喷嘴挤出极细的熔丝堆出层面形状,并经逐层堆积建造三维实体。熔融沉积成形系统主要由喷头、供丝机构、运动机构、加热成形室和工作台等部分组成,而喷头是结构最复杂的部分,其工作原理是热熔性丝材由供丝机构送至喷头,并在喷头中被加热至临界半流动状态,喷头底部有一喷嘴供熔融的材料以一定的压力挤出,喷头按零件截面轮廓信息移动,在移动过程中所喷出的半流动材料固化为一个薄层。其后工作台下降一个切片厚度再沉积固化出另一新的薄层,如此一层层成形且相互黏结便堆积出三维实体制件。

熔融沉积成形法不用激光系统,设备价格较低,材料适用范围广(多数热塑性材料都能使用),利用率高,成形速度快,因而运行费用也较低。此方法特别适合薄壁零件的制造,所制作塑料件原型的强度约为注塑件强度的 80%,可直接作为新产品试制时的零件使用,节省了新品开发的时间和费用。

该技术已被广泛应用于汽车、机械、航空航天、家电、通信、电子、建筑、医学、玩具等产品的设计开发过程,如产品外观评估、方案选择、装配检查、功能测试、用户看样订货、塑料件开模前校验设计及少量产品制造等。

7.3.5 绿色加工技术

1. 概述

绿色制造是一种在不降低产品的质量、成本、可靠性、功能和能量利用率的前提下,综合考虑环境影响和资源消耗的现代制造理念,其目标是使得产品在从设计、制造、包装、运输、使用到报废处理的整个生命周期中,对环境的负面影响最小,资源利用率最高,并使企业的经济效益和社会效益协调优化。

在机械加工中,绿色加工工艺主要是在切削和磨削中采用干切削和干磨削的方法来进行加工。

2.干切削

1)概述

目前,切削加工工艺的绿色化主要表现为不使用切削液,这是因为使用切削液会带来许多问题。然而,在不使用切削液的干切削条件下,切削液在加工中的冷却、润滑、冲洗、防锈等作用将不复存在。在没有切削液的条件下如何创造与湿切削相同或近似的切削条件? 这就要求去研究干切削机理,从刀具技术、机床结构、工件材料和工艺过程等各方面采取一系列措施。

干切削加工就是在切削过程中在刀具与工件之间及刀具与切削接触区之间不用切削液的加工工艺方法。干切削是适应全球日益迫切的环保要求和可持续发展战略而发展起来的一项绿色切削加工技术。随着机床技术、刀具技术和相关工艺研究的深入,干切削技术必将成为金属切削加工的主要方向。

2)干切削加工的特点

与湿切削相比,干切削具有以下特点:

(1)形成的切屑干净、清洁、无污染,易于回收和处理。

(2)省去了与切削液传输、过滤、回收等有关的装置及费用,简化了生产系统,节约了成本。

由于这些特点,干切削目前已成为清洁制造工艺研究的热点之一,并在车、铣、钻、铰、镗、削加工中得到了成功的应用。

和相同条件下的湿切削相比,干切削也有其不足:

(1)直接的加工能耗(加工变形能耗和摩擦能耗)增大,切削温度增高。

(2)切屑因较高的热塑性而难以折断和控制,切屑的收集和排除较为困难。

(3)刀具与切削接触区的摩擦状态及磨损机理发生改变,刀具磨损加快。

3)关键技术

(1)刀具技术。

干切削加工对刀具材料要求很高,它要求材料要具有很高的热韧性和良好的耐磨性、耐热冲击性和抗黏结性。目前,干切削中应用较多的刀具材料有立方氮化硼(CBN)和陶瓷。刀具涂层可起到润滑减摩作用。刀具的几何参数和结构设计要满足干切削对断屑和排屑的要求。目前车刀三维曲面断屑槽的设计制造技术已经比较成熟,可针对不同的工件材料和切削用量很快设计出相应的断屑槽结构与尺寸,并能大大提高切屑折断能力和对切屑流动方向的控制能力。

(2)机床技术。

干切削加工技术的出现给机床设备提出了更高的要求。干切削加工在切削区域会产生大量的切削热,如果不及时散热,会使机床因受热不均而产生热变形,这个热变形就成为影响工件加工精度的一个重要因素,因此机床应配置循环冷却系统,带走切削热量,并在结构上有良好的隔热装置。实验表明,干切削应该在高速切削条件下进行,这样可以减少传到工件、刀具和机床上的热量。干切削时产生的切屑是干燥的,故应该尽可能将干切削机床设计成立轴和倾斜式床身。

7.4 先进制造模式

制造模式是指企业体制、经营、管理、生产组织和技术系统的形态和运作的模式。在传统制造技术逐步向现代高新技术发展、渗透、交汇和演变的过程中,形成了先进制造技术的同时,也出现了一系列先进制造模式和制造系统。主要包括柔性制造、并行工程、敏捷制造、虚拟制造、智能制造等。

7.4.1 柔性制造

随着产品不断更新,为了适应多品种、小批量生产的自动化需要,柔性制造技术得到了迅速的发展,出现了柔性制造单元、柔性制造系统、柔性生产线等一系列现代制造设备和系统,对制造业的进步与发展发挥了重大的推动和促进作用。

柔性制造技术是将微电子技术、智能化技术与传统加工技术融合在一起,具有先进、柔性化、自动化、高效率等特点的制造技术。柔性制造系统就是把若干台数控加工机床、物料搬运系统及上下工件系统(回转式托盘和工业机器人)、立体仓库、优化调度管理(信息控制)系统集成起来,形成较完整的生产系统。柔性制造系统是以计算机为中心的自动完成加工、装卸、运输、管理的系统,它具有监视、修复、自动转换加工产品品种的功能。

典型的柔性制造系统一般由三个子系统组成。它们是加工系统、物流系统和控制与管理系统,各系统的构成框图及功能特征如图 7-16 所示。三个子系统的有机结合,构成了一个柔性制造系统的能量流(通过制造工艺改变工件的形状和尺寸)、物料流(主要指工件流和刀具流)和信息流(进行制造过程的信息和数据处理)。图 7-17 是典型柔性制造系统布局图。

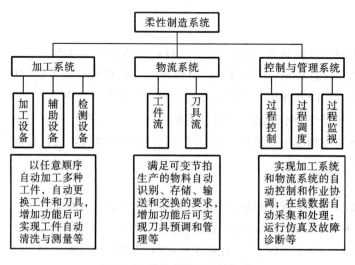

图 7-16 柔性制造系统的构成

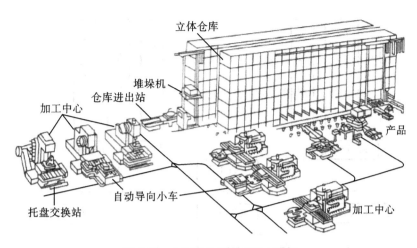

图 7-17 典型柔性制造系统布局图

7.4.2 并行工程

并行工程是集成地、并行地设计产品及其相关过程的一种系统化工作模式。在这种工作模式中，产品开发人员在设计一开始就考虑到产品全生命周期中，从概念形成到报废处理的所有因素，包括质量、成本、进度与用户需求等。

并行工程特别强调设计群体协同工作，注重协同组织形式、协同设计思想及所产生的协同效益。根据任务和项目的需要组织多功能项目小组，小组成员由设计、工艺、制造和其他（如质量、销售、采购、服务等）等不同部门、不同学科的代表组成。

并行工程所用的方法和工具，除了一些计算机辅助设计的方法和软件工具外，还有数据交换技术、数据管理技术和通讯技术。如借助于计算机网络和数据库技术，各小组成员可在网络上进行协同工作，使技术设计和工艺设计之间相互迭代，配合改进，就能实现并行工程的基本目标。

并行工程通常由过程管理与控制、工程设计、质量管理与控制、生产制造和支撑环境这五个分系统组成，如图 7-18 所示。

7.4.3 敏捷制造

敏捷制造是直接面向客户不断变更的个性化需求，完全按订单生产的可重新设计、重新组合、连续更新的信息密集型制造系统。敏捷制造将柔性生产技术、有生产技能和知识的劳动力、企业内部和企业之间相互合作的灵活管理集成在一起，通过所建立的共同基础结构，对迅速改变或无法预见的用户需求和市场时机做出快速响应。

敏捷制造的特点如下：

（1）从产品开发到产品生产周期的全过程满足要求。敏捷制造采用柔性化、模块化的产品设计方法和可重组工艺设备，使产品的功能和性能可根据用户的具体需要进行改变，并借助仿真技术让用户很方便地参与设计，从而很快地生产出满足用户需要的产品。

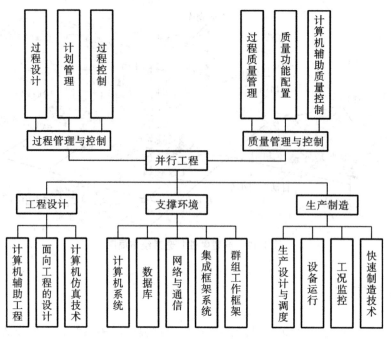

图 7-18　并行工程的体系结构

（2）采用多变的动态组织结构。建立国内或国际性的虚拟企业（公司）动态联盟，它是靠信息联系的动态组织结构和经营实体，其权力是集中与分散相结合的，建有高度交互的网络，实现企业内和企业间全面的并行工作。

（3）建立新型的标准基础结构，实现技术、管理和人的集成。

（4）最大限度地调动、发挥人的作用。敏捷制造提倡以"人"为中心的管理，强调用分散决策代替集中控制，用协商机制代替递阶控制机制。

7.4.4　虚拟制造

虚拟制造是以制造技术、计算机技术支持的系统建模技术和仿真技术为基础，集现代制造工艺、计算机图形学、并行工程、人工智能、人工现实技术和多媒体技术等多种技术为一体，由多学科知识形成的一项综合系统技术。

虚拟制造是对制造过程中的各个环节，包括产品的设计、加工、装配，乃至企业的生产组织管理与调度进行统一建模，形成一个可运作的虚拟制造环境，以软件技术为支撑，借助于高性能的硬件，在计算机网络上，生产数字化产品，实现产品的设计、性能分析、工艺决策、制造装配和质量检验，在获得真实产品的样件之前，就能预测未来产品的功能及制造系统状态，从而可以做出前瞻性的决策和拟订优化的实施方案。

从产品生产的全过程来看，虚拟制造应包括产品的"可制造性""可生产性"和"可合作性"。所谓"可制造性"是指所设计的产品（包括零件、部件和整机）的可加工性（铸造、冲压、焊接、切削等）和可装配性；而"可生产性"是指在企业已有资源（指广义资源，如设备、人力、原材料等）的约束条件下，优化生产计划和调度，以满足市场或顾客的要求；"可合作性"是指虚拟制造还应对敏捷制造提供支持，即为企业动态联盟提供支持。而且，上述三个方面对一个企业来说是相互关联的,应该形成一个集成环境。因此,应从虚拟制造、虚拟生产、虚拟企业这三个层次来展开对产品全过程的虚拟制造技术及其集成虚拟制造环境的研究,包括产品全信息模型、支持各个层次虚拟制造的技术开发相应的支撑平台及支持三个平台及其集成产品的数据管理技术。图 7-19 描述了虚拟制造的体系结构。

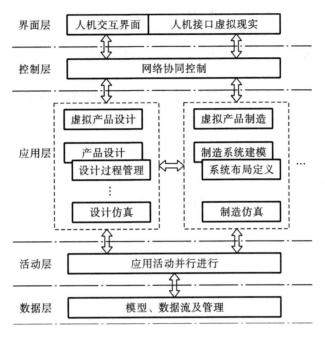

图 7-19　虚拟制造体系结构

7.4.5　智能制造

智能制造是指在制造系统的各个环节,以一种高度柔性和高度集成的方式,通过计算机模拟人类专家的智能活动,进行分析、判断、推理、构思和决策,旨在取代或延伸制造环节中人的部分脑力劳动,并对人类专家的制造智能进行收集、存储、完善、共享、继承和发展。

智能制造是将物联网、大数据、云计算等新一代信息技术与先进自动化技术、传感技术、控制技术、数字制造技术结合,实现工厂和企业内部、企业之间和产品全生命周期的实时管理和优化的新型制造系统。

智能制造的特征主要体现在实时感知、优化决策、动态执行等三个方面:

(1)数据的实时感知。智能制造需要大量的数据支持,通过利用高效、标准的方法实时进行信息采集、自动识别,并将信息传输到分析决策系统。

(2)优化决策。通过对面向产品全生命周期的海量异构信息的挖掘提炼、计算分析、推理预测,形成优化制造过程的决策指令。

(3)动态执行。根据决策指令,通过执行系统控制制造过程的状态,实现稳定、安全的运行和动态调整。

思考复习题 7

7-1 现代制造技术有哪些主要特征,主要包括哪些内容,有何发展趋势?

7-2 简述电火花加工的基本原理和工艺特点。

7-3 简述超声波加工的基本原理、特点和应用。

7-4 简述激光加工的基本原理、特点和应用。

7-5 试述电子束加工和离子束加工的基本原理。比较电子束加工、离子束加工与激光加工的特点与应用场合。

7-6 试述快速原型制造技术的原理、主要方法及其特点,并列举其中一种方法来说明快速原型制造技术在新产品开发中的意义。

7-7 试述敏捷制造的实质和手段。

7-8 试分析并行工程的主要内容和关键技术。

7-9 虚拟制造有哪些特点?

7-10 智能制造有哪些方法? 试分析它们的特点和应用范围。

参考文献

[1] 王先逵. 机械制造工艺学[M]. 3 版. 北京:机械工业出版社,2013.

[2] 郑修本. 机械制造工艺学[M]. 3 版. 北京:机械工业出版社,2011.

[3] 王启平. 机械制造工艺学[M]. 5 版. 哈尔滨:哈尔滨工业大学出版社,2005.

[4] 顾崇衔. 机械制造工艺学[M]. 3 版. 西安:陕西科学技术出版社,2002.

[5] 王启平. 机床夹具设计[M]. 哈尔滨:哈尔滨工业大学出版社,2005.

[6] 姜作敬,等. 机械制造工艺学[M]. 武汉:华中理工大学出版社,1989.

[7] 郑焕文. 机械制造工艺学[M]. 北京:高等教育出版社,1994.

[8] 张世昌,李旦,高航. 机械制造技术基础[M]. 2 版. 北京:高等教育出版社,2007.

[9] 王先逵,张平宽. 机械制造工程学基础. 北京:国防工业出版社,2008.

[10] 于骏一,邹青. 机械制造技术基础[M]. 2 版. 北京:机械工业出版社,2009.

[11] 张伯鹏. 机械制造及其自动化[M]. 北京:人民交通出版社,2003.

[12] 王启平. 精密加工工艺学[M]. 哈尔滨:哈尔滨工业大学出版社,1981.

[13] 王隆太,吉卫喜. 制造系统工程[M]. 北京:机械工业出版,2008.

[14] 刘晋春,赵家齐,赵万生. 特种加工[M]. 4 版. 北京:机械工业出版社,2005.

[15] 何雪明,吴晓光,常兴. 数控技术[M]. 武汉:华中科技大学出版社,2006.

[16] 许香穗,蔡建国. 成组技术[M]. 2 版. 北京:机械工业出版社,1997.

[17] 王宝玺. 汽车拖拉机制造工艺学[M]. 2 版. 北京:机械工业出版社,2005.

[18] 王伯平. 互换性与测量技术基础[M]. 2 版. 北京:机械工业出版社,2008.

[19] 周晓宏. 数控加工工艺[M]. 北京:机械工业出版社,2011.

[20] 罗永新. 数控加工工艺[M]. 长沙:湖南科学技术出版社,2010.

[21] 恽达明. 金属切削机床[M]. 北京:机械工业出版社,2005.

[22] 陆剑中,孙家宁. 金属切削原理与刀具[M]. 4 版. 北京:机械工业出版社,2005.

[23] 融亦鸣,朱耀祥,罗振璧. 计算机辅助夹具设计[M]. 北京:机械工业出版社,2002.

[24] 孙凤池. 机械加工工艺手册加工技术卷[M]. 2 版. 北京:机械工业出版社,2007.

[25] 赵如福. 金属机械加工工艺人员手册[M]. 4 版. 上海:上海科学技术出版社,2006.

[26] 艾兴. 高速切削加工技术[M]. 北京:国防工业出版社,2003.

[27] 朱耀祥. 组合夹具[M]. 北京:机械工业出版社,1990.

[28] 金建华. 典型机械零件制造工艺与实践[M]. 北京:清华大学出版社,2011.

［29］ 李凯玲.机械制造工艺学［M］.北京:清华大学出版社,2014.

［30］ 赵雪松.机械制造技术基础［M］.武汉:华中科技大学出版社,2011.

［31］ 白基成,刘晋春,郭永丰.特种加工［M］.6 版.北京:机械工业出版社,2014.

［32］ 周哲波,姜志明.机械制造工艺学［M］.北京:北京大学出版社,2012.